高等职业教育土建大类专业群核心课程建设系列教材

建筑材料

主　编　周仲景

副主编　周岩枫　史丽丽　李祎博

科学出版社

北　京

内 容 简 介

本书根据高等职业学校土建类相关专业教学标准的要求，以及国家颁布的新标准、新规范进行编写。全书包括理论篇和试验篇。理论篇除绪论外共分7章，包括建筑材料的基本性质、气硬性胶凝材料、水泥、混凝土、建筑砂浆、建筑钢材、其他常用建筑材料。试验篇主要介绍建筑材料的检测试验。另外，本书配有习题及工程案例分析等。

本书可以作为高等职业教育建筑工程技术、工程造价、工程建设监理等专业的教学用书，也可以作为土建类其他相关专业学生及相关从业人员的参考用书。

图书在版编目（CIP）数据

建筑材料/周仲景主编. —北京：科学出版社，2021.6

（高等职业教育土建大类专业群核心课程建设系列教材）

ISBN 978-7-03-067617-7

Ⅰ. ①建… Ⅱ. ①周… Ⅲ. ①建筑材料-高等职业教育-教材 Ⅳ. ①TU5

中国版本图书馆CIP数据核字（2020）第270306号

责任编辑：李 雪/责任校对：赵丽杰

责任印制：吕春珉/封面设计：曹 来

科学出版社出版

北京东黄城根北街16号

邮政编码：100717

http://www.sciencep.com

三河市良远印务有限公司印刷

科学出版社发行 各地新华书店经销

*

2021年6月第 一 版 开本：787×1092 1/16

2021年6月第一次印刷 印张：18 1/4

字数：418 000

定价：49.00元

（如有印装质量问题，我社负责调换〈良远〉）

销售部电话 010-62136230 编辑部电话 010-62130874（VA03）

前　言

“建筑材料”是土建类专业的基础课程。本书根据土建类相关专业人才培养方案的要求，介绍了常用建筑材料的组成、性质与应用、运输与保存、材料检测等内容，力求使学生在掌握相关知识的前提下，达到岗位能力的要求。

本书内容力求体现课程改革要求，突出“三教改革”中对教材的要求，将知识层面和学生能力进行有机结合。在编写过程中，聘请企业专家进行指导，坚持产教融合、校企双元开发的原则。在校企合作的前提下，完善课程体系及教材内容。

本书由黑龙江建筑职业技术学院周仲景任主编，黑龙江生物科技职业学院周岩枫、鹤岗师范高等专科学校史丽丽、黑龙江职业学院李祎博任副主编。黑龙江建筑职业技术学院王博、王晶莹，黑龙江生物科技职业学院成艳，哈尔滨市正德实用技术中等职业技术学校林秀绣任参编。全书由周仲景统稿。具体编写分工如下：周仲景编写绪论、第一章、第二章的第一节；周岩枫编写第六章第一节、第二节；史丽丽编写第二章第二节；李祎博编写第三章和试验一；王博编写第四章、试验二至试验四；王晶莹编写第五章、第七章和试验五；成艳编写第六章第三节、试验六；林秀绣负责整理本书图片。

哈尔滨晟圆新型建筑材料有限责任公司陈飞总工程师对本书编写提供了指导，并对教材内容设置提出建议，在此表示感谢。

本书在编写过程中参考了大量文献资料，在此对相关作者一并表示感谢。由于编者水平有限，书中难免有不足之处，欢迎广大读者批评指正。

编　者

2020年5月

目　录

理　论　篇

试　验　篇

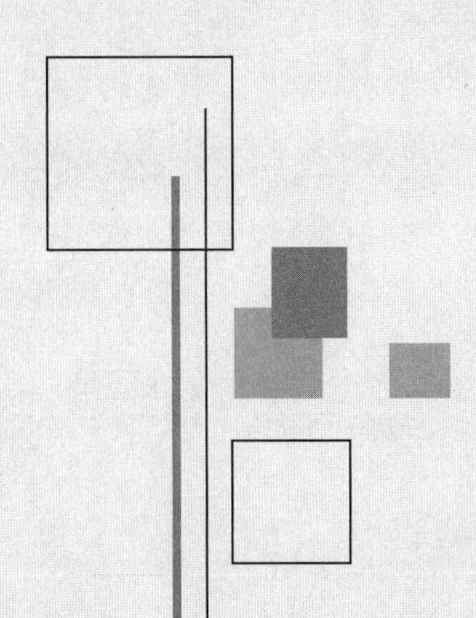

理　论　篇

绪　论

一、建筑材料的定义与分类

建筑材料可分为狭义建筑材料和广义建筑材料。狭义建筑材料是指构成建筑工程实体的材料，如水泥、混凝土、钢材、墙体与屋面材料、装饰材料、防水材料等。广义建筑材料除包括构成建筑工程实体的材料之外，还包括施工过程中所需要的辅助材料（如脚手架、模板等）和各种建筑设备（如给水排水设备，采暖通风设备，空调、电气、消防设备等）两部分内容。本书中所介绍的内容为构成建筑工程实体的材料，即狭义的建筑材料。

按照材料的化学成分和使用功能可以将建筑材料分为不同类型。

1. 按化学成分分类

建筑材料按化学成分可分为无机材料、有机材料和复合材料三大类，每一类又可细分为许多小类，具体分类如下。

1）无机材料

无机材料包括金属材料和非金属材料。

（1）金属材料。

① 黑色金属：生铁、碳素钢、合金钢等。

② 有色金属：铝、铜及其合金等。

（2）非金属材料。

① 天然石材：砂、石及石材制品等。

② 烧土制品：烧结砖、瓦、陶瓷、玻璃等。

③ 胶凝材料：石膏、石灰、水玻璃、水泥等。

④ 混凝土及硅酸盐制品等。

2）有机材料

有机材料包括植物质材料、沥青材料和高分子材料。

（1）植物质材料：木材、竹材、植物纤维及其制品。

（2）沥青材料：石油沥青、煤沥青、改性沥青及其制品。

（3）高分子材料：塑料、有机涂料、胶黏剂、橡胶等。

3）复合材料

复合材料是指由两种或两种以上性质不同的材料通过物理或化学复合组成的材料。

（1）金属-非金属复合材料：钢筋混凝土、钢纤混凝土等。

（2）非金属-有机复合材料：沥青混凝土、聚合物混凝土、玻璃纤维增强塑料等。

（3）有机-有机复合材料：橡胶改性沥青、树脂改性沥青。

（4）非金属-非金属复合材料：玻璃纤维增强水泥、玻璃纤维增强石膏等。

2. 按使用功能分类

建筑材料按使用功能可分为承重结构材料、非承重结构材料和功能材料三大类。

1）承重结构材料

承重结构材料主要指建筑工程中承受荷载作用的材料，如梁、板、柱、基础、墙体和其他受力构件所用的材料，常用有钢材、水泥、混凝土、砖等。

2）非承重结构材料

非承重结构材料主要包括框架结构的填充墙、内隔墙及其他围护材料。

3）功能材料

功能材料主要指建筑物围护、防水、绝热、吸声隔声、装饰等功能的材料。

二、建筑材料与建筑工程

建筑业是国民经济的支柱产业之一，而建筑材料是建筑业的重要物质基础。各种建筑物与构筑物都是在合理设计基础上由各种建筑材料建造而成的，所以没有建筑材料就不可能产生各种建筑物，材料的质量是影响建筑物质量的主要因素之一，合格的建筑物离不开高质量的建筑材料。建筑材料不仅用量大，费用也高，在建筑工程总造价中，建筑材料所占的工程造价比例相对较大（近 60%）。

三、建筑材料的发展现状

建筑材料从“木骨泥墙”发展到石材、树木，以及“秦砖汉瓦”的出现和使用，体现了劳动人民的聪明智慧。19 世纪水泥、混凝土的出现对现代建筑产生巨大影响，也使建筑材料进入了一个新的发展阶段。20 世纪后，建筑材料开始蓬勃发展，从特殊功能材料到轻质高强节能材料，新材料不断涌现。进入 21 世纪，人们的环保意识不断增强，绿色建材成了建筑材料的主要发展方向。

四、建筑材料技术标准

1. 标准的分类

根据技术标准的发布单位与适用范围，技术标准分为国家标准、行业（或部委）标准、地方标准和企业标准。

1）国家标准

国家标准是由国家标准化行政主管部门编制，由国家市场监督管理总局审批并颁布，在全国范围内通用的标准。国家标准具有指导性和权威性，其他各级标准不得与之相抵触。

2）行业（或部委）标准

行业（或部委）标准是指没有国家标准而又需要在全国某个行业范围内统一技术要求所制定的标准，是对国家标准的补充，是专业性、技术性较强的标准。行业标准的制定不得与国家标准相抵触，国家标准公布实施后，相应的行业标准即行废止。

3）地方标准

地方标准是指没有国家标准和行业标准而又需要在省、自治区、直辖市范围内统一技术要求所制定的标准。地方标准在本行政区域内适用，不得与国家标准和行业标准相抵触。国家标准、行业标准公布实施后，相应的地方标准即行废止。

4）企业标准

企业标准仅限于企业内部适用，是在没有国家标准和行业标准时，企业为了控制生产质量而制定的技术标准。

技术标准还分为强制性标准与推荐性标准。强制性标准是在全国范围内的所有该类产品的技术性质不得低于此标准规定的技术指标；推荐性标准是指国家鼓励采用的具有指导作用而又不宜强制执行的标准。

2. 标准的表示方法

四级标准代号分别如下。

（1）国家标准。国家强制性标准，代号为GB；国家推荐性标准，代号为GB/T。

（2）行业标准。行业标准如建筑材料行业标准，代号为JC；建筑工程行业标准，代号为JGJ；冶金工业行业标准，代号为YB；交通行业标准，代号为JT；水电行业标准，代号为SD。

（3）地方标准。地方强制性标准，代号为DB；地方推荐性标准，代号为DB/T。

（4）企业标准。企业标准，代号为QB，适用于本企业。

标准全称由标准名称、部门代号、标准编号、颁布年份等组成，举例如下。

《通用硅酸盐水泥》（GB 175—2007）。

《建设用砂》（GB/T 14684—2011）。

《普通混凝土配合比设计规程》(JGJ 55—2011)。

另外，我国还采用部分国际标准和国外先进标准，主要有世界范围统一使用的国际标准，代号为ISO；国际上有影响的团体标准和企业标准，如美国材料与试验学会标准，代号为ASTM；工业先进国家的标准，如日本工业标准，代号为JIS；德国工业标准，代号为DIN；英国标准，代号为BS；法国标准，代号为NF等。

第一章 建筑材料的基本性质

建筑材料的基本性质包括物理性质、化学性质、力学性质、耐久性质、装饰性质等。因为土木建筑材料所处建（构）筑物的部位不同、使用环境不同、人们对材料的使用功能要求不同等，要求材料所起的作用就不同，因此要求的性质也就有所不同。

第一节 材料的基本物理性质

材料的基本物理性质包括与质量有关的物理性质、与水有关的物理性质及与热有关的物理性质。

一、材料与质量有关的物理性质

1．密度

密度是指材料在绝对密实状态下单位体积的质量，其计算式为

$$\rho=\frac{m}{V} \tag{1-1}$$

式中：ρ——密度（g/cm^3）；

m——材料在干燥状态下的质量（g）；

V——材料在绝对密实状态下的体积（cm^3）。

材料在绝对密实状态下的体积是指不包括材料孔隙在内的固体实体积。在建筑材料中，除了钢材、玻璃等极少数材料可认为不含孔隙外，绝大多数材料内部都存在孔隙，如图 1-1 所示，材料的总体积包括固体物质体积与孔隙体积两部分。孔隙按常温、常压下水能否进入分为开口孔隙和闭口孔隙。开口孔隙是指在常温、常压下水可以进入的孔

隙；闭口孔隙是指在常温、常压下水不能进入的孔隙。含孔材料的体积组成包括材料的实体积 V、闭口孔隙体积 V_B 和开口孔隙体积 V_K。

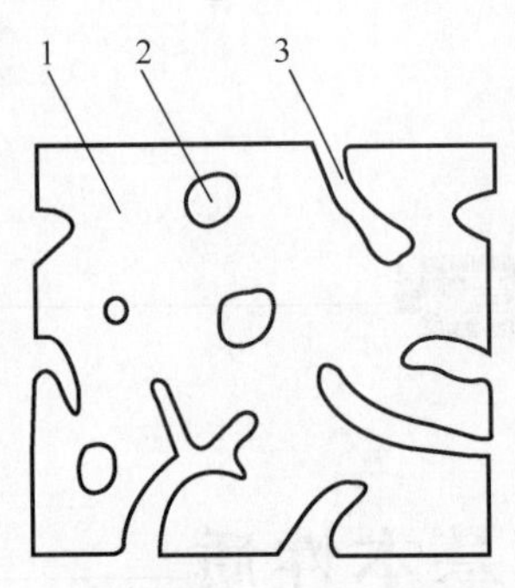

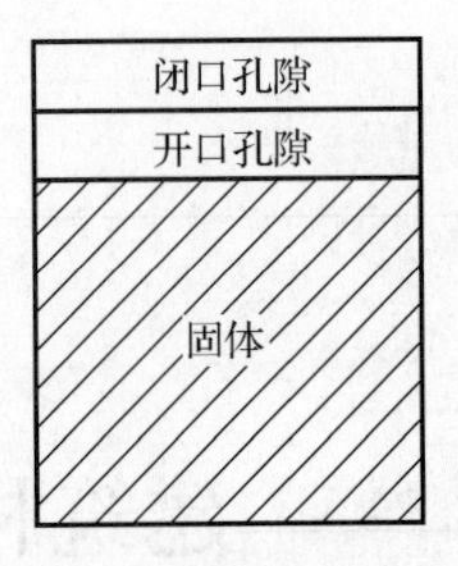

1—固体物质体积 V；2—闭口孔隙体积 V_B；3—开口孔隙体积 V_K。

图 1-1 固体材料的体积构成

多孔材料的密度测定，关键是测出其密实体积，体积测定时分为以下几种情况。

（1）绝对密实体积材料，如玻璃、钢、铸铁等。对于外形规则的材料可通过测量其几何尺寸来计算其绝对密实体积；对于外形不规则的材料可用排水（液）法测定其绝对密实体积。

（2）多孔材料，如砖、砌块等。材料磨成细粉（粒径小于 0.2mm）以便去除其内部孔隙，干燥后用李氏瓶（密度瓶）通过排水（液）法测定其密实体积。材料磨得越细，细粉体积越接近其密实体积，所得密度值也就越精确。

（3）粉状材料，如水泥、石膏粉等。粉状材料用李氏瓶测定其绝对密实体积。

（4）近似密实的材料，如砂、石子等。对于砂、石子等散粒状材料，在测定其密度时，常采用排液法直接测定其体积，所得体积包括颗粒物质体积和颗粒内部闭口孔隙体积，并非颗粒绝对密实体积，称其为散粒材料的视密度或表观密度，用 ρ' 表示，其值小于材料的密度。

2. 表观密度

表观密度是指材料在自然状态下单位体积（只包含材料实体体积和开口孔隙体积）的质量，其计算式为

$$\rho' = \frac{m}{V'} \tag{1-2}$$

式中：ρ'——表观密度（kg/m^3 或 g/cm^3）；

m——材料的质量（kg 或 g）；

V'——材料在自然状态下的体积，即材料实体体积和开口孔隙体积（m^3 或 cm^3）。

3. 体积密度

体积密度是指多孔固体材料在自然状态下单位体积（含材料实体体积、开口孔隙体积和闭口孔隙体积）的质量，其计算式为

$$\rho_0 = \frac{m}{V_0} \tag{1-3}$$

式中：ρ_0——体积密度（kg/m^3 或 g/cm^3）；

m——材料的质量（kg 或 g）；

V_0——材料在自然状态下的体积，即材料实体体积、开口孔隙体积和闭口孔隙体积（m^3 或 cm^3）。

材料在自然状态下的体积是指构成材料的固体物质体积与全部孔隙体积（包括闭口孔隙体积和开口孔隙体积）之和。对于形状规则的体积可以直接量测计算而得（比如各种砌块、砖）；形状不规则的体积可将其表面蜡封后用排水（液）法直接测得。

当材料含有水分时，其体积密度会有所变化，因此在测定含水状态材料的体积密度时，需同时注明其含水状态。材料的含水状态有风干（气干）、烘干、饱和面干和湿润状态 4 种。如未注明其含水率，是指其干表观密度。

4. 堆积密度

堆积密度是指粉状、颗粒状材料在自然堆积状态下单位体积的质量，其计算式为

$$\rho_0' = \frac{m}{V_0'} \tag{1-4}$$

式中：ρ_0'——堆积密度（kg/m^3）；

m——材料质量（kg）；

V_0'——材料的堆积体积（m^3）。

材料的堆积体积包括颗粒体积（颗粒内有开口孔隙和闭口孔隙）和颗粒间空隙的体积，如图 1-2 所示。砂、石等散粒状材料的堆积体积，可通过在规定条件下填充容量筒容积来求得，材料堆积密度大小取决于散粒材料的表观密度、含水率以及堆积的疏密程度。在自然堆积状态下对应的堆积密度称为松散堆积密度，在振实、压实时对应的堆积密度称为紧密堆积密度。

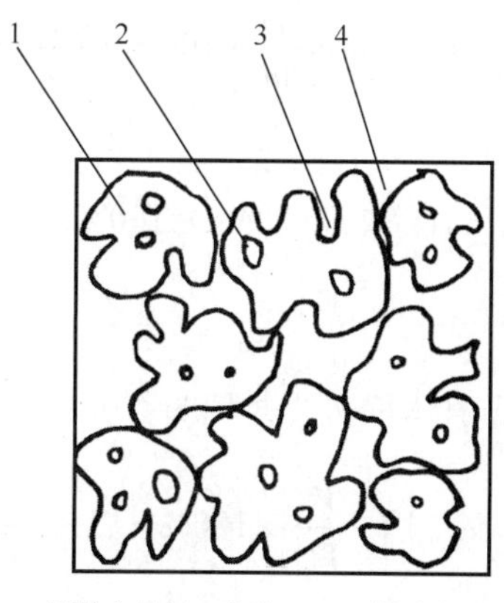

1—颗粒中固体物质体积；2—颗粒中的闭口孔隙；3—颗粒中的开口孔隙；4—颗粒间空隙。

图 1-2　散粒状材料的堆积体积示意图

常用建筑材料的密度、表观密度、堆积密度见表 1-1。

表 1-1 常用建筑材料的密度、表观密度和堆积密度

材料名称	密度/（g/cm^3）	表观密度/（kg/m^3）	堆积密度/（kg/m^3）
硅酸盐水泥	3.05～3.15	—	1200～1250
普通水泥	3.05～3.15	—	1200～1250
火山灰水泥	2.85～3.0	—	850～1150
矿渣水泥	2.85～3.0	—	110～1300
钢材	7.85	7850	—
花岗岩	2.6～2.9	2500～2850	—
石灰岩	2.4～2.6	2000～2600	—
普通玻璃	2.5～2.6	2500～2600	—
烧结普通砖	2.5～2.7	1500～1800	—
建筑陶瓷	2.5～2.7	1800～2500	—
普通混凝土	2.6～2.8	2300～2500	—
普通砂	2.6～2.8	—	1450～1700
碎石或卵石	2.6～2.9	—	1400～1700
木材	1.55	400～800	—
泡沫塑料	1.0～2.6	20～50	—

5. 密实度与孔隙率

1）密实度

密实度是指材料体积内被固体物质所充实的程度，即固体物质体积占总体积的比例，以 D 表示，其计算式为

$$D=\frac{V}{V_0}\times 100\%=\frac{\frac{m}{\rho}}{\frac{m}{\rho_0}}\times 100\%=\frac{\rho_0}{\rho}\times 100\% \tag{1-5}$$

对于绝对密实材料，因 $\rho_0=\rho$，故 D=1 或 D=100%；对于大多数建筑材料，因 $\rho_0<\rho$，故 D<1 或 D<100%。

2）孔隙率

孔隙率是指材料体积内孔隙体积占总体积的百分率，以 P 表示，其计算式为

$$P=\frac{V_0-V}{V_0}\times 100\%=\left(1-\frac{V}{V_0}\right)\times 100\%=\left(1-\frac{\rho_0}{\rho}\right)\times 100\%=1-D \tag{1-6}$$

由式（1-6）可见

$$P+D=1 \tag{1-7}$$

孔隙率由开口孔隙率和闭口孔隙率两部分组成。开口孔隙率指材料内部开口孔隙体积与材料在自然状态下体积的百分比，即被水饱和的孔隙体积所占的百分率，其计算式为

$$P_{K}=\frac{V_{K}}{V_{0}}=\frac{m_{2}-m_{1}}{V_{0}}\cdot\frac{1}{\rho_{w}}\times 100\% \tag{1-8}$$

式中：P_{K}——材料的开口孔隙率（%）；

m_{1}——干燥状态下材料的质量（g）；

m_{2}——吸水饱和状态下材料的质量（g）；

ρ_{w}——水的密度（g/cm^{3}）。

闭口孔隙率指材料总孔隙率与开口孔隙率之差，其计算式为

$$P_{B}=P-P_{K} \tag{1-9}$$

材料的密实度和孔隙率是从两个不同侧面反映材料密实程度的指标。

建筑材料的许多性质都与材料的孔隙有关。这些性质除取决于孔隙率的大小外，还与孔隙的特征密切相关，如大小、形状、分布、连通与否等。通常开口孔隙能提高材料的吸水性、吸声性、透水性，降低抗冻性、抗渗性；而闭口孔隙能提高材料的保温隔热性、抗渗性、抗冻性及抗侵蚀性。

提高材料的密实度，改变材料孔隙特征可以改善材料的性能。例如，提高混凝土的密实度可以达到提高混凝土强度的目的；加入引气剂增加一定数量的闭口孔隙，可改善混凝土的抗渗性能及抗冻性能。

6. 填充率与空隙率

1）填充率

填充率是指散粒状材料在其堆积体积中，被其颗粒填充的程度，以D'表示，其计算式为

$$D'=\frac{V_{0}}{V_{0}'}\times 100\%=\frac{\rho_{0}'}{\rho_{0}} \tag{1-10}$$

2）空隙率

空隙率是指散粒状材料在其堆积体积中，颗粒之间空隙体积占材料堆积体积的百分率，以P'表示，其计算式为

$$P'=\frac{V_{0}'-V_{0}}{V_{0}'}\times 100\%=1-\frac{\rho_{0}'}{\rho_{0}}=1-D' \tag{1-11}$$

即$D'+P'=1$。

填充率和空隙率从两个不同侧面反映了散粒状材料间互相填充的疏密程度。

二、材料与水有关的物理性质

1. 亲水性与憎水性

不同材料遇水后与水的互相作用情况是不一样的，根据表面被水润湿的情况，材料可分为亲水性材料和憎水性材料两种。

润湿是水在材料表面被吸附的过程。当材料在空气中与水接触时，在材料、水、空气三相交点处，沿水滴表面作切线与材料表面所夹的角，称为润湿角 θ。若材料分子与水分子间相互作用力大于水分子之间作用力时，材料表面就会被水润湿，此时$\theta \leqslant 90°$［见图 1-3（a)］，这种材料称为亲水性材料。反之，若材料分子与水分子之间相互作用力小于水分子间作用力时，则表示材料不能被水润湿，此时 $90° < \theta < 180°$［见图 1-3（b)］，这种材料称为憎水性材料。很显然，θ越小，材料的亲水性越好，当$\theta = 0°$ 时表明材料完全被水润湿。

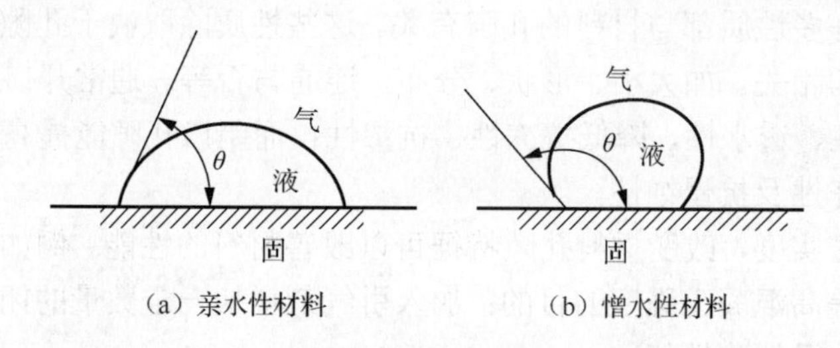

（a）亲水性材料　（b）憎水性材料

图 1-3　材料的润湿角

多数建筑材料，如石料、砖、混凝土、木材等都属于亲水性材料。沥青、石蜡、塑料等属于憎水性材料，这类材料能阻止水分渗入材料内部，降低材料吸水性。因此，憎水性材料经常作为防水、防潮材料或用作亲水性材料表面的憎水处理。

2. 吸水性

吸水性是指材料在水中吸收水分的性质，吸水性大小用吸水率表示。吸水率有质量吸水率和体积吸水率两种表示方法。

质量吸水率是指材料在饱和水状态下，吸收水分的质量占材料干燥质量的百分率，其计算式为

$$W_m = \frac{m_1 - m}{m} \times 100\% \tag{1-12}$$

式中：W_m——材料的质量吸水率（%）；

m_1——材料吸水饱和后的质量（g）；

m——材料在干燥状态下的质量（g）。

体积吸水率是指材料吸水饱和后，吸入水的体积占干燥材料自然体积的百分率，其计算式为

$$W_V = \frac{m_1 - m}{V_V} \times \frac{1}{\rho_w} \times 100\% \tag{1-13}$$

式中：m_1、m——同式（1-12）含义；

W_V——材料的体积吸水率；

ρ_w——水的密度，通常情况下 $\rho_w=1g/cm^3$；

V_V——干燥材料在自然状态下的体积（cm^3）。

由式（1-12）和式（1-13）可知，质量吸水率与体积吸水率的关系为

$$W_V = W_m \rho_0 \tag{1-14}$$

计算材料吸水率时，一般用质量吸水率表示，但对于某些轻质多孔材料，如加气混凝土、软木等，由于具有很多开口且微小的孔隙，其质量吸水率往往超过100%，此时常用体积吸水率来表示其吸水性。如无特别说明，吸水率通常指质量吸水率。

材料吸水率不仅与材料的亲水性、憎水性有关，而且与材料的孔隙率和孔隙构造特征有密切的关系。一般来说，密实材料或具有闭口孔隙的材料是不吸水的；具有粗大孔隙的材料因其水分不易存留，吸水率一般小于孔隙率；孔隙率较大且有细小开口连通孔隙的亲水材料，吸水率较大。

材料吸收水分后，不仅表观密度增大、强度降低，保温、隔热性能降低，且更易受冰冻破坏，因此，材料吸水后对材质特性是不利的。

3. 吸湿性

吸湿性是指材料在潮湿空气中吸收水分的性质。吸湿性大小可用含水率表示。含水率是指材料中所含水的质量占其干质量的百分率，其计算式为

$$W_h = \frac{m_h - m_g}{m_g} \times 100\% \tag{1-15}$$

式中：W_h——材料的含水率（%）；

m_h——材料含水时的质量（g）；

m_g——材料干燥至恒重时的质量（g）。

材料含水率的大小除了与本身的性质，如孔隙大小及构造有关，还与周围空气的温湿度有关。当空气湿度在较长时间内稳定时，材料的吸湿和干燥过程处于平衡状态，此时的含水率称为平衡含水率。当材料处于某一湿度稳定的环境中时，材料的含水率只与其本身性质有关，一般亲水性较强的，或含有开口孔隙较多的材料，其平衡含水率就较高；材料吸水达到饱和状态时的含水率即吸水率。

由式（1-15）可得

$$m_{\mathrm{h}} = m_{\mathrm{g}} \times (1 + W_{\mathrm{h}}) \tag{1-16}$$

$$m_{\mathrm{g}} = \frac{m_{\mathrm{h}}}{1 + W_{\mathrm{h}}} \tag{1-17}$$

式（1-16）是根据干重计算材料湿重的公式，式（1-17）是根据湿重计算材料干重的公式，两个式子均为材料用量计算中的常用公式。

4. 耐水性

材料长期处于饱和水作用下不破坏，其强度也不显著降低的性质，称为耐水性。材料的耐水性用软化系数来表示。软化系数计算式为

$$K_{\text{软}} = \frac{f_{\text{饱}}}{f_{\text{干}}} \tag{1-18}$$

式中：$f_{\text{饱}}$——材料在饱和水状态下的强度（MPa）；

$f_{\text{干}}$——材料在干燥状态下的强度（MPa）；

$K_{\text{软}}$——软化系数。

软化系数反映了材料处于饱和水状态下强度降低的程度。水分侵入材料内部毛细孔，减弱了材料内部的结合力，使强度不同程度有所降低；当材料内含有可溶性物质时，如石膏、石灰等，水分会使其组成部分的物质发生溶蚀，造成强度的严重降低。

各种不同建筑材料的耐水性差别很大，软化系数的波动范围为0～1。通常，将软化系数大于0.85的材料看作是耐水材料。用于严重受水侵蚀或潮湿环境的材料，其软化系数应不低于0.85，用于受潮较轻的或次要结构物材料，则不宜小于0.7。

5. 抗渗性

抗渗性指材料抵抗压力水渗透的性质。当材料两侧存在有一定的水压时，水会从压力较高的一侧通过材料内部的孔隙及缺陷，向压力较低的一侧渗透。材料的抗渗性可以用渗透系数来表示。其表达式为

$$K = \frac{Qd}{AtH} \tag{1-19}$$

式中：K——渗透系数（cm/h）；

Q——渗水量（cm^3）；

d——试件厚度（cm）；

t——渗水时间（h）；

A——渗水面积（cm^2）；

H——静水压力水头（cm）。

渗透系数K的物理意义：一定厚度的材料，在一定水压力下，在单位时间内透过单位面积的渗透水量。K值越大，材料的抗渗性越差。

抗渗性的另一种表示方法为抗渗等级，用PN来表达。其中，N表示试件所能承受

的最大水压力的 10 倍，如 P4、P6、P8 分别表示材料能承受 0.4MPa、0.6MPa、0.8MPa 的水压而不透水。混凝土、砂浆等材料的抗渗性常以抗渗等级来表示。

材料的抗渗性与材料的孔隙率及孔隙特征有关。密实的材料及具有闭口微细小孔的材料，实际上是不透水的；具有较大孔隙且为细微连通的毛细孔的亲水性材料往往抗渗性较差。

对于地下建筑及水工构筑物、压力管道等经常受压力水作用的工程所需的材料及防水材料等都应具有良好的抗渗性。

6. 抗冻性

抗冻性是指材料在吸水饱和状态下，经过多次冻融循环作用而不被破坏，强度也不显著降低的性质。

材料的抗冻性常用抗冻等级来表示，如混凝土材料用 FN 表示其抗冻等级。其中，F 表示混凝土抗冻等级符号，N 表示试件经受冻融循环试验后，强度损失不超过 25%，质量损失不超过 5%所对应的最大冻融循环次数，如 F25、F50 等。

材料经受多次冻融循环后，表面将出现裂纹、剥落等现象，造成质量损失，强度降低。这是由于材料孔隙中的饱和水结冰时体积增大约 9%，对孔壁造成较大的冰胀应力，冰融化时压力又骤然消失，反复的冻融循环使材料的冻融交界层产生明显的压力差，致使孔壁受损。

材料的抗冻性取决于材料的吸水饱和程度、孔隙特征以及材料的强度。一般来说，在相同的冻融条件下，材料含水率越大，材料强度越低及材料中含有开口的毛细孔越多，受到冻融循环的损伤就越大。反之，密实的材料、具有闭口孔隙体积且强度较高的材料，有较强的抗冻能力。我国北方地区一些海港码头处的混凝土，每年要受数十次冻融循环，在结构设计和材料选用时，必须考虑材料的抗冻性。

抗冻性虽是衡量抵抗冻融循环作用的能力，但经常作为无机非金属材料抵抗大气物理作用的一种耐久性指标。抗冻性良好的材料，抵抗温度变化、干湿交替等风化作用的能力也强。所以，对于温暖地区的建筑物，虽无冰冻作用，但为抵抗大气的作用，确保建筑物耐久性，对材料往往也提出一定的抗冻性要求。

三、材料与热有关的物理性质

在建筑物中，建筑材料除需满足强度、耐久性等要求外，还需使室内维持一定的温度，为人们的工作和生活创造一个舒适的环境，同时降低建筑物的使用能耗。因此，在选用围护结构材料时，要求建筑材料具有一定的热工性质。

1. 导热性

1）导热系数

当材料两侧存在温度差时，热量从材料的一侧传递至材料另一侧的性质，称为材料的导热性。导热性大小可以用导热系数来表示。导热系数计算式为

$$\lambda = \frac{Qd}{A(T_1 - T_2)t} \tag{1-20}$$

式中：λ——导热系数［W/（m·K）］；

Q——传导的热量（J）；

d——材料的厚度（m）；

A——传热面积（m^2）；

$T_1 - T_2$——材料两侧的温差（K）；

t——传热时间（s）。

材料导热示意图如图 1-4 所示。

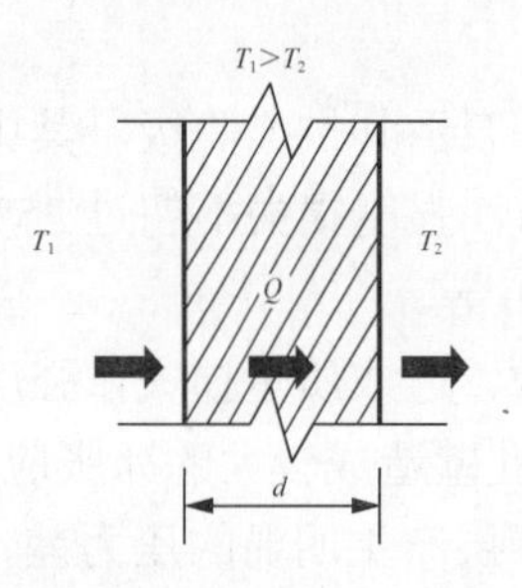

图 1-4　材料导热示意图

导热系数λ的物理意义是单位厚度的材料，当两侧温差为 1K 时，在单位时间内通过单位面积的热量。导热系数是评定建筑材料保温隔热性能的重要指标，导热系数越小，材料的保温隔热性能越好。各种材料的导热系数差别很大，工程中通常把λ＜0.23W/（m·K）的材料称为绝热材料。

2）影响导热性的因素

（1）材料的化学组成与结构。导热是材料热分子运动的结果，因此，材料的组成与结构是影响导热性的决定因素。通常金属材料的导热系数大于非金属材料，无机材料的导热系数大于有机材料，晶体材料的导热系数大于非晶体材料。

（2）材料的孔隙率大小、孔隙特征。绝大多数材料是由固体物质和气体两部分组成的。由于密闭空气的导热系数很小［在静态 0℃时空气的导热系数为 0.023W/（m·K）］，因此孔隙率大小对材料的导热系数起着非常重要的作用。一般情况下，材料的孔隙率越大，其导热系数就越小（粗大而贯通的孔隙除外）。

孔隙特征对材料的导热性有较大的影响。闭口孔隙数量增多，材料的导热性降低，保温隔热性能提高；开口孔隙数量增多，由于出现空气间的对流传热，材料的导热性增强，保温隔热能力降低。

（3）环境的温湿度。材料受气候、施工等环境因素的影响受潮、受冻，这将会增大材料的导热系数。其原因是水的导热系数［$\lambda_{水} = 0.58$W/（m·K）］及冰的导热系数［$\lambda_{水} = 2.33$W/（m·K）］都远大于空气的导热系数，因此保温材料在其设计、贮存、运输、施工过程中应特别注意保持干燥状态，以充分发挥其保温效果。

2. 比热容和热容量

材料在受热时吸收热量，冷却时放出热量的性质称为材料的热容量。

质量一定的材料，温度发生变化，则材料吸收（或放出）的热量与质量成正比，与温差成正比，公式表示为

$$Q = cm(t_2 - t_1) \tag{1-21}$$

式中：Q——材料吸收或放出的热量（J）；

c——材料比热容［J/（g·K）］；

m——材料质量（g）；

$t_2 - t_1$——材料受热或冷却前后的温差（K）。

比热容 c 表示 1g 材料温度升高或降低 1K 时所需的热量，比热与材料质量的乘积为材料的热容量值。由式（1-21）可看出，热量一定的情况下，热容量值越大，温差越小。作为墙体、屋面等围护结构材料，应采用导热系数小、热容量值大的材料，这对于维护室内温度稳定，减少热损失，节约能源起着重要的作用。几种典型材料的热工性质指标如表 1-2 所示。

表 1-2　几种典型材料的热工性质指标

材料	导热系数/［W/（m·K）］	比热容/［J/（g·K）］	材料	导热系数/［W/（m·K）］	比热容/［J/（g·K）］
铜	370	0.38	泡沫塑料	0.03	1.70
钢	58	0.46	水	0.58	4.20
花岗岩	2.90	0.80	冰	2.20	2.05
普通混凝土	1.80	0.88	密闭空气	0.023	1.00
普通黏土砖	0.57	0.84	石膏板	0.30	1.10
松木顺纹	0.35	2.50	绝热纤维板	0.05	1.46
松木横纹	0.17				

3. 材料的温度变形性

材料的温度变形性是指材料在温度升高或降低时材料体积变化的特性。

多数材料在温度升高时体积膨胀，温度降低时体积收缩。这种变化表现在单向尺寸时，为线膨胀或线收缩，相应的表征参数为线膨胀系数。

在温度变化时，材料的线膨胀量或线收缩量可用下式计算

$$\Delta L = (t_2 - t_1)\alpha L \tag{1-22}$$

式中：ΔL——线膨胀量或线收缩量（mm 或 cm）；

$t_2 - t_1$——温度变化时的温差（K）；

α——平均线膨胀系数（1/K）；

L——材料的原始长度（mm 或 cm）。

材料的线膨胀系数与材料的组成和结构有关，在工程中常选择适当的材料来满足工程对温度变形的要求。

第二节 材料的力学性质

材料的力学性质是指材料在外力作用下抵抗破坏及变形的性质。

一、材料强度、强度等级和比强度

1. 材料强度

材料强度是指材料在外力（荷载）作用下抵抗破坏的能力。

当材料受到外力作用时，在材料内部相应地产生应力，且应力随外力的增大而增大，当应力超过材料内部质点所能抵抗的极限时，材料发生破坏，此时的极限应力值即材料强度，也称极限强度。

1）材料强度的计算式

根据外力作用方式的不同，材料强度可分为抗压强度、抗拉强度、抗剪强度、抗折（抗弯）强度等。材料强度均以材料受外力破坏时单位面积上所承受的力的大小来表示，如图 1-5 所示。

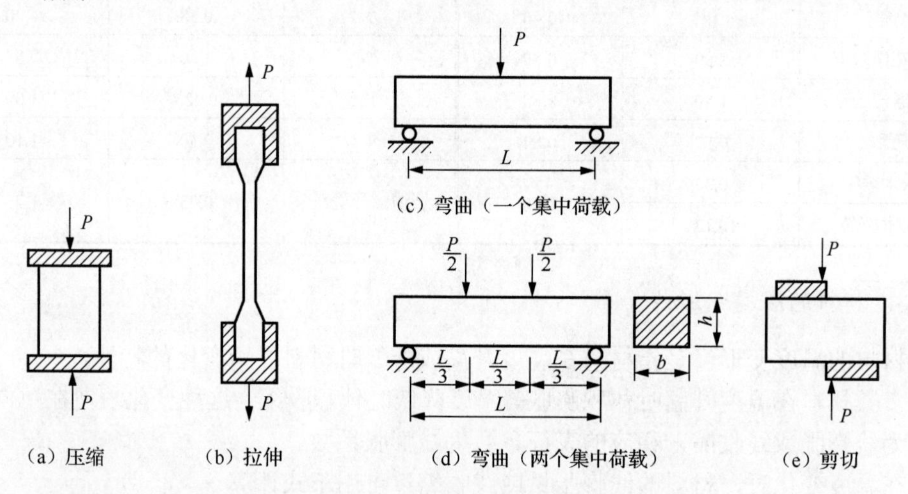

图 1-5 材料受力示意图

材料的抗压、抗拉、抗剪强度的计算式为

$$f=\frac{P}{A} \tag{1-23}$$

式中：f ——材料的强度（N/mm^2 或 MPa）；

P ——材料破坏时最大荷载（N）；

A ——试件的受力面积（mm^2）。

材料的抗弯强度（或抗折强度）与试件受力情况、截面形状及支承条件有关。将矩

形截面的条形试件放在两支点上，当中间作用一集中荷载时，如图 1-6（c）所示，抗弯强度计算式为

$$f_{弯}=\frac{3Pl}{2bh^2} \tag{1-24}$$

当在三分点上加两个集中荷载时，如图 1-6（d）所示，抗弯强度计算式为

$$f_{弯}=\frac{Pl}{bh^2} \tag{1-25}$$

式中：$f_{弯}$——抗弯强度（MPa）；

P——弯曲破坏时最大集中荷载（N）；

l——两支点间距离（mm）；

b、h——试件截面的宽与高（mm）。

2）影响材料强度的因素

材料的强度值与材料的组成、结构等内在因素有关，也与外界条件的影响有关。

（1）不同种类的材料由于其组成、结构不同，其强度差异很大。例如，岩石、混凝土、砂浆等都具有较高的抗压强度，因此多用于建筑物的基础和墙体等受压部位；木材的抗拉强度高于其抗压强度，多用于承受拉力的部位；钢材同时具有较高的抗压强度和抗拉强度，因此适用于各种受力构件。

（2）同一种材料，其强度随孔隙率、孔隙构造不同有很大差异。一般地说，同种材料的孔隙率越大，强度越低。

（3）试验条件不同，材料强度值也不同。例如，试件的采取或制作方法，试件的形状和尺寸，试件的表面状况，试验时加荷速度，试验环境的温度、湿度，以及试验数据的取舍等，均在不同程度上影响所得数据的代表性和准确性。通常试件尺寸越大，测得的强度值越小；试件表面凹凸不平，产生了应力集中，测得的强度值偏低；加荷速度越快，测得的强度值越大。

材料的强度实际上只是在特定条件下测定的强度值，为了使试验结果比较准确而且具有相互比较的意义，每个试验均有统一规定的标准试验方法，在测定材料强度时，必须严格按照国家规定的标准试验方法进行。

（4）材料含有水分时，其强度比干燥时低；温度升高时，一般材料的强度将有所降低，沥青、混凝土尤为明显。

2. 强度等级

建筑材料常根据其强度值，划分为若干个等级，即强度等级。

脆性材料（石材、混凝土、砖等）主要以抗压强度来划分等级；塑性材料（钢材、沥青等）主要以抗拉强度来划分等级。强度值与强度等级不能混淆，强度值是表示材料力学性质的指标，强度等级是根据强度值划分的级别。

建筑材料按强度值划分为若干个强度等级，对生产者和使用者均有重要的意义，它可使生产者在生产中控制产品质量时有依据，从而确保产品的质量；对使用者而言，则有利于掌握材料的性能指标，便于合理选用材料、正确进行设计和控制工程施工质量。

3. 比强度

比强度是指材料的强度与其表观密度之比（f/ρ_0），是衡量材料轻质高强特性的指标。

对于不同强度的材料进行比较，可采用比强度这个指标。结构材料在建筑工程中主要承受结构荷载，对多数结构物来说，相当一部分的承载能力用于抵抗本身或其上部结构材料的自重荷载，只有剩余部分的承载能力用于抵抗外荷载。为此，提高材料的承载力，不仅应提高材料的强度，还应设法减轻自重，即应提高材料的比强度。

比强度越大，材料的轻质高强性能越好，选择比强度大的材料对增加建筑物的高度、减轻结构自重、降低工程造价具有重大意义。表1-3是几种主要材料的比强度值。

表1-3 几种主要材料的比强度值

材料（受力状态）	表观密度/（kg/m^3）	强度/MPa	比强度
普通混凝土（抗压）	2400	40	0.017
低碳钢	7850	420	0.054
松木（顺纹抗拉）	500	100	0.200
烧结普通砖（抗压）	1700	10	0.006
玻璃钢（抗弯）	2000	450	0.225
铝合金	2800	450	0.160
石灰岩（抗压）	2500	140	0.056

二、弹性和塑性

材料在外力作用下产生变形，外力撤掉后变形能完全恢复的性质，称为弹性。相应的变形称为弹性变形（或瞬时变形），如图1-6（a）所示。

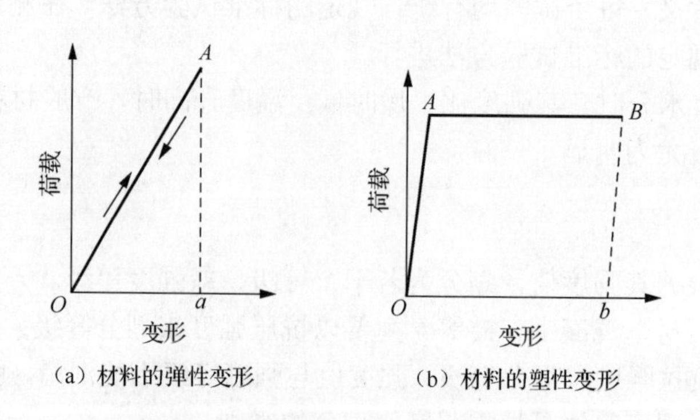

图1-6 材料的弹性变形与塑性变形

弹性变形的大小与其所受外力大小成正比，其比例系数在一定范围内为一常数，该

常数称为材料的弹性模量，用 E 表示，其计算式为

$$E=\frac{\sigma}{\varepsilon} \tag{1-26}$$

式中：σ——材料所承受的应力（MPa）；

ε——材料在应力 σ 作用下的应变。

弹性模量是反映材料抵抗变形能力的指标，其值越大，表明材料抵抗变形的能力越强。弹性模量是建筑工程结构设计和变形验算所依据的主要参数之一。

材料在外力作用下产生变形，若除去外力后仍保持变形后的形状和尺寸，并且不产生裂缝的性质称为塑性，相应的变形称为塑性变形（或残余变形），如图 1-6（b）所示。

单纯的弹性材料是没有的。有的材料在受力不大时产生弹性变形，受力超过一定限度后产生塑性变形，如建筑钢材，变形情况如图 1-7 所示。有的材料在受力时弹性变形和塑性变形同时存在，取消外力后，弹性变形 ab（图 1-8）可以恢复，而塑性变形 Ob（图 1-8）不能恢复，通常将这种材料称为弹塑性材料。

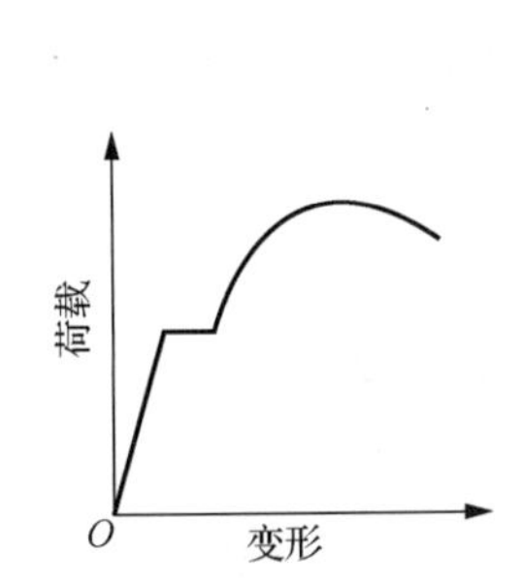

图 1-7　弹性塑性材料的变形曲线

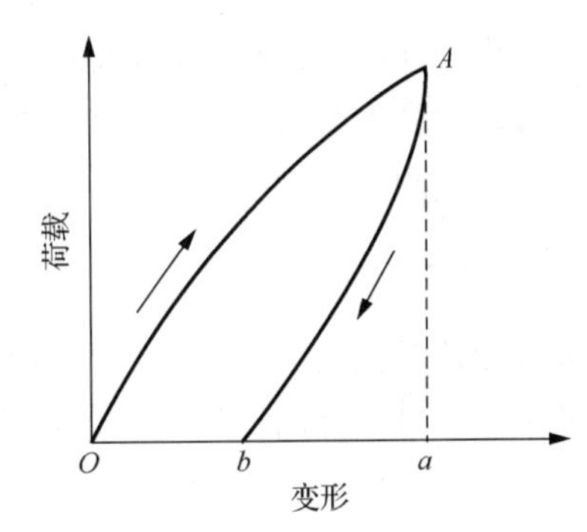

图 1-8　混凝土材料的弹塑性变形曲线

三、脆性和韧性

1. 脆性

材料在受外力达到一定程度时，无明显的变形而突然发生破坏，这种性质称为脆性。

多数无机非金属材料均属脆性材料，如天然石材、烧结普通砖、陶瓷、普通混凝土、砂浆等，脆性材料抗压强度较高，但抗冲击能力、抗振动能力、抗拉及抗折能力很差，所以仅用于承受静压力作用的结构或构件，如基础柱子、墩座等。

2. 韧性

材料在冲击或动力荷载作用下，能吸收较大能量并产生较大的变形而不破坏的性质称为韧性，如低碳钢、低合金钢、木材、钢筋混凝土等都属于韧性材料。

衡量材料韧性的指标是材料的冲击韧性指标值，用 α_K 来表示，其计算式为

$$\alpha_K=\frac{A_K}{A} \tag{1-27}$$

式中：α_K——材料的冲击韧性指标值（J/mm^2）；

A_K——材料破坏时所吸收的能量（J）；

A——材料受力截面积（mm^2）。

在工程中，对于要求承受冲击和振动荷载作用的结构，如吊车梁、桥梁、路面及有抗震要求的结构均要求所用材料需具有较高的抗冲击韧性。

四、硬度和耐磨性

1. *硬度*

硬度指材料表面的坚硬程度，是抵抗其他物体刻画、压入其表面的能力。

硬度的测定方法有刻画法、回弹法、压入法，不同材料其硬度的测定方法不同。

回弹法用于测定混凝土表面硬度，并间接推算混凝土的强度，也用于测定砖、砂浆等的表面硬度；刻画法用于测定天然矿物的硬度；压入法是用硬物压入材料表面，通过压痕的面积和深度测定材料的硬度；钢材、木材的硬度常用钢球压入法测定。

通常，硬度大的材料耐磨性较强，但不易加工。在工程中，常利用材料硬度与强度间关系，间接测定材料强度。

2. *耐磨性*

材料受外界物质的摩擦作用而减小质量和体积的现象称为磨损。

耐磨性是材料表面抵抗磨损的能力，材料的耐磨性用磨损率表示，其计算式为

$$N=\frac{m_1-m_2}{A} \tag{1-28}$$

式中：N——材料的磨损率（g/cm^2）；

m_1——试件磨损前的质量（g）；

m_2——试件磨损后的质量（g）；

A——试件受磨面积（cm^2）。

试件的磨损率表示一定尺寸的试件，在一定压力作用下，在磨料上磨损一定次数后，试件每单位面积上的质量损失。

材料的耐磨性与材料组成、结构及强度、硬度等有关。建筑中用于地面、踏步、台阶、路面等处的材料，应适当考虑硬度和耐磨性。

第三节 材料的耐久性

材料的耐久性是指材料在使用期间，受到各种内在的或外来因素的作用，能经久不变质、不破坏，尚能保持原有性能，不影响使用的性质。

一、影响材料耐久性的因素

材料在建筑物使用期间，除受到各种荷载作用之外，还受到自身和周围环境各因素的破坏作用。这些破坏因素对材料的作用往往是复杂多变的，它们或单独或相互交叉作用。一般可将其归纳为物理作用、化学作用、力学作用和生物作用。

（1）物理作用包括干湿变化、温度变化、冻融循环、溶蚀、磨损等，这些作用使材料发生体积膨胀、收缩或导致内部裂缝的扩展，长期或反复多次的作用使材料逐渐破坏。例如，在潮湿寒冷地区，反复的冻融循环对多孔材料具有显著的破坏作用。

（2）化学作用主要指材料受到有害气体以及酸、碱、盐等液体对材料产生的破坏作用，如钢材的锈蚀、水泥的腐蚀等。

（3）力学作用指材料受使用荷载的持续作用，交变荷载引起的疲劳，冲击及机械磨损等。

（4）生物作用包括昆虫、菌类的作用，使材料虫蛀、腐朽破坏，如木材及植物类材料的腐朽等。

材料的耐久性是材料抵抗多种作用的一种综合性质，它包括抗冻性、抗腐蚀性、抗渗性、抗风化性、耐热性、耐酸性、耐腐蚀性等各方面的内容。不同材料其耐久性的侧重点有所不同。

一般情况下，矿物质材料如石材、混凝土、砂浆等直接暴露在大气中，受到风霜雨雪的物理作用，主要表现为抗风化性和抗冻性；当材料处于水中或水位变化区，主要受到环境水的化学侵蚀、冻融循环作用；钢材等金属材料在大气或潮湿条件下，易遭受电化学腐蚀；木材、竹材等植物纤维质材料常因腐朽、虫蛀等生物作用而遭受破坏；沥青以及塑料等高分子材料在阳光、空气、水的作用下逐渐老化。

二、提高材料耐久性的措施

为提高材料的耐久性，根据材料的特点和使用情况采取相应措施，通常可以从以下几方面考虑。

（1）设法减轻大气或其他介质对材料的破坏作用，如降低温度、排除侵蚀性物质等。

（2）提高材料本身的密实度，改变材料的孔隙构造。

（3）适当改变成分，进行憎水处理及防腐处理。

（4）在材料表面设置保护层，如抹灰、做饰面、刷涂料等。

耐久性是材料的一项长期性质，需对其在使用条件下进行长期的观察和测定。近年来，已采用快速检验法，即在实验室模拟实际使用条件，进行有关的快速试验，根据试验结果对耐久性做出判定。

提高材料的耐久性，对保证建筑物的正常使用，减少使用期间的维修费用，延长建筑物的使用寿命，起着非常重要的作用。

三、材料的环境协调性

材料的环境性能表征了材料与环境之间的交互作用行为，包括环境对材料的影响和材料对环境的影响两方面，前者称为材料的环境适应性，后者称为材料的环境协调性。

环境协调性是指材料在生产、使用、废弃和再生工程的全过程中，资源、能源消耗少，环境污染小，再生循环利用率高等特性。

材料的环境协调性可用寿命周期评价法（life cycle assessment，LCA）进行评估。材料的环境协调性评价应全面系统，否则得出的结论不一定科学、可靠。

习 题

1. 孔隙率是如何影响材料的抗渗性的？
2. 材料的强度与加荷速度有什么关系？
3. 材料的孔隙率是如何影响材料的强度的？
4. 材料的抗冻性是如何影响材料的耐久性的？
5. 什么是材料的抗渗性？

第二章

气硬性胶凝材料

气硬性胶凝材料是指只能在空气中凝结硬化，并且只能在空气中保持和改变强度的胶凝材料。建筑工程中常用的石灰、石膏等均属于气硬性胶凝材料。

第一节　石　　灰

石灰是建筑上使用时间较长、应用较广泛的一种气硬性胶凝材料。由于其原料来源广、生产工艺简单、成本低等优点，至今仍在广泛使用。

一、石灰的品种和生产

1. *石灰的品种*

生产石灰的原料是以碳酸钙为主要成分的天然矿石，如石灰石、白垩、白云石等。将原料在高温下煅烧，即可得到石灰（块状生石灰），其主要成分为氧化钙。在这一反应过程中由于原料中同时含有一定量的碳酸镁，在高温下碳酸镁会分解为氧化镁及二氧化碳，因此生成物中也会有氧化镁存在。

通常情况下，建筑工程中所使用的石灰有生石灰（块状生石灰、粉状生石灰）、消石灰（熟石灰）和石灰膏三种。生石灰主要成分为氧化钙，消石灰主要成分为氢氧化钙，石灰膏为含有过量水的熟石灰。

另外，根据石灰中氧化镁含量的不同，生石灰分为钙质生石灰（MgO≤5%）和镁质生石灰（MgO>5%）。

2. 石灰的生产

石灰的生产过程就是将石灰石等矿石进行煅烧，使其分解为生石灰和二氧化碳的过程，用化学反应式表示为

$$CaCO_3 \xrightarrow{900\sim1100℃} CaO + CO_2 \uparrow$$

正常情况下煅烧得到的石灰具有多孔、晶粒细小、体积密度小、与水反应速度快等特点，实际生产过程中由于温度低或温度过高会产生欠火石灰或过火石灰。

对于欠火石灰由于石灰中含有未分解完的碳酸钙，这就会降低石灰的利用率，但欠火石灰在使用时不会带来危害。

对于过火石灰由于煅烧温度过高，煅烧后得到的石灰结构致密、孔隙率小、体积密度大、晶粒粗大，易被玻璃物质包裹，因此它与水的化学反应速度极慢，其细小颗粒在正常温度煅烧的石灰已水化，凝结硬化之后开始反应，而这一反应后的产物较反应前体积膨胀，导致硬化后的结构产生裂纹或质量损失（掉皮隆起），这对石灰的使用是非常不利的。

二、石灰的熟化和硬化

1. 石灰的熟化

石灰的熟化是指生石灰（氧化钙）与水发生水化反应生成消石灰（氢氧化钙）的过程。这一过程也叫作石灰的消解或消化。其化学反应式为

$$CaO + H_2O = Ca(OH)_2 + 64.8\ kJ$$

通过对反应式的分析，可以得出生石灰水化具有如下特点。

（1）水化放热大，水化放热速度快。这主要是由于生石灰的多孔结构及晶粒细小而决定的。其最初 1h 放出的热量是硅酸盐水泥水化 1d 放出热量的 9 倍。

（2）水化过程中体积膨胀。生石灰在熟化过程中外观体积可增大 1.5～2.0 倍。这一性质是引起过火石灰危害的主要原因。

（3）上述反应具有可逆性。常温下反应向右进行，当温度达到 547℃时，$Ca(OH)_2$ 将会分解为 CaO 和 H_2O。因此，要想保证反应顺利向右进行，必须控制温度不能升得过高。

生石灰的熟化主要通过以下过程来完成的。首先将生石灰块置于化灰池中，加入生石灰量 3～4 倍的水，生石灰熟化成石灰乳，通过筛网过滤渣子后流入储灰池，经沉淀除去表层多余水分后得到膏状物，即石灰膏。石灰膏含水约 50%，体积密度为 1300～1400kg/m^3。一般 1kg 生石灰可熟化成 1.5～3L 的石灰膏。

一般采用陈伏处理来消除过火石灰的危害。

将石灰膏在储灰池中存放两周以上，使过火石灰在这段时间内充分的熟化，这一过程叫作陈伏。陈伏期间，石灰膏表面应敷盖一层水以隔绝空气，防止石灰浆表面碳化。

2. 石灰的硬化

石灰的硬化过程主要有结晶硬化和碳化硬化两个过程。

1）结晶硬化

结晶硬化过程也可称为干燥硬化过程，在这一过程中，石灰浆体的水分蒸发，氢氧化钙从饱和溶液中逐渐结晶出来。干燥和结晶使氢氧化钙颗粒产生一定的强度。

2）碳化硬化

碳化硬化过程实际上是水与空气中的二氧化碳首先生成碳酸，然后与氢氧化钙反应生成碳酸钙，析出多余水分并蒸发。这一过程的化学反应式为

$$Ca(OH)_2+CO_2+nH_2O \longrightarrow CaCO_3+(n+1)H_2O$$

从结晶硬化和碳化硬化的两个过程可以看出，在石灰浆体的内部主要进行结晶硬化过程，在浆体表面与空气接触的部分进行的是碳化硬化过程，外部碳化硬化形成的碳酸钙膜达一定厚度后就会阻止外界的二氧化碳向内部渗透和内部水分向外蒸发。由于空气中二氧化碳的浓度较低，所以碳化过程一般较慢。

三、石灰的技术要求

生石灰按加工情况分为建筑生石灰和建筑生石灰粉；按化学成分分为钙质生石灰（代号为CL）和镁质生石灰（代号为ML）两类，根据化学成分的含量又分为不同的等级，钙质生石灰分为CL90、CL85、CL75三级，镁质生石灰分为ML85、ML80两级。建筑生石灰的技术要求见表2-1。

表2-1　建筑生石灰的技术要求

项目		钙质生石灰						镁质生石灰			
		CL90-Q	CL90-QP	CL85-Q	CL85-QP	CL75-Q	CL75-QP	ML85-Q	ML85-QP	ML80-Q	ML80-QP
CaO＋MgO含量/%		≥90	≥90	≥85	≥85	≥75	≥75	≥85	≥85	≥80	≥80
CO_2/%		≤4	≤4	≤7	≤7	≤12	≤12	≤7	≤7	≤7	≤7
SO_3/%		≤2	≤2	≤2	≤2	≤2	≤2	≤2	≤2	≤2	≤2
产浆量/(dm^3/10kg)		≥26	—	≥26	—	≥26	—	—	—	—	—
细度	0.2mm筛的筛余量/%	—	≤2	—	≤2	—	≤2	—	≤2	—	≤7
	90μm筛的筛余量/%	—	≤7	—	≤7	—	≤7	—	≤7	—	≤2

注：生石灰块在代号后加Q，生石灰粉在代号后加QP。

对于消石灰来讲，钙质消石灰分为HCL90、HCL85、HCL75三级，镁质消石灰分为HML85、HML80两级。建筑消石灰的技术要求见表2-2。

表 2-2 建筑消石灰的技术要求

项目		钙质消石灰			镁质消石灰	
		HCL90	HCL85	HCL75	HML85	HML80
$CaO+MgO$ 含量/%		≥90	≥85	≥75	≥85	≥80
SO_3/%		≤2	≤2	≤2	≤2	≤2
游离水		≤2	≤2	≤2	≤2	≤2
安定性		合格	合格	合格	合格	合格
细度	0.2mm 筛的筛余量/%	≤2	≤2	≤2	≤2	≤2
	90μm 筛的筛余量/%	≤7	≤7	≤7	≤7	≤7

四、石灰的性质及应用

1. *石灰的性质*

1）保水性、可塑性好

材料的保水性就是材料保持水分不泌出的能力。石灰遇水后，由于氢氧化钙的颗粒细小，其表面吸附一层厚厚的水膜，而这种颗粒数量多，总表面积大，所以，石灰具有很好的保水性。又由于颗粒间的水膜使得颗粒间的滑行较容易，这就说明了其可塑性好。石灰的这种性质常用来改善水泥砂浆的保水性。

2）凝结硬化慢、强度低

由于石灰是一种气硬性胶凝材料，因此它只能在空气中硬化，而空气中 CO_2 含量低，且碳化后形成的较硬的 $CaCO_3$ 薄膜阻止外界 CO_2 向内部渗透，同时又阻止了内部水分向外蒸发，结果导致 $CaCO_3$ 及 $Ca(OH)_2$ 晶体生成的量少且速度慢，使硬化体的强度降低。此外，虽然理论上生石灰消化需要约 32.13%的水，而实际上用水量很大，多余的水分蒸发后在硬化体内留下大量孔隙，这也是硬化后石灰强度很低的一个原因。经测定石灰砂浆（1∶3）的 28d 抗压强度仅为 0.2～0.5MPa。

3）耐水性差

在石灰浆体未硬化前，由于它是一种气硬性胶凝材料，因此它在水中不能硬化；而硬化后的浆体由于其主要成分 $Ca(OH)_2$ 又溶于水，从而使硬化体溃散，所以说石灰硬化体的耐水性差。

4）干燥收缩大

石灰浆体在硬化过程中因蒸发失去大量水分，从而引起体积收缩，因此除用石灰浆做粉刷外，其他施工过程中不宜单独使用，常掺入砂、麻刀、无机纤维等，以抵抗收缩引起的开裂。

5）吸湿性强

生石灰吸湿性强，保水性好，是一种干燥剂。

6）化学稳定性差

石灰是一种碱性物质，遇酸性物质时，易发生化学反应，生成新物质。

2. *石灰的应用*

1）室内粉刷

石灰加水调制成石灰乳可用于粉刷室内墙壁等。

2）拌制建筑砂浆

消石灰粉与砂子、水混合拌制而成的石灰砂浆或消石灰粉与水泥、砂子、水混合拌制而成的石灰水泥混合砂浆，可用于抹灰或砌筑。

3）配制三合土和灰土

将生石灰粉、黏土、砂土按 1∶2∶3 比例配合，并加水拌和得到的混合料叫作三合土，三合土夯实后可作为路基或垫层。将生石灰粉、黏土按 1∶(2～4)的比例配合，并加水拌和得到的混合料叫作灰土，它也可以作为建筑物的基础、道路路基及垫层材料。

4）生产硅酸盐混凝土及其制品

将石灰与硅质原料（石英砂、粉煤灰、矿渣等）混合磨细，经成型养护等工序后可制得人造石材，由于它主要以水化硅酸钙为主要成分，因此又叫作硅酸盐混凝土。这种人造石材可以加工成各种砖及砌块。

鉴于石灰的性质，石灰必须在干燥的条件下运输和贮存，且不宜久存。石灰若长时间存放必须密闭、防水、防潮。

第二节　石　　膏

石膏及其制品具有一系列的优良性质，在建筑领域中得到广泛的应用。

一、石膏的品种与生产

1. *石膏的品种*

常用的石膏品种有天然石膏（生石膏）和熟石膏（建筑石膏、地板石膏、模型石膏、高强度石膏等）。其中，建筑石膏使用比较广泛。

2. *石膏的生产*

天然石膏入窑经低温煅烧后磨细即得建筑石膏，其化学反应式为

$$CaSO_4 \cdot 2H_2O \xrightarrow{107\sim170℃} CaSO_4 \cdot \frac{1}{2}H_2O + 1\frac{1}{2}H_2O$$

天然石膏的成分为二水硫酸钙，建筑石膏的成分为半水硫酸钙，由此可见，建筑石膏

是天然石膏脱去部分结晶水得到的。建筑石膏为白色粉末，表观密度为 800～1000kg/m^3，密度为 2500～2800kg/m^3。

二、建筑石膏的凝结与硬化

建筑石膏的凝结与硬化是在其水化的基础上进行的，也就是说，首先将建筑石膏与水拌和形成浆体，然后水分逐渐蒸发，浆体失去可塑性，逐渐形成具有一定强度的固体。其化学反应式为

$$CaSO_4\cdot\frac{1}{2}H_2O+1\frac{1}{2}H_2O\longrightarrow CaSO_4\cdot 2H_2O$$

这一反应是建筑石膏生产的逆反应，它们的主要区别在于此反应是在常温下进行的。由于二水石膏的溶解度较半水石膏的溶解度小很多，所以二水石膏首先从过饱和溶液中不断析出晶体沉淀，这一过程要持续到全部半水石膏转化为二水石膏。建筑石膏的水化、凝结及硬化是一个连续的不可分割的过程，也就是说，水化是前提，凝结、硬化是结果。

三、建筑石膏的技术要求

根据《建筑石膏》（GB/T 9776—2008）的规定，建筑石膏按 2h 抗折强度分为 3.0、2.0 和 1.6 三个等级，见表 2-3。其中，抗折强度和抗压强度为试样与水接触后 2h 测得的。

表 2-3　建筑石膏的技术指标

指标		等级		
		3.0	2.0	1.6
细度/%	0.2mm 方孔筛筛余	≤10.0		
凝结时间/min	初凝时间	≥3		
	终凝时间	≤30		
2h 强度/MPa	抗折强度	≥3.0	≥2.0	≥1.6
	抗压强度	≥6.0	≥4.0	≥3.0

建筑石膏按产品名称、代号及标准编号的顺序进行产品标记。例如，等级为 2.0 的天然建筑石膏表示为：建筑石膏 N2.0 GB/T 9776—2008。

建筑石膏在贮运过程中，应防止受潮及混入杂物。不同等级的石膏应分别贮运，不得混杂。一般贮存期为 3 个月，超过 3 个月，强度将降低 30%左右，超过贮存期限的石膏应重新进行质量检验，以确定其等级。

四、石膏的性质

1）凝结硬化快

一般情况下，石膏和水拌和后，在常温状态下初凝时间不小于 6min，终凝时间不大于 30min，在自然干燥条件下，一周左右可完全硬化。由于石膏的凝结速度较快，为方便施工，常掺加硼砂、骨胶等缓凝剂来延缓其凝结的速度。

2）体积微膨胀

石膏硬化后的膨胀率约为 0.05%～0.15%。正是由于石膏的这一特性，它的制品表面光滑、尺寸精确、装饰性好。

3）孔隙率大

建筑石膏的水化反应理论上需水量仅为 18.6%，但在搅拌时为了使石膏充分溶解、水化，并使得石膏浆体具有施工要求的流动度，实际加水量达 50%～70%。当多余的水分蒸发后，在石膏硬化体的内部留下大量的孔隙，其孔隙率可达 50%～60%。由于这一特性使石膏制品导热系数较小［仅为 0.121～0.205W/（m·K）］，保温隔热性能好，但其强度较低（一般抗压强度为 3～5MPa），耐水性差，吸湿性强。建筑石膏水化后生成的二水石膏结晶体会溶于水，长时间浸泡会对石膏制品产生破坏。

4）具有一定的调温调湿性能

由于建筑石膏制品的比热较大，且孔隙率大，所以它具有一定的调温功能和吸附空气中水蒸气的能力，对室内温度、湿度有一定的调节功能。

5）防火性好，耐火性差

建筑石膏制品的导热系数小，传热速度慢，且二水石膏受热脱水产生的水蒸气可以阻碍火势的蔓延，所以它防火性能好，但二水石膏脱水后，强度下降，因此不耐火。

6）装饰性好，可加工性强

石膏制品表面平整，色彩洁白，可以进行锯、刨、钉、雕刻等加工，具有良好的装饰性和可加工性。

五、建筑石膏的应用

1）室内抹灰及粉刷

由于建筑石膏的特性，它可用于室内的抹灰及粉刷。建筑石膏加水、砂及缓凝剂拌和成石膏砂浆，可用于室内抹灰或作为油漆打底使用。其特点是隔热保温性能好，热容量大，吸湿性大，因此可以一定限度的调节室内温、湿度，保持室温的相对稳定。此外这种抹灰墙面还具有阻火、吸声、施工方便、凝结硬化快、黏结牢固等特点，因此可称其为室内高级粉刷及抹灰材料。

2）石膏板

随着框架轻板结构的发展，石膏板的生产和应用也发展很快。由于石膏板具有原料来源广、生产工艺简便、轻质、保温、隔热、吸声、不燃及可锯可钉等性质，因此它被广泛应用于建筑行业。

常用的石膏板有纸面石膏板、纤维石膏板、装饰石膏板、空心石膏板、吸声用穿孔石膏板等。

这里值得注意的是，通常装饰石膏板所用的原料是磨得更细的建筑石膏即模型石膏。

习 题

1．在施工现场如何判断石灰的质量是否合格？

2．如何消除过火石灰的危害？

3．石膏制品在使用时应注意哪些因素？

第三章

水　泥

水硬性胶凝材料是指既能在空气中硬化又能在湿介质或水中硬化，并不断增进其强度的胶凝材料。建筑工程中广泛使用的水泥就是水硬性胶凝材料。一般来说，水硬性胶凝材料，通常指水泥。现代建筑材料中，水泥已经是不可缺少的重要材料，广泛应用于建筑、水利、交通和国防等各项建设中。其用量大，应用范围广，且品种繁多。

水泥按其组成主要分为通用硅酸盐水泥、铝酸盐水泥、硫铝酸盐水泥、铁铝酸盐水泥四大类。

水泥按其性能和用途可分为通用水泥、特性水泥、专用水泥三大类。

1）通用水泥

通用水泥是指一般土木建筑工程中通常使用的水泥。通用硅酸盐水泥在建筑工程中用量最大，还包括硅酸盐水泥、普通硅酸盐水泥、矿渣硅酸盐水泥、火山灰质硅酸盐水泥、粉煤灰硅酸盐水泥和复合硅酸盐水泥等。

2）特性水泥

特性水泥是指某种性能比较突出的水泥，如快硬硅酸盐水泥、白色硅酸盐水泥、低热矿渣硅酸盐水泥、膨胀硫铝酸盐水泥、抗硫酸盐水泥、自应力水泥等。

3）专用水泥

专用水泥是指适用专门用途的水泥，如道路硅酸盐水泥、砌筑水泥、油井水泥、大坝水泥等。

第一节 通 用 水 泥

一、硅酸盐水泥

通用硅酸盐水泥是以硅酸盐水泥熟料和适量的石膏及规定的混合材料制成的水硬性胶凝材料。

硅酸盐水泥分为两个类型，未掺混合材料的为 I 型硅酸盐水泥，代号为 P·I。掺入不超过水泥质量 5%的混合材料的为 II 型硅酸盐水泥，代号为 P·II。硅酸盐水泥是通用硅酸盐水泥的基本品种。

1. 硅酸盐水泥的生产

1）硅酸盐水泥的原材料

生产硅酸盐水泥熟料的原料主要有石灰质原料和黏土质原料，此外为了满足配料要求需加入校正原料。

石灰质原料主要提供氧化钙（CaO），常用的石灰质原料有石灰石、白垩、贝壳等；黏土质原料主要提供氧化硅（SiO_2）、氧化铝（Al_2O_3）及氧化铁（Fe_2O_3），常用的黏土质原料有黏土、黄土、页岩等。

当配料中的某种氧化物的量不足时，可加入相应的校正原料，校正原料主要有硅质校正原料、铝质校正原料和铁质校正原料，如原料中 Fe_2O_3 含量不足时可加入铁质校正原料硫铁矿渣等。

2）硅酸盐水泥的生产工艺

硅酸盐水泥的生产可以概括为“两磨一烧”，首先将各种原料经配比后加入生料磨粉磨成生料，然后入窑煅烧成熟料，熟料中再加入适量石膏，入水泥磨（若为 P·II 型硅酸盐水泥还要掺入不超过水泥质量 5%的混合材），粉磨后就是 P·I 型硅酸盐水泥。其流程见图 3-1。

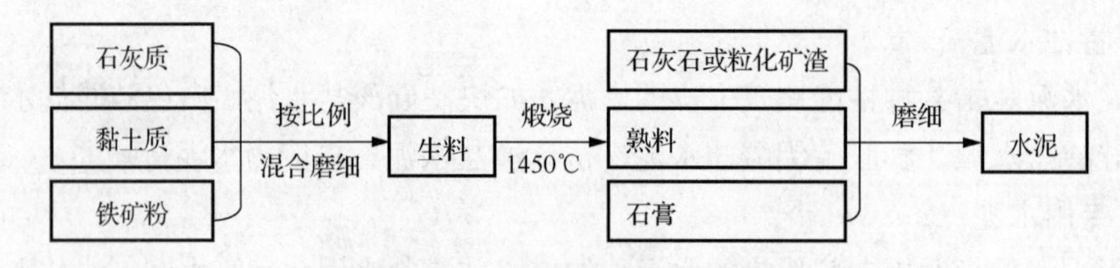

图 3-1 硅酸盐水泥生产工艺流程

硅酸盐水泥的生产也可以归结为生料制备、熟料煅烧和水泥粉磨。在整个工艺流程中熟料煅烧是核心，所有的矿物都是在这一过程中形成的。在生料中主要会有 4 种氧化物，分别为 CaO、SiO_2、Al_2O_3 及 Fe_2O_3，其含量如表 3-1 所示。

表 3-1 生料化学成分的含量范围 （单位：%）

化学成分	含量
CaO	62～67
SiO_2	20～24
Al_2O_3	4～7
Fe_2O_3	2.5～6.0

2. 硅酸盐水泥熟料的矿物组成

生料经过煅烧后，原有的氧化物在熟料中相互结合，都以矿物的形式存在。在硅酸盐水泥熟料中有 4 种主要矿物和少量杂质存在。4 种主要矿物是硅酸三钙、硅酸二钙、铝酸三钙和铁铝酸四钙。杂质中有游离氧化钙、游离氧化镁及三氧化硫等。硅酸盐水泥熟料的主要矿物组成及含量范围如表 3-2 所示。

表 3-2 硅酸盐水泥熟料矿物组成及含量范围 （单位：%）

化合物名称	氧化物成分	缩写符号	含量
硅酸三钙	$3CaO·SiO_2$	C_3S	45～65
硅酸二钙	$2CaO·SiO_2$	C_2S	15～30
铝酸三钙	$3 CaO·Al_2O_3$	C_3A	7～15
铁铝酸四钙	$4 CaO·Al_2O_3·Fe_2O_3$	C_4AF	10～18

熟料中各种矿物含量的多少决定了水泥的某些性能，熟料中 C_3S 和 C_2S 统称为硅酸盐矿物，占水泥熟料总量的 75%左右，C_3A 和 C_4AF 称为溶剂性矿物，一般占水泥熟料总量的 18%～25%。

3. 硅酸盐水泥的水化

硅酸盐水泥与水的化学作用称为硅酸盐水泥的水化。

水泥加水后其颗粒表面立即发生水化反应，生成一系列的水化产物，并释放一定的热量。

水泥熟料中各种矿物单独与水反应所表现出来的性质各不相同，如表 3-3 所示。

表 3-3 各种熟料矿物单独与水作用的性质

性质		C_3S	C_2S	C_3A	C_4AF
凝结硬化速度		快	慢	最快	较快
水化时放出热量		多	少	最多	中
强度	高低	高	早期低 后期高	低	中
	发展	快	慢	快	较快

水泥的水化与水泥熟料的水化区别在于水泥的水化是在石膏（$CaSO_4 \cdot 2H_2O$）存在情况下完成的，因此其水化产物不同，反应的速率也有很大差异。由于水泥熟料中 C_3A 的水化速度太快，会影响水泥的使用，所以在水泥中加入石膏作为缓凝剂，来延缓水泥中各种矿物的水化速度以保证水泥的正常使用。水泥加水后其水化反应如下。

$$2(3CaO \cdot SiO_2)+6H_2O = 3CaO \cdot 2SiO_2 \cdot 3H_2O+3Ca(OH)_2$$

$$2(2CaO \cdot SiO_2)+4H_2O = 3CaO \cdot 2SiO_2 \cdot 3H_2O+Ca(OH)_2$$

$$3CaO \cdot Al_2O_3+6H_2O = 3CaO \cdot Al_2O_3 \cdot 6H_2O$$

$$4CaO \cdot Al_2O_3 \cdot Fe_2O_3+7H_2O = 3CaO \cdot Al_2O_3 \cdot 6H_2O+CaO \cdot Fe_2O_3 \cdot H_2O$$

$$3CaO \cdot Al_2O_3 \cdot 6H_2O+3(CaSO_4 \cdot 2H_2O)+20H_2O = 3CaO \cdot Al_2O_3 \cdot 3CaSO_4 \cdot 32H_2O$$

表 3-4 中列出了各种水化产物的名称、代号及含量。

表 3-4　硅酸盐水泥的主要水化产物名称、代号及含量范围　（单位：%）

水化产物分子式	名称	代号	所占比例
$3CaO \cdot 2SiO_2 \cdot 3H_2O$	水化硅酸钙	$C_3S_2H_3$ 或 C-S-H	70
$3Ca(OH)_2$	氢氧化钙	CH	20
$3CaO \cdot Al_2O_3 \cdot 6H_2O$	水化铝酸钙	C_3AH_6	
$CaO \cdot Fe_2O_3 \cdot H_2O$	水化铁酸一钙	CFH	
$3CaO \cdot Al_2O_3 \cdot 3CaSO_4 \cdot 32H_2O$	高硫型水化硫铝酸钙（钙矾石）	$C_3AS_3H_{32}$	

实际上，硅酸盐水泥的水化是一个复杂的过程，其水化产物也不是单一组成的物质，而是一个多种组成的集合体。水泥之所以具有胶凝性就是因为其水化产物具有胶凝性。

4. *硅酸盐水泥的凝结及硬化*

1）凝结硬化的过程

随着水泥水化程度的不断加深，硅酸盐水泥开始凝结和硬化。与其他矿物胶凝材料一样，硅酸盐水泥加水拌和后成为可塑性浆体。随着时间的推移，其可塑性逐渐降低，直至最后失去可塑性，这个过程称为水泥的凝结。随着水化深入进行，水化产物不断增多，形成空间网状结构越来越密实，水泥浆体产生强度，即达到了硬化，这一状态称为水泥的硬化。

实际上，水化、凝结及硬化是一个连续的过程，水化是前提，凝结、硬化是结果。水泥刚开始加水拌和时，浆体具有流动性和可塑性，随着时间的推移，浆体逐渐失去流动性和可塑性变为具有一定强度的固体。

这个过程起初进行很快，但随着水泥颗粒周围的水化产物不断增多，阻碍了水泥颗粒继续水化，所以水化速度也会越来越慢。尽管水化仍能进行，但无论多久，水泥内核也很难达到完全水化。

如果人为将水泥的凝结硬化过程分开的话，我们可以简单地理解为由加水拌和开始，至水泥浆体失去流动性和部分可塑性的过程称为凝结；由水泥浆完全失去可塑性并发展为具有一定机械强度的过程叫作硬化。关于水泥的凝结硬化理论，1882 年法国人鲁·查德提出了结晶理论，认为水泥浆体之所以能产生胶凝作用，是由于水化产物结晶析出，晶体互相交叉穿插，连接成整体而产生强度；1892年德国的迈克尔斯提出了胶体理论，认为水泥水化以后生成大量胶体物质，再由于干燥或未水化的水泥颗粒继续水化产生“内吸作用”而失水，从而使胶体变硬产生强度；此外还有博伊科夫的溶解、胶化及结晶理论以及雷宾捷尔等人提出的凝聚-结晶、三维网状结构理论等等。

到目前为止，比较公认的理论是将水泥的凝结硬化过程分为四个阶段，即初始反应期、诱导期、水化反应加速期和硬化期，如图3-2所示。

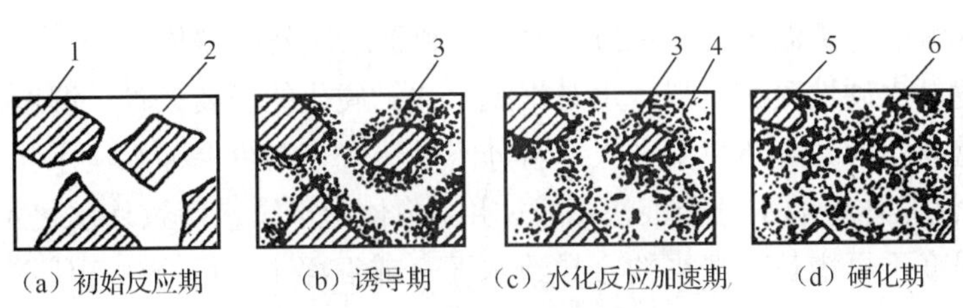

1—水泥颗粒；2—水分；3—胶粒；4—晶体；
5—水泥颗粒的未水化内核；6—毛细孔。

图3-2　水泥的凝结硬化过程

从图3-3分析可知，硬化后的水泥石是主要由水泥凝胶体（含有氢氧化钙、水化铝酸钙及钙钒石的水化硅酸钙凝胶），未完全水化的水泥颗粒内核、毛细孔及毛细孔内水等组成的非均质结构体。

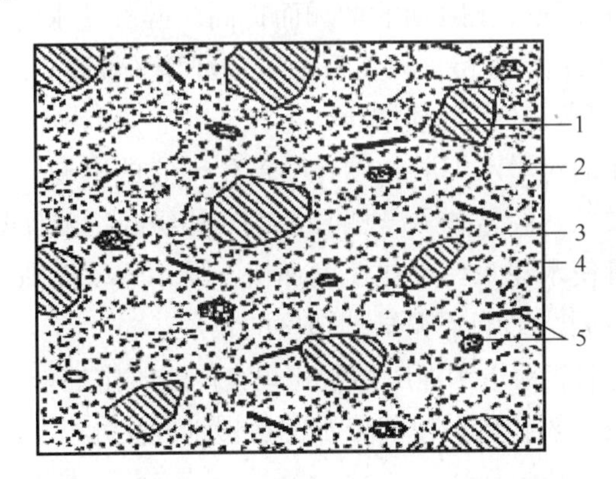

1—未水化的水泥颗粒内核；2—毛细孔；3—水化硅酸钙等凝胶体；
4—凝胶孔；5—氢氧化钙、钙矾石等晶体。

图3-3　硬化后水泥石的组成与结构

2）影响硅酸盐水泥凝结硬化的主要因素

（1）熟料的矿物组成。硅酸盐水泥熟料的4种矿物组成是影响水泥水化速度、凝结硬化过程和强度发展的主要因素。水泥中C_3S与C_3A的含量越少，其凝结硬化速度越慢；含量越多，其凝结硬化速度越快。

（2）细度。水泥颗粒的粗细直接影响了水泥的水化、凝结硬化，水泥颗粒细度越细，其与水接触表面积越大，反应速度则越快，从而加快了凝结硬化速度。同时，水泥颗粒过细，易与空气中的水分及二氧化碳反应，使水泥不易久存，而且磨制过细的水泥能耗大、成本高。

（3）环境温度和湿度。温度高，水泥的水化速度加快，强度增长快，硬化也相应加快。当温度达到 70℃以上时，其 28d 的强度下降 10%～20%；温度较低时，硬化速度慢，当温度降至 0℃以下时，水结冰，硬化过程停止。所以，冬季施工时要采取一定的保温措施，通常水泥的养护温度在 5～20℃时，有利于水泥强度增长。

由于水泥是水硬性凝胶材料，水是水泥水化、硬化的必要条件，湿度是衡量空气中水分含量的重要指标。若环境湿度大，水分不易蒸发，则可保证水泥水化充分进行。若环境干燥，水泥浆体中的水分会很快蒸发，水泥浆体由于缺水而致使水化不能正常进行，甚至停止，强度不再增长，严重的会导致水泥石或混凝土表面产生干缩裂缝。

所以，水泥能够正常地水化及凝结硬化必须保持环境适宜的温度、湿度。

（4）石膏掺量。水泥生产中石膏掺量的多少也非常关键。掺入石膏的目的是为了调节 C_3A。适宜的石膏掺入量是保障水泥正常凝结硬化的条件，掺量少，起不到缓凝的作用，掺量多则有害。

（5）龄期。从水泥的凝结硬化过程可以看出，水泥的水化和硬化是一个较漫长的过程。随着龄期的增加，水泥水化更加充分，凝胶体数量不断增加，毛细孔减少，密实度增加。因此，水泥的强度随硬化龄期的增加而提高。硅酸盐水泥在 3～14d 内的强度增长较快，28d 后强度增长趋于缓慢，只要有适宜的环境（温度、湿度），水泥的强度在几个月、几年甚至几十年后，还会继续增长。

（6）外加剂。外加剂对于水泥凝结硬化会产生一定的影响。实际施工过程中，为了满足某些特殊的施工要求，经常加入一些外加剂（如缓凝剂或促凝剂）来调节水泥凝结时间。促凝剂的加入可使水泥水化硬化速度加快，早期强度提高，而缓凝剂的加入则会延缓水泥的水化硬化时间，影响水泥早期强度的发展。

（7）储存。水泥的储存对于水泥凝结硬化也会产生一定的影响。水泥储存的时间长，会吸收空气中的水分及二氧化碳，使部分水泥缓慢地发生水化和碳化作用，从而影响水泥正常的凝结硬化。

5. 硅酸盐水泥的技术性质

1）不溶物

不溶物是指水泥经过酸（盐酸）和碱（氢氧化钠溶液）处理后，不能被溶解的残余物。《通用硅酸盐水泥》（GB 175—2007）中规定，P·I 型硅酸盐水泥不溶物不得超过 0.75%；P·II 型硅酸盐水泥不溶物不得超过 1.50%。

2）烧失量

烧失量是指水泥经高温灼烧以后的质量损失率，主要由水泥中未煅烧的组分产生。

《通用硅酸盐水泥》（GB 175—2007）中规定，P·I 型硅酸盐水泥烧失量不得超过 3.0%；P·II 型硅酸盐水泥烧失量不得超过 3.5%。

3）细度

细度是指水泥颗粒的粗细程度。水泥的细度对水泥性质有很大影响。水泥的细度不仅影响水泥的水化速度、强度，而且影响水泥的生产成本。颗粒太粗，水化反应速度慢，早期强度低，不利于工程的进度。水泥颗粒太细，水化反应速度快，早期强度高，但需水量大，干缩增大，反而会使后期强度下降，同时能耗增大，增加成本。因此，水泥的细度必须适中，通常水泥颗粒的粒径在 7～200μm 内，对强度起决定作用的水泥颗粒尺寸小于 40μm。

硅酸盐水泥的细度采用比表面积测定方法，即根据一定量的空气通过具有一定空隙率和固定厚度的水泥层时，所受阻力不同而引起流速的变化来测定水泥的比表面积。水泥比表面积的定义是单位质量的水泥粉末所具有的总表面积，单位是 cm^2/g 或 m^2/kg。《通用硅酸盐水泥》（GB 175—2007）中规定，硅酸盐水泥比表面积不小于 $300m^2/kg$。

4）标准稠度用水量

水泥净浆标准稠度测定用于测定水泥的凝结时间、体积安定性等性能，使其具有准确的可比性，水泥净浆以标准方法测试所达到统一规定的浆体可塑性程度。具体来讲就是用维卡仪测定试杆沉入净浆并距底板一定距离（6±1mm）时的水泥净浆的稠度（标准法），或在水泥标准稠度测定仪上，试锥下沉一定距离（28±2mm）时的水泥净浆的稠度（代用法）。

水泥标准稠度用水量是指拌制水泥净浆时为达到标准稠度所需的加水量。它是水泥技术性质检验的一个准备性指标。水泥的细度及矿物组成是影响标准稠度用水量的两个主要因素。

5）凝结时间

凝结时间是指水泥从加水拌和开始到失去流动性，即从可塑状态发展到固体状态所需要的时间。水泥的凝结时间又分为初凝时间和终凝时间。初凝时间是指水泥自加水时起至水泥浆开始失去可塑性和流动性所需的时间。终凝时间是指水泥自加水时起至水泥浆完全失去可塑性，并开始产生强度所需的时间。

水泥的凝结时间直接影响建筑施工。凝结时间太快，不利于正常施工，因为混凝土的搅拌、输送、浇注等都需要足够的时间，所以要求水泥的初凝时间不能太短，而终凝时间又不能太长，否则影响施工进度。《通用硅酸盐水泥》（GB 175—2007）中规定，硅酸盐水泥的初凝时间不小于 45min，终凝时间不大于 390min。

6）体积安定性

安定性是指水泥浆体在凝结硬化过程中体积变化的稳定性，也叫作体积安定性。

水泥的安定性不良意味着水泥硬化后会使体积发生膨胀，这会导致已硬化的水泥石由于内应力作用而遭到破坏。引起安定性不良的因素主要有以下三个方面。

① 熟料中存在过量的游离氧化钙（*f*-CaO）。

② 熟料中存在过量的游离氧化镁（*f*-MgO）。

③ 水泥中存在水泥粉磨时掺入过量的石膏。

f-CaO 和 *f*-MgO 在水泥煅烧过程中未与其他氧化物（如 SiO_2、Al_2O_3）结合形成矿物，而是以游离状态存在，它们相当于过火石灰，水化速度非常缓慢，在其他矿物已正常水化、硬化产生强度后才开始水化，并伴有放热和体积膨胀，引起内应力，使周围已硬化的水泥石受到破坏。过量石膏会与水化产物中的铝酸钙、水发生反应生成具有膨胀作用的钙矾石晶体，导致水泥硬化体的破坏。

$$CaO+H_2O = Ca(OH)_2$$

反应后固相体积增大约 1.98 倍。

$$MgO+H_2O = Mg(OH)_2$$

反应后固相体积增大约 2.48 倍。

$$3CaO\cdot Al_2O_3\cdot 6H_2O+3(CaSO_4\cdot 2H_2O)+20H_2O = 3CaO\cdot Al_2O_3\cdot 3CaSO_4\cdot 32H_2O$$

反应后固相体积增加约 2.2 倍。

沸煮可以加速游离氧化钙的水化。国家标准《水泥标准稠度用水量、凝结时间、安定性检验方法》（GB/T 1346—2011）规定，*f*-CaO 引起的安定性不良的检测方法采用沸煮法（试饼法和雷氏夹法），其中雷氏夹法为标准法，试饼法为代用法。

试饼法是靠观察水泥的净浆试饼沸煮后外形变化来判断水泥体积安定性的一种方法，而雷氏夹法则是根据水泥净浆在雷氏夹中沸煮后的膨胀值来判断水泥的体积安定性。前者为定性方法，后者为定量方法，如果两种试验方法出现争议则以标准法-雷氏夹法为准。

f-MgO 与水作用的速度更慢，因此 *f*-MgO 引起的体积安定性采用压蒸法来检验，而石膏对水泥安定性的影响则要采用长时间在温水中浸泡来检验，这两种方法操作复杂、需时长、不便检验，因此通常情况下对其含量进行严格控制。国标中规定硅酸盐和普通硅酸盐水泥中 *f*-MgO 含量不得超过 5.0%。如果水泥经压蒸法测定安定性合格，则水泥中氧化镁的含量允许放宽到 6.0%，SO_3 的含量不得超过 3.5%。

7）强度

强度是硅酸盐水泥的一项重要指标，是评定水泥强度等级的依据。水泥强度是指水泥胶砂试件单位面积上所能承受的破坏荷载。

影响强度的因素有水泥熟料的矿物组成，混合材的品种、数量及水泥的细度等。

国家标准规定采用《水泥胶砂强度检验方法（ISO 法）》（GB/T 17671—1999）测定水泥强度。该法是将水泥、标准砂和水以规定的质量比（水泥：标准砂：水=1：3：0.5）按规定的方法搅拌均匀并形成 40mm×40mm×160mm 的试件，在温度为 20℃±1℃的水中养护到一定的龄期（3d、28d）后，测其抗折强度、抗压强度。根据所测的强度值，将硅酸盐水泥分为 6 个强度等级，分别是 42.5、42.5R、52.5、52.5R、62.5、62.5R（符号 R 表示早强型）。

表 3-5 为《通用硅酸盐水泥》（GB 175—2007）中规定的硅酸盐水泥各龄期的最小强度值，通过胶砂强度试验测得的水泥各龄期的强度值均不得低于表中相对应的强度等级所要求的数值。

表 3-5　不同强度等级的硅酸盐水泥各龄期的最小强度值　（单位：MPa）

强度等级	抗压强度		抗折强度	
	3d	28d	3d	28d
42.5	17.0	42.5	3.5	6.5
42.5R	22.0	42.5	4.0	6.5
52.5	23.0	52.5	4.0	7.0
52.5R	27.0	52.5	5.0	7.0
62.5	28.0	62.5	5.0	8.0
62.5R	32.0	62.5	5.5	8.0

8）碱含量

碱含量是指水泥中碱性氧化物的含量，用 $Na_2O+0.658K_2O$ 的量占水泥质量的百分数表示。若使用活性集料，需要提供低碱水泥时，水泥中碱含量不得大于 0.60%或由供需双方商定。

碱含量过高，对于使用集料的混凝土来说十分不利，因为如果活性集料与水泥所含的碱性氧化物发生化学反应，就会生成具有膨胀性的硅酸盐凝胶类物质，对混凝土的耐久性产生很大影响，这一反应也是通常所说的碱-集料反应。

6. 水泥石的腐蚀与防治措施

1）水泥石的腐蚀

正常情况下，硬化后的水泥石具有良好的耐久性，但处于腐蚀环境的水泥石会受到腐蚀介质的侵害，引起结构变化，最终导致水泥石强度降低，影响其耐久性。

常见的水泥石的腐蚀主要有以下几种。

（1）软水侵蚀（溶出性侵蚀）。自然界中江、河、湖水及地下水，由于含有重碳酸盐，其硬度较硬，一般叫硬水，而普通淡水中，重碳酸盐的浓度较低，因此称为软水。

硬水中的重碳酸盐 $Ca(HCO_3)_2$ 可与水泥石中的 $Ca(OH)_2$ 反应，生成碳酸钙，碳酸钙几乎不溶于水，并沉淀于水泥石孔隙中，使孔隙密实后阻止了外界水的继续侵入和内部氢氧化钙的析出，所以处于硬水中的水泥石一般不会受到明显的侵蚀。$Ca(HCO_3)_2$ 与 $Ca(OH)_2$ 的反应式如下。

$$Ca(OH)_2+Ca(HCO_3)_2 = 2CaCO_3+2H_2O$$

处于软水中的水泥石，由于其不能进行上述反应且水化产物中的 $Ca(OH)_2$ 溶于水易被流动的水带走，随着水泥水化产物浓度的不断降低，其他水化产物也将发生变化，从而导致水泥石结构的破坏。

一般将处于软水环境中的水泥混凝土制品事先在空气中放置一段时间，使其表面有一定的碳化后再与软水接触，可起到缓解软水侵蚀的作用。

（2）酸类侵蚀。由于水泥的水化产物呈碱性，且水化产物中会有较多的 $Ca(OH)_2$，因此当水泥石处于酸性环境中时会产生酸碱中和反应，生成溶解度更大的盐类，消耗水化产物中的 $Ca(OH)_2$，最终导致水泥石破坏。

酸类侵蚀通常分为碳酸侵蚀和一般酸侵蚀，其反应如下。

① 碳酸侵蚀：

$$Ca(OH)_2+CO_2+H_2O \longrightarrow CaCO_3+2H_2O$$

若碳酸的浓度较高，则继续反应的反应式为

$$CaCO_3+CO_2+H_2O \longrightarrow Ca(HCO_3)_2$$

② 一般酸侵蚀：

$$Ca(OH)_2+2HCl = CaCl_2+2H_2O$$

$$Ca(OH)_2+H_2SO_4 = CaSO_4 \cdot 2H_2O$$

上述反应中 $Ca(HCO_3)_2$、$CaCl_2$ 为易溶于水的盐，而 $CaSO_4 \cdot 2H_2O$ 则结晶膨胀，均对水泥石的结构有破坏作用。

（3）盐类侵蚀。盐类侵蚀分为硫酸盐侵蚀、氯盐侵蚀及镁盐侵蚀等。

① 江、河、湖、海及地下水中有含钠、钾等的硫酸盐，它们首先和水泥石中的 $Ca(OH)_2$ 发生反应，生成硫酸钙后又和水泥石中的水化产物 C_3A 发生反应，生成高硫型水化硫铝酸钙（钙矾石），其反应式为

$$K_2SO_4+Ca(OH)_2+2H_2O \longrightarrow CaSO_4 \cdot 2H_2O+2KOH$$

$$3CaO \cdot Al_2O_3 \cdot 6H_2O+3(CaSO_4 \cdot 2H_2O)+20H_2O = 3CaO \cdot Al_2O_3 \cdot 3CaSO_4 \cdot 32H_2O$$

此反应生成的钙矾石比原来反应物的体积大 1.5～2.0 倍，这对已硬化的水泥石来说将会产生很大的内应力，而导致水泥石破坏，由于这种钙矾石是针状晶体、危害大，被称为“水泥杆菌”。实际上，在上述反应中第一步生成 $CaSO_4 \cdot 2H_2O$ 的过程中也会产生膨胀性的破坏作用。

② 外加剂、拌和水及环境中会含有氯盐，它们与水泥石中的水化产物水化铝酸钙反应，生成具有膨胀性的复盐。其反应式为

$$3CaO \cdot Al_2O_3 \cdot 6H_2O+CaCl_2+4H_2O \longrightarrow 3CaO \cdot Al_2O_3 \cdot CaCl_2 \cdot 10H_2O$$

氯盐的破坏作用表现在两个方面：一是生成膨胀性复盐，二是氯盐会锈蚀混凝土中的钢筋。

③ 镁盐主要来自海水及地下水中，主要有硫酸镁和氯化镁，它们会与水泥石中的水化产物氢氧化钙发生反应。其反应式为

$$MgSO_4+Ca(OH)_2+2H_2O = CaSO_4 \cdot 2H_2O+Mg(OH)_2$$

$$MgCl_2+Ca(OH)_2 = CaCl_2+Mg(OH)_2$$

在生成物中，二水石膏引起膨胀，氢氧化镁松软（絮状）而无胶凝性，氯化钙易溶于水。

因此，可以说硫酸盐、氯盐的侵蚀属膨胀性侵蚀，而镁盐侵蚀既有膨胀性侵蚀，又有溶出性侵蚀，所以叫双重侵蚀。

（4）强碱侵蚀。虽然硅酸盐的水化产物呈碱性，一般碱对其影响不大，但若 C_3A 含量高且遇强碱如 NaOH 仍会发生反应，生成易溶于水的铝酸钠，其反应式为

$$3CaO \cdot Al_2O_3 + 6NaOH \longrightarrow 3Na_2O \cdot Al_2O_3 + 3Ca(OH)_2$$

其中，$Na_2O \cdot Al_2O_3$ 溶于水后会和空气中的 CO_2 发生反应生成 Na_2CO_3，引起结晶膨胀导致水泥石破坏。

在水泥的实际使用环境中，除上述几种侵蚀外，糖类、酒精、脂肪、氨盐及一些有机酸（醋酸、乳酸等）也会对水泥石产生破坏作用。

上述几种侵蚀可归结为 3 种类型，即溶解浸析、离子交换及形成膨胀组分。实际工程中水泥石受到的侵蚀通常不是单一存在而是多种并存，因此可以说水泥石的侵蚀是一个较复杂的物理化学作用过程。

硅酸盐水泥的水化产物中由于 $Ca(OH)_2$ 含量较其他品种水泥多，因此它的耐侵蚀能力相对较差。

2）水泥石腐蚀的防治措施

针对引起硅酸盐水泥腐蚀的外因（环境因素）及内因［有 $Ca(OH)_2$ 及水泥石孔隙结构存在］可以采取以下措施来防止腐蚀。

（1）合理选择与环境条件相适宜的水泥品种。针对侵蚀种类的不同，可选择抗蚀能力好的水泥品种，如在硫酸盐环境中选择含 C_3A 较低的抗硫酸盐水泥等。

（2）提高水泥的密实度。水泥石的密实度提高了，会使内部的水化产物不易散失，阻止外界的水分及各种侵蚀性介质进入，这样就保护了水泥石不受到侵蚀。

（3）表面加保护层。在水泥石的表面加各种保护层，如沥青、玻璃、陶瓷等材料，可以防止水泥受到侵蚀。

7. 硅酸盐水泥的特性及应用

（1）强度高。硅酸盐水泥凝结硬化快、强度高，且强度增长率大，因此适合于早期强度要求高的工程，高强混凝土结构和预应力混凝土结构。

（2）水化热高。硅酸盐水泥中 C_3S、C_3A 含量高，放热快，早期放热量大。由于硅酸盐水泥水化热较大，有利于冬季施工。但是，正是由于水化热较大，这对于大体积混凝土（一般指长、宽、高均在 1m 以上）施工不利，容易在混凝土构件内部聚集较大的热量，产生温度应力，造成混凝土的破坏。因此硅酸盐水泥不适于用于大坝等大体积混凝土的施工。

（3）抗冻性好。硅酸盐水泥拌合物不易发生泌水现象，硬化后的水泥石较密实，所以抗冻性好。因此硅酸盐水泥适合于高寒地区的混凝土工程、反复冻融的工程及抗冻性要求较高的工程。

（4）碱度高、抗碳化能力强，对钢筋的保护作用强。硅酸盐水泥硬化后，水泥石呈碱性，而处于碱性环境中的钢筋可在其表面形成一层钝化膜保护钢筋不锈蚀。水泥石中

的氢氧化钙与空气中的二氧化碳和水作用生成碳酸钙的过程称为碳化。碳化会引起钢筋混凝土中的钢筋失去钝化保护膜而锈蚀。硅酸盐水泥石中含有较多的氢氧化钙，碳化时水泥的碱度高，对钢筋的保护作用强，可用于二氧化碳浓度较高的环境中，如热处理车间等。

（5）自身耐腐蚀性差。由于硅酸盐水泥中有大量的氢氧化钙及水化铝酸钙，容易受到软水、酸类和一些盐类的侵蚀，因此不适于用在受流动水、压力水、酸类及硫酸盐侵蚀的工程。

（6）耐热性差。当水泥石处于250～300℃的高温环境时，其中的水化硅酸钙开始脱水，体积收缩，水泥石强度下降。当受热温度达700℃以上时会遭到破坏。因此，硅酸盐水泥不宜单独用于耐热混凝土，不宜用于温度高于250℃的耐热混凝土工程，如工业窑炉和高炉的基础。

（7）湿热养护效果差。硅酸盐水泥在常规养护条件下硬化快、强度高。但经过蒸汽养护后，再经自然养护至28d测得的抗压强度常低于未经蒸养的28d抗压强度。

8. 水泥的储运与验收

1）水泥储运

水泥的储运方式分为散装和袋装两种，发展散装水泥是我国的一项国策，因为水泥散装无论从环保的角度，还是节约木材、降低能耗、降低成本的角度都是有益的。袋装水泥的比例越来越少，目前袋装采用50kg包装袋的形式。

水泥在运输与贮存时不得受潮和混入杂物。水泥受潮结块时，在颗粒表面发生水化和碳化，从而丧失凝胶能力，严重降低其强度。而且，即使在良好的储存条件下，也会吸收空气中的水分和二氧化碳，发生缓慢的水化和碳化。

水泥在运输和储存中，不同品种和强度等级的水泥应分别储运，不得混杂。袋装堆置高度不超过10袋，遵循先到的水泥先用的原则。包装袋两侧应有厂家名称，生产许可证及编号，水泥名称、代号、强度等级、出厂编号、执行标准号、包装日期、净含量等。

水泥存放期一般不应超过3个月，因为水泥会吸收空气中的水分缓慢水化而降低强度。经测定，袋装水泥储存3个月后，强度约降低10%～20%，6个月后，约降低15%～30%，1年后约降低25%～40%。水泥有效存放期规定：自水泥出厂之日起不得超过三个月，超过三个月的水泥使用时应重新检验，以实测强度为准。对于受潮水泥，可以进行处理，然后再使用。

水泥进场后，应遵循先检验后使用的原则，水泥的检验周期较长，一般要1个月。

2）水泥验收

数量验收方面，袋装水泥每袋净含量为50kg，且应不少于标志质量的99%。随机抽取20袋，总质量（含包装袋）不得少于1000kg。散装水泥平均堆积密度为1450kg/m^3，袋装压实的水泥为1600kg/m^3。

质量验收方面，凡氧化镁、三氧化硫、初凝时间、安定性中的任何一项不符合标准规定者均为废品。

硅酸盐水泥凡是细度、终凝时间、不溶物和烧失量中的任何一项不符合标准规定者或水泥包装标志中水泥品种、强度等级、生产者名称和出厂编号不全的水泥为不合格品。

二、普通硅酸盐水泥

根据《通用硅酸盐水泥》（GB 175—2007）规定，普通硅酸盐水泥的定义为凡由硅酸盐水泥熟料、5%～20%（不包括5%）混合材料、适量石膏磨细制成的水硬性胶凝材料，称为普通硅酸盐水泥（简称普通水泥），代号P·O。

掺活性混合材料时，最大掺量不得超过20%，其中允许用不超过水泥质量5%的窑灰或不超过水泥质量8%的非活性混合材料来代替。掺非活性混合材料时，最大掺量不得超过水泥质量8%。

普通硅酸盐水泥的强度等级分为42.5、42.5R、52.5、52.5R共4个强度等级。质量验收方面，普通硅酸盐水泥凡是细度、终凝时间、不溶物和烧失量中的任何一项不符合标准规定者及水泥包装标志中水泥品种、强度等级、生产者名称和出厂编号不全的水泥为不合格品。

1. 混合材料

通用硅酸盐水泥按混合材料的品种和掺量分为6种，前面已介绍了硅酸盐水泥，下面介绍其他类型。

在水泥生产过程中，为改善水泥性能、调节水泥强度等级而加到水泥中的矿物质原料称为水泥混合材料。水泥混合材料分为活性混合材料和非活性混合材料。

1）活性混合材料

活性混合材料是指具有火山灰性或潜在水硬性或兼有火山灰性和潜在水硬性的矿物质材料。

火山灰性是指将一种材料磨成细粉，其单独不具有水硬性，但在常温下与石灰一起和水后能形成具有水硬性的化合物的性能。

活性混合材料之所以具有活性，是因为它们本身存在着化学潜能，这种潜能在外界环境的作用下（如常温下与石灰和水一起拌和）就可以释放出来，其释放能量的表现形式就是使混合材料从不具有水硬性到具有水硬性。

硅酸盐类水泥常用的活性混合材料有以下几类。

（1）粒化高炉矿渣。粒化高炉矿渣是将高炉炼铁的熔融矿渣，经水或水蒸气急速冷却后得到的质地疏松多孔的粒状物，即水淬矿渣，由于它冷却快，来不及结晶形成玻璃态物质而具有化学潜能。组成玻璃态的物质主要是活性氧化硅及活性氧化铝。这里应该说明的是经自然冷却的矿渣，由于其呈结晶态，基本不具有活性，属于非活性混合材料。

（2）火山灰质混合材料。它是具有火山灰性的天然的或人工的矿物质材料，泛指以活性氧化硅及活性氧化铝为主要成分的活性混合材料。主要有天然的硅藻土、硅藻石、蛋白石、火山灰、凝灰岩、烧黏土及工业废渣中的煅烧煤矸石、粉煤灰、煤渣、沸腾炉渣及钢渣等。

（3）粉煤灰。粉煤灰实际是火山灰质混合材料的一种。它是从煤粉炉烟道中收集的粉末，以氧化硅和氧化铝为主要成分，含少量氧化钙，具有火山灰性。由于粉煤灰从结构上与火山灰质混合材料存在一定差异，又是一种工业废料，所以将其单列。

活性混合材料的作用机理如下。

在碱性物质的作用下，活性混合材料将发生如下反应：

$$xCa(OH)_2+SiO_2+mH_2O \longrightarrow xCaO\cdot SiO_2\cdot nH_2O$$

$$yCa(OH)_2+Al_2O_3+mH_2O \longrightarrow yCaO\cdot Al_2O_3\cdot nH_2O$$

由上述反应可以看出，活性混合材料在碱性物质存在的情况下会水化生成水化硅酸钙和水化铝酸钙这两种产物，与水泥的水化产物类似也具有水硬性和一定的强度。

2）非活性混合材料

非活性混合材料也称为惰性混合材料。非活性混合材料不与或几乎不与水泥成分产生化学作用，加入水泥中的目的仅是降低水泥强度等级、提高产量、降低成本、减小水化热。非活性混合材料在水泥中主要起填充作用而又不损害水泥性能。

常用的非活性混合材料主要有石灰石、石英砂、自然冷却的矿渣等。

混合材料的掺入，归纳起来主要有如下作用：改善水泥性能、增加水泥产量、降低成本、调节水泥强度，同时可以大量利用工业废料，利于环保。

2. 普通硅酸盐水泥的技术要求

《通用硅酸盐水泥》（GB 175—2007）中对普通硅酸盐水泥的技术要求规定如下。

（1）细度。普通硅酸盐水泥细度采用比表面积法测定，比表面积应不小于 $300m^2/kg$。

（2）凝结时间。初凝不小于 45min，终凝不大于 10h。

（3）强度。强度分为 3d、28d 龄期的抗折、抗压强度，各强度等级各龄期的强度不得低于表 3-6 的数值。

（4）烧失量。普通硅酸盐水泥中烧失量不得大于 5.0%。

表 3-6 普通硅酸盐水泥各强度等级、各龄期强度要求最小值 （单位：MPa）

强度等级	抗压强度		抗折强度	
	3d	28d	3d	28d
42.5	17.0	42.5	3.5	6.5
42.5R	22.0	42.5	4.0	6.5
52.5	23.0	52.5	4.0	7.0
52.5R	27.0	52.5	5.0	7.0

普通硅酸盐水泥的体积安定性及氧化镁、三氧化硫、碱含量等技术要求与硅酸盐水泥基本相同，虽然普通硅酸盐水泥中掺入的混合材料的量较硅酸盐水泥稍多，但与其他种类的掺混合材料的硅酸盐类水泥相比混合材料的掺加量仍然较少，从性质上看接近于硅酸盐水泥，早期硬化速度稍慢、强度稍低，抗冻性、耐磨性及抗碳化性稍差；但耐腐蚀性较好，水化热有所降低。

三、矿渣硅酸盐水泥、火山灰质硅酸盐水泥、粉煤灰硅酸盐水泥和复合硅酸盐水泥

1）定义

（1）矿渣硅酸盐水泥。凡由硅酸盐水泥熟料和粒化高炉矿渣、适量石膏磨细制成的水硬性胶凝材料，称为矿渣硅酸盐水泥（简称矿渣水泥），代号 P·S。矿渣硅酸盐水泥分 P·S·A 和 P·S·B 两种，其中 P·S·A 型水泥中粒化高炉矿渣掺加量按质量百分比计为 20%～50%（不包括 20%），P·S·B 型水泥中粒化高炉矿渣掺加量按质量百分比计为 50%～70%（不包括 50%）。允许用石灰石、窑灰、粉煤灰和火山灰质混合材料中的一种材料代替矿渣，代替数量不得超过水泥质量的 8%，替代后水泥中粒化高炉矿渣不得少于 20%。

（2）火山灰质硅酸盐水泥。凡由硅酸盐水泥熟料和火山灰质混合材料、适量石膏磨细制成的水硬性胶凝材料，称为火山灰质硅酸盐水泥（简称火山灰水泥），代号 P·P。水泥中火山灰质混合材料掺量按质量百分比计为 20%～40%（不包括 20%）。

（3）粉煤灰硅酸盐水泥。凡由硅酸盐水泥熟料和粉煤灰、适量石膏磨细制成的水硬性胶凝材料，称为粉煤灰硅酸盐水泥（简称粉煤灰水泥），代号 P·F。水泥中粉煤灰掺量按质量百分比计为 20%～40%（不包括 20%）。

（4）复合硅酸盐水泥。凡由硅酸盐水泥熟料、两种或两种以上规定的混合材料、适量石膏磨细制成的水硬性胶凝材料，称为复合硅酸盐水泥（简称复合水泥），代号 P·C。水泥中混合材料总掺加量按质量百分比计应大于 20%，但不超过 50%。水泥中允许用不超过水泥质量 8%的窑灰代替部分混合材料；掺矿渣时混合材料掺量不得与矿渣硅酸盐水泥重复。

2）技术要求

（1）细度。矿渣水泥、火山灰水泥、粉煤灰水泥和复合水泥的细度以筛余表示。其中 80μm 方孔筛筛余不大于 10%或 45μm 方孔筛筛余不大于 30%。

（2）凝结时间及体积安定性。这两项指标要求与普通硅酸盐水泥相同。

（3）氧化镁。水泥中氧化镁的含量（质量分数）不应超过 6.0%。如果水泥中氧化镁的含量（质量分数）大于 6.0%，则需进行水泥压蒸安定性试验并合格。

（4）三氧化硫。矿渣水泥中三氧化硫的含量（质量分数）不得超过 4.0%，火山灰水泥、粉煤灰水泥和复合水泥中三氧化硫的含量（质量分数）不得超过 3.5%。

（5）强度。矿渣水泥、火山灰水泥、粉煤灰水泥按 3d、28d 龄期抗压强度及抗折强度分为 32.5、32.5R、42.5、42.5R、52.5、52.5R 共 6 个强度等级。各强度等级各龄期的强度值不得低于表 3-7 中的数值。复合水泥的强度等级分为 42.5、42.5R、52.5、52.5R 四个等级。各强度等级、各龄期的强度值不得低于表 3-8 中的数值。

表 3-7 矿渣水泥、火山灰水泥、粉煤灰水泥各强度等级、各龄期强度要求最小值 （单位：MPa）

强度等级	抗压强度		抗折强度	
	3d	28d	3d	28d
32.5	10.0	32.5	2.5	5.5
32.5R	15.0	32.5	3.5	5.5
42.5	15.0	42.5	3.5	6.5
42.5R	19.0	42.5	4.0	6.5
52.5	21.0	52.5	4.0	7.0
52.5R	23.0	52.5	4.5	7.0

表 3-8 复合水泥各强度等级、各龄期强度要求最小值 （单位：MPa）

强度等级	抗压强度		抗折强度	
	3d	28d	3d	28d
42.5	15.0	42.5	3.5	6.5
42.5R	19.0	42.5	4.0	6.5
52.5	21.0	52.5	4.0	7.0
52.5R	23.0	52.5	4.5	7.0

（6）碱含量。水泥中的碱含量按 $Na_2O+0.658K_2O$ 计算值来表示，若使用活性集料，用户要求提供低碱水泥时，水泥中的碱含量应不大于 0.60%或由供需双方商定。

3）性能与应用

矿渣水泥、火山灰水泥、粉煤灰水泥及复合水泥在组成上具有共性（均是硅酸盐水泥熟料加较多的活性混合材料，再加上适量石膏磨细制成的），所以它们在性能上也存在着共性。

四种水泥的共同特性。与硅酸盐水泥和普通硅酸盐水泥相比，它们密度较小，早期强度比较低，后期强度增长较快；对养护温湿度敏感，适合蒸气养护；水化热低，耐腐蚀性较好；抗冻性、耐磨性不及硅酸盐水泥或普通水泥。

四种水泥的各自特性如下。

（1）矿渣水泥。保水性差，泌水性大，由矿渣水泥制成的混凝土的抗渗性、抗冻性及耐磨性会受到影响，但矿渣水泥的耐热性较好。

（2）火山灰水泥。易吸水、易反应，具有较高的抗渗性和耐水性。干燥环境下易失水产生体积收缩而出现裂缝。不宜用于长期处于干燥环境和水位变化区的混凝土工程。抗硫酸盐能力随成分不同而不同。

（3）粉煤灰水泥。需水量较低、抗裂性较好，适合大体积水工混凝土及地下和海港工程等。

（4）复合水泥。在几种混合材料中，哪种混合材料的掺加量大其性质就接近哪种水泥（如掺两种混合材料矿渣和火山灰，矿渣含量占大多数则该复合水泥的性能就接近矿渣水泥）。

硅酸盐水泥、普通水泥、矿渣水泥、火山灰水泥、粉煤灰水泥和复合水泥的性能、组分、特性及应用见表 3-9。

表 3-9　通用硅酸盐水泥的性能、组分、特性及应用

项目	P·I、P·II	P·O	P·S·A、P·S·B	P·P	P·F	P·C
MgO 含量	≤5.0%（质量分数）		对于 P·S·A ≤6.0%（质量分数）	≤6.0%（质量分数）		
SO_3 含量	≤3.5%		≤4.0%	≤3.5%		
细度	比表面积≥300m²/kg		80μm 方孔筛筛余不大于 10%或 45μm 方孔筛筛余不大于 30%			
初凝时间	不得早于 45min					
终凝时间	不得迟于 390min	不得迟于 600min				
强度等级	42.5、42.5R、52.5、52.5R、62.5、62.5R	42.5、42.5R、52.5、52.5R	32.5、32.5R、42.5、42.5R、52.5、52.5R			42.5、42.5R、52.5、52.5R
主要成分	硅酸盐水泥熟料、石膏，混合材料不超过 5%	硅酸盐水泥熟料、石膏，活性混合材料掺量 5%～20%（不包括 5%）	硅酸盐水泥熟料、石膏，粒化高炉矿渣掺量 20%～70%（不包括 20%）	硅酸盐水泥熟料、石膏，火山灰质混合材料 20%～40%（不包括 20%）	硅酸盐水泥熟料、石膏，粉煤灰掺量 20%～40%（不包括 20%）	硅酸盐水泥熟料、石膏，混合材料掺量 20%～50%（不包括 20%）
特性	（1）早期强度较高； （2）水化热大； （3）抗冻性较好； （4）耐热性较差； （5）耐腐蚀性较差		（1）早期强度低，后期强度增长较快； （2）水化热较低； （3）抗冻性差，易碳化； （4）耐热性较好； （5）耐腐蚀性好	（1）抗渗性较好； （2）耐热性不及矿渣水泥； （3）其他同矿渣水泥	（1）干缩性较小； （2）抗裂性较好； （3）其他同矿渣水泥	（1）3d 龄期强度高于矿渣水泥； （2）其他同矿渣水泥
适用范围	要求快硬、高强的混凝土，冬季施工的工程、有耐磨性要求的混凝土	一般气候环境以及干燥环境中的混凝土，寒冷地区水位变化部位、有抗冻、抗渗及耐磨要求的部位，要求快硬、高强的混凝土	潮湿环境或处于水中的混凝土、厚大体积混凝土、受侵蚀性介质作用的混凝土以及一般气候环境中的混凝土			
不宜使用	厚大体积混凝土、受侵蚀性介质作用的混凝土		有抗渗要求的混凝土，要求快硬、高强的混凝土，寒冷地区水位变化部位的混凝土	干燥环境中的混凝土，寒冷地区水位变化部位的混凝土，有耐磨要求的混凝土，要求快硬、高强的混凝土		

第二节 特性水泥和专用水泥

一、铝酸盐水泥

以矾土（主要提供 Al_2O_3）和石灰石（提供 CaO）为主要原料，经高温烧制，全部或部分熔融所得的以铝酸钙为主要矿物成分的熟料，磨细制成的水硬性胶凝材料称为铝酸盐水泥，代号为 CA。根据需要也可在磨制 Al_2O_3 含量大于 68%的水泥时掺加适量的 α-Al_2O_3 粉。

由于熟料中氧化铝的成分大于 50%，因此又称为高铝水泥。

1. 铝酸盐水泥的矿物组成及分类

（1）铝酸盐水泥的分类、主要矿物成分、简写如下。

① 铝酸一钙：$CaO·Al_2O_3$，简写为 CA。

② 二铝酸一钙：$CaO·2Al_2O_3$，简写为 CA_2。

③ 硅铝酸二钙：$2CaO·Al_2O_3·SiO_2$，简写为 C_2AS。

④ 七铝酸十二钙：$12CaO·7Al_2O_3$，简写为 $C_{12}A_7$。

（2）铝酸盐水泥按 Al_2O_3 含量（质量分数）分为四类，如表 3-10 所示。

表 3-10 铝酸盐水泥的类型及 Al_2O_3 含量范围 （单位：%）

类型	Al_2O_3 含量范围
CA50	$50 \leqslant w(Al_2O_3) < 60$
CA60	$60 \leqslant w(Al_2O_3) < 68$
CA70	$68 \leqslant w(Al_2O_3) < 77$
CA80	$w(Al_2O_3) \geqslant 77$

2. 铝酸盐水泥的水化

铝酸盐水泥的水化主要是铝酸一钙的水化，其反应如下。

当温度低于 20℃时

$$CaO·Al_2O_3+10H_2O \longrightarrow CaO·Al_2O_3·10H_2O$$

当温度为 20～30℃时

$$2(CaO·Al_2O_3)+11H_2O \longrightarrow 2CaO·Al_2O_3·8H_2O+Al_2O_3·3H_2O$$

当温度高于 30℃时

$$3(CaO·Al_2O_3)+12H_2O \longrightarrow 3CaO·Al_2O_3·6H_2O+2(Al_2O_3·3H_2O)$$

水化产物分别为 $CaO·Al_2O_3·10H_2O$（简写为 CAH_{10}）、$2CaO·Al_2O_3·8H_2O$（简写为 C_2AH_8）、$Al_2O_3·3H_2O$（简写为 AH_3）及 $3CaO·Al_2O_3·6H_2O$（简写为 C_3AH_6）。

其中 CAH_{10} 及 C_2AH_8 为针状或板状结晶，能形成晶体骨架，而析出的 AH_3 凝胶体难溶于水，填充于晶体骨架的空隙中，形成较密实的水泥石结构。当温度升高或随着时间的增长，处于亚稳定晶体状态的 CAH_{10} 和 C_2AH_8 会转化为强度较低的 C_3AH_6 使水泥石内析出游离水，增大了孔隙体积，使水泥石强度明显降低。

3. 铝酸盐水泥的技术性质

1）细度

比表面积不小于 $300m^2/kg$ 或 0.045mm 筛余不大于 20%，由供需双方商订，在无约定的情况下发生争议时以比表面积为准。

2）凝结时间

铝酸盐水泥的凝结时间应符合表 3-11 的要求。

表 3-11 铝酸盐水泥的凝结时间 （单位：min）

类型		初凝时间	终凝时间
CA50		≥30	≤360
CA60	CA60-Ⅰ	≥30	≤360
	CA60-Ⅱ	≥60	≤1080
CA70		≥30	≤360
CA80		≥30	≤360

3）强度

各类型铝酸盐水泥各龄期强度指标应符合表 3-12 的要求。

表 3-12 各类型铝酸盐水泥各龄期强度指标 （单位：MPa）

类型	抗压强度				抗折强度		
	6h	1d	3d	28d	6h	1d	3d
CA50-Ⅰ	≥20[①]	≥40	≥50	—	≥3[①]	≥5.5	≥6.5
CA50-Ⅱ		≥50	≥60	—		≥6.5	≥7.5
CA50-Ⅲ		≥60	≥70	—		≥7.5	≥8.5
CA50-Ⅳ		≥70	≥80	—		≥8.5	≥9.5
CA60-Ⅰ	—	≥65	≥85	—	—	≥7.0	≥10.0
CA60-Ⅱ	—	≥20	≥45	≥85	—	≥2.5	≥5.0
CA70	—	≥30	≥40	—	—	≥5.0	≥6.0
CA80	—	≥25	≥30	—	—	≥4.0	≥5.0

① 用户要求时，生产厂家应提供试验结果。

4）化学成分

铝酸盐水泥的化学成分以质量分数计，指标应符合表 3-13 的规定。

表 3-13 铝酸盐水泥的化学成分及指标 （单位：%）

类型	Al_2O_3 含量	SiO_2 含量	Fe_2O_3 含量	碱含量［$w(Na_2O)+0.658w(K_2O)$］	S(全硫)含量	Cl^- 含量
CA50	≥50 且<60	≤9.0	≤3.0	≤0.50	≤0.2	≤0.06
CA60	≥60 且<68	≤5.0	≤2.0	≤0.40	≤0.1	
CA70	≥68 且<77	≤1.0	≤0.7			
CA80	≥77	≤0.5	≤0.5			

4. 铝酸盐水泥的特性与应用

（1）凝结速度快，早期强度高。1d 强度可达最高强度的 80%以上，适用于紧急抢修工程、军事工程、临时性工程和早期强度有要求的工程。由于在湿热条件下强度倒缩，因此铝酸盐水泥不适用于高温高湿环境，不适合高于 25℃的湿热环境。不能进行蒸汽养护，且不宜用于长期承载的工程。因其后期强度在湿热环境中下降较快，会引起结构破坏，一般结构工程中应慎用高铝水泥。

（2）水化热大，且放热量集中在早期。1d 的放热量约为总放热量的 70%～80%，适合冬期施工，不适合大体积混凝土的工程及高温潮湿环境中的工程。

（3）抗硫酸盐腐蚀性较强。因其水化后不含氢氧化钙（$Ca(OH)_2$），因此适用于耐酸及硫酸盐腐蚀的工程。

（4）耐碱性差。铝酸盐水泥的水化产物水化铝酸钙不耐碱，遇到强碱后强度下降，与含碱物质接触即会引起铝酸盐水泥的侵蚀。因此铝酸盐水泥不能用于与碱接触的工程，也不能与硅酸盐水泥或石灰等能析出 $Ca(OH)_2$ 的材料接触，否则会发生闪凝无法施工，且生成高碱性水化铝酸钙，使混凝土开裂、破坏，强度下降。

（5）耐热性好。从铝酸盐水泥水化特征上看，铝酸盐水泥不适用于 30℃以上的环境工程，但在 900℃以上的高温环境下，却可用于配制耐热混凝土和耐热砂浆，铝酸盐水泥可承受 1300～1400℃的高温。

（6）用于钢筋混凝土时，钢筋保护层厚度不得低于 60mm，未经试验，不得加入任何外加剂。关于铝酸盐水泥用于土建工程的注意事项可见《铝酸盐水泥》（GB/T 201—2015）附录 B。

二、白色硅酸盐水泥

1. 定义

由白色硅酸盐水泥熟料，加入适量石膏及混合材料磨细所得的水硬性胶凝材料，称为白色硅酸盐水泥。白色硅酸盐水泥按照白度分为 1 级和 2 级，代号分别为 P·W-1 和 P·W-2。白色硅酸盐水泥和普通硅酸盐水泥的主要区别在于氧化铁含量少，因而为白色。

2. 生产工艺及要求

磨制水泥时，允许加入水泥质量 0～30%的石灰岩、白云质石灰岩和石英砂等天然矿物作为混合材料，水泥粉磨时允许加入不损害水泥性能的助磨剂，加入量不得超过水泥质量的 0.5%。白色硅酸盐水泥熟料是指以适当成分的生料烧至部分熔融，得到的以硅酸钙为主要成分，氧化铁含量少的熟料。

通用水泥通常由于含有较多的氧化铁而呈灰色，且随氧化铁含量的增多而颜色加深。所以白色硅酸盐水泥的生产关键是控制水泥中的氧化铁含量。要想使水泥变白，主要控制其中氧化铁（Fe_2O_3）的含量，当 Fe_2O_3 的含量低于 0.5%时，则水泥接近白色。烧制白色硅酸盐水泥要在整个生产过程中控制氧化铁的含量。

白色硅酸盐水泥生产采用石灰石及黏土中的 Fe_2O_3 含量应分别低于 0.1%和 0.7%。为此，采用的石灰质原料多为白垩，黏土质原料主要有高岭土、瓷石、白泥、石英砂等。作为缓凝用的石膏，多采用白度较高的雪花石膏。

在粉磨生料和熟料时，为避免混入铁质，球磨机内壁不可采用钢衬板，而是镶贴白色花岗岩或高强陶瓷衬板，并采用烧结刚玉、瓷球、卵石作为研磨体。熟料煅烧时应采用天然气、柴油、重油作为燃料，以防止灰烬掺入水泥熟料。对水泥熟料进行喷水、喷油等漂白处理。

3. 白色硅酸盐水泥的技术指标

（1）细度。45μm 方孔筛筛余不大于 30.0%。

（2）凝结时间。初凝时间不早于 45min，终凝时间不迟于 10h。

（3）安定性。体积安定性用沸煮法检验必须合格。熟料中 MgO 含量不得超过 5%，SO_3 含量不得超过 3.5%。

（4）白度。1 级白度不小于 89，2 级白度不小于 87。

（5）强度。水泥按照强度分为 32.5、42.5 和 52.5 三个强度等级。

4. 白色硅酸盐水泥的应用

白色硅酸盐水泥主要用于建筑装饰，如在粉磨时加入碱性颜料，可制成彩色水泥；也可向白色硅酸盐水泥中加入颜料使其变成彩色水泥。可用于彩色路面等。

三、快硬硅酸盐水泥

1. 定义

凡以硅酸盐水泥熟料和适量石膏磨细制成的以 3d 抗压强度表示强度等级的水硬性胶凝材料，称为快硬硅酸盐水泥（简称快硬水泥）。

快硬硅酸盐水泥的生产同硅酸盐水泥基本一致，只是在生产时提高了硅酸三钙（50%～60%）、铝酸三钙（8%～14%）的含量，两者的总量不少于 60%～65%，同时增加了石膏的含量（可达 8%），提高了粉末细度（比表面积达到 330～450m^2/kg）。

2. 技术指标

（1）细度。0.080mm 方孔筛筛余量小于 10%。

（2）凝结时间。初凝时间不得早于 45min，终凝时间不得迟于 10h。

（3）强度等级。快硬硅酸盐水泥按 1d 和 3d 强度划分为 32.5、37.5、42.5 三个强度等级。

3. 快硬硅酸盐水泥的特性及应用

快硬硅酸盐水泥硬化快，早期强度高，水化热高，并且集中，抗冻性好，耐腐蚀性差。一般快硬硅酸盐水泥主要用于紧急抢修和低温施工。由于水化热大，不宜用于大体积混凝土工程和有腐蚀介质的工程。

四、自应力水泥和膨胀水泥

1. 定义

一般水泥在空气中硬化时都会产生一定的收缩，这些收缩会使水泥石结构产生内应力，导致混凝土内部产生裂缝，降低混凝土的整体性，使混凝土强度、耐久性下降。自应力水泥在凝结硬化时会产生适当的膨胀，消除收缩产生的不利影响。

在钢筋混凝土中应用膨胀水泥，由于混凝土的膨胀使钢筋产生一定的拉应力，混凝土受到相应的压应力，这种压应力能使混凝土的微裂缝减少，同时还能抵消一部分由于外界因素产生的拉应力，提高混凝土的抗拉强度。因这种预先具有的压应力来自水泥的水化，所以称为自应力，并以自应力值表示混凝土中的压应力大小。

自应力水泥是以适当比例的硅酸盐水泥或普通硅酸盐水泥、高铝水泥和天然二水石膏磨制而成的膨胀性的水硬性胶凝材料。

根据水泥的自应力大小可以将水泥分为两类：一类自应力值不小于 2MPa，称为自应力水泥；另一类自应力小于 2MPa，称为膨胀水泥。

2. 自应力水泥和膨胀水泥的特性及应用

自应力水泥的膨胀值较大，产生的自应力值大于 2MPa。在限制膨胀的条件下，如配有钢筋时，由于水泥石的膨胀，混凝土受到压应力的作用，从而达到施加预应力的目的。自应力水泥一般用于预应力钢筋混凝土、压力管及配件等。

膨胀水泥膨胀性较低，在限制膨胀时产生的压应力能大致抵消干缩引起的拉应力。主要用于减少和防止混凝土的干缩裂缝。膨胀水泥主要用于收缩补偿混凝土工程、防渗混凝土、防渗砂浆、结构的加固、构件接缝、接头的灌浆、设备基座及地脚螺栓的固定等。

五、砌筑水泥

1. 定义

由硅酸盐水泥熟料加入规定的混合材料和适量石膏，磨细制成的保水性较好的水硬性胶凝材料，称为砌筑水泥，代号为M。

砌筑水泥主要用于砌筑和抹面砂浆、垫层混凝土等，不应用于结构混凝土。

2. 强度等级

砌筑水泥强度等级分为12.5、22.5和32.5三个强度等级。

3. 技术要求

（1）三氧化硫。水泥中，三氧化硫含量（质量分数）不大于3.5%。

（2）细度。80μm方孔筛筛余不大于10.0%。

（3）凝结时间。初凝时间不早于60min，终凝时间不迟于12h。

（4）安定性。用沸煮法检验必须合格。

（5）保水率。保水率不低于80%。

（6）强度。水泥不同龄期的强度应满足表3-14的要求。

表3-14　水泥不同龄期的强度指标　　（单位：MPa）

水泥等级	抗压强度			抗折强度		
	3d	7d	28d	3d	7d	28d
12.5	—	≥7.0	≥12.5	—	≥1.5	≥3.0
22.5	—	≥10.0	≥22.5	—	≥2.0	≥4.0
32.5	≥10.0	—	≥32.5	≥2.5	—	≥5.5

4. 砌筑水泥的性质与应用

砌筑水泥强度等级低，能满足砌筑砂浆的强度要求。利用大量的工业废渣作为混合材料，可以降低水泥成本。砌筑水泥适应于砖、石、砌块砌体的砌筑砂浆和内墙抹面砂浆、垫层混凝土等，不得用于结构混凝土。

六、道路硅酸盐水泥

专供公路、城市道路和机场跑道所用的道路水泥为专用水泥。我国制定了相关的国家标准《道路硅酸盐水泥》（GB/T 13693—2017）。

1. 定义

由道路硅酸盐水泥熟料、0～10%活性混合材料和适量石膏磨细制成的水硬性胶凝材料，称为道路硅酸盐水泥（简称道路水泥）。

以适当成分的生料烧至部分熔融，所得以硅酸钙为主要成分和含较多量的铁铝酸钙的硅酸盐水泥熟料称为道路硅酸盐水泥熟料。

2. 技术要求

（1）氧化镁。道路水泥中氧化镁含量不得超过 5.0%。

（2）三氧化硫。道路水泥中三氧化硫含量不得超过 3.5%。

（3）烧失量。道路水泥中的烧失量不得大于 3.0%。

（4）游离氧化钙。道路水泥熟料中的游离氧化钙，旋窑生产不得大于 1.0%，立窑生产不得大于 1.8%。

（5）碱含量。水泥中碱含量按 $Na_2O+0.658K_2O$ 的计算值表示，若使用活性集料，用户要求提供低碱水泥时，水泥中的碱含量不应大于 0.60%或由供需双方商定。

（6）铝酸三钙。道路水泥熟料中铝酸三钙的含量不应大于 5.0%。

（7）铁铝酸四钙。道路水泥熟料中铁铝酸四钙的含量不应小于 15.0%。

（8）比表面积。比表面积为 300～450m^2/kg。

（9）凝结时间。初凝时间不小于 90min，终凝时间不大于 720min。

（10）安定性。安定性用沸煮法检验必须合格。

（11）干缩率。根据国家标准规定的水泥干缩性试验方法，28d 干缩率不大于 0.10%。

（12）耐磨性。耐磨性以磨损量表示。根据国家标准规定的试验方法，28d 的磨耗量不大于 3.0kg/m^2。

（13）强度。道路硅酸盐水泥分为 7.5 和 8.5 两个强度等级，不得低于《道路硅酸盐水泥》（GB/T 13693—2017）的指标要求。

3. 性能及应用

道路硅酸盐水泥的抗折强度高，耐磨性好，干缩小，抗冻性、抗冲剂性、抗硫酸盐性能好，可减少混凝土路面的温度裂缝和磨耗，减少路面维修费用，延长使用年限。适用于公路路面、机场跑道、城市人流较多的广场等工程面层混凝土。

习 题

1．硅酸盐水泥的主要矿物成分是什么？各有何特性？

2．硅酸盐水泥的水化产物是什么？水泥石的组成是什么？

3．制造硅酸盐水泥时为何要加入适量石膏？加多和加少各有何现象？

4．硅酸盐水泥体积安定性不良的原因是什么？如何检验安定性？

5．国家标准为什么要规定水泥的凝结时间和细度？

6．测定水泥强度等级、凝结时间、体积安定性时，为什么必须采用标准稠度的浆体？

7．影响硅酸盐水泥强度发展的主要因素有哪些？

8．硅酸盐水泥为什么不适用于大体积混凝土工程？当不得不用硅酸盐水泥进行大体积混凝土施工时，应采取什么措施以保证工程质量？

9．为什么生产硅酸盐水泥时加入适量石膏不会对水泥起破坏作用？

10．掺加混合材料的硅酸盐水泥和硅酸盐水泥相比，特性上有何差异？请说明原因。

11．请对下列混凝土工程结构，分别选用合适的水泥品种，并说明理由。

①大体积混凝土工程；②采用湿热养护的混凝土构件；③高强度混凝土工程；④严寒地区受到反复冻融的混凝土工程；⑤与硫酸盐介质接触的混凝土工程；⑥有耐磨要求的混凝土工程；⑦紧急抢修工程、军事工程或防洪工程；⑧高炉基础；⑨道路工程。

第四章

混　凝　土

混凝土广泛应用于工业、国防及民用建筑等行业，极大地改善了人类的居住环境、工作环境和出行环境。随着我国工程建设的发展，具有不同性能的混凝土也相继问世。

第一节　概　　述

一、混凝土的定义

关于混凝土的定义可以从以下两个方面来理解。

广义的混凝土是指以胶凝材料、骨料及其他外掺材料按适当比例拌制、成型、养护、硬化而成的复合材料。

狭义的混凝土是指以水泥（胶凝材料）、砂石（骨料）及水和外加剂按一定比例配制而成的人造石材。狭义的混凝土即普通混凝土，通常简称为混凝土，它是本章要讲述的主要内容。

二、混凝土的分类

混凝土按不同分类方式可分为不同类型，具体如下。

（1）按胶凝材料不同，可分为水泥混凝土、沥青混凝土、水玻璃混凝土及聚合物混凝土等。

（2）按性能特点不同，可分为抗渗混凝土、耐酸混凝土、耐热混凝土、高强混凝土及高性能混凝土等。

（3）按施工方法不同，可分为现浇混凝土、预制混凝土、泵送混凝土及喷射混凝土等。

（4）按混凝土的结构分类，可分为普通结构混凝土、细粒混凝土、大孔混凝土及多孔混凝土等。

（5）按表观密度不同，可分为特重混凝土（ρ_0>2800kg/m^3）、重混凝土（ρ_0=2000～2 800kg/m^3）及轻混凝土（ρ_0<2000kg/m^3）。

（6）按抗压强度等级分类，可分为低强混凝土（f_{cu}<30MPa）、高强度混凝土（f_{cu}≥60MPa）及超高强混凝土（f_{cu}≥100MPa）。

三、混凝土的主要特点

混凝土主要具有以下几个特点。

（1）混凝土组成材料来源广泛。混凝土中80%的主要原料为砂、石等材料，具有可就地取材、价格低廉的特点。

（2）新拌混凝土具有良好的可塑性。可按设计要求浇筑成各种形状和尺寸的整体结构或预制构件。

（3）可按需要配制各种不同性质的混凝土。在一定范围内调整混凝土的原材料配比，可获得强度、流动性、耐久性及外观不同的混凝土。

（4）具有较高的抗压强度，且与钢筋具有良好的结合性。硬化混凝土的抗压强度一般为20～40MPa，有些可高达80～100MPa，与钢筋结合使用，复合成钢筋混凝土后，可大大提高原混凝土的抗压强度，从而扩大了混凝土作为工程结构材料的应用范围。

（5）具有良好的耐久性，可抵抗大多数环境破坏作用。与其他结构材料相比，其维修费用较低。

（6）具有较好的耐火性。普通混凝土的耐火性优于木材、钢材和塑料等材料，经高温作用数小时而仍能保持其力学性能，可使混凝土结构物具有较高的可靠性。

（7）混凝土的主要缺点是自重大，比强度小，抗拉强度低（一般只有其抗压强度的1/10～1/15），变形能力差、易开裂和硬化较慢，生产周期长等。

第二节　普通混凝土的组成

普通混凝土由水泥、水、砂（细骨料）和石子（粗骨料）等基本材料组成，有时也加入适量外加剂等。

混凝土中各组成材料起着不同的作用。其中砂、石在混凝土中起骨架作用，因此称为骨料（也称集料），而水泥和水拌和后在混凝土中起胶凝作用，它将砂、石黏结在一起。图4-1为普通混凝土结构组成。

混凝土的技术性质在很大程度上是由原材料的性质及相对含量所决定的，同时也与施工工艺（配料、搅拌、捣实、成型及养护等）有关。所以，要获得满足设计性能要求的混凝土，首先应该了解组成混凝土的原材料的性质、作用及质量要求。

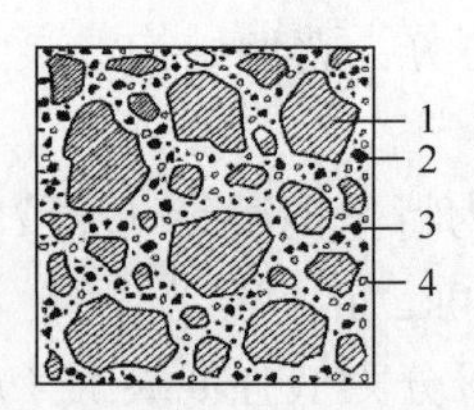

1—粗骨料；2—细骨料；3—水泥浆；4—水泥浆中的气孔。

图 4-1 普通混凝土结构组成

一、水泥

水泥在混凝土中起胶结作用，它是混凝土中最重要的组分之一。除此之外，水泥也是决定混凝土成本的主要材料之一。因此，对于水泥的要求除满足工程技术性质方面外，还要考虑其经济等方面的要求。

1. 水泥品种的选择

水泥品种的选择应根据配制的混凝土的工程性质、应用的部位、工程所处的环境条件（竣工前后）等因素确定，混凝土常用水泥品种及其适用环境如表 4-1 所示。

表 4-1 不同品种的硅酸盐类水泥适用环境与选用原则

混凝土工程特点及所处环境条件		优先使用	可以使用	不宜使用
普通混凝土工程	在普通气候环境中的混凝土	普通水泥	矿渣水泥 火山灰水泥 粉煤灰水泥	—
	在干燥环境中的混凝土	普通水泥	矿渣水泥	火山灰水泥
	在高湿环境中或长期处于水下的混凝土	矿渣水泥 火山灰水泥 粉煤灰水泥	普通水泥	—
	厚大体积的混凝土	矿渣水泥 火山灰水泥 粉煤灰水泥	普通水泥	硅酸盐水泥
有特殊要求的混凝土工程	要求快硬高强（≥C30）的混凝土	硅酸盐水泥 快硬硅酸盐水泥	—	—
	严寒地区的露天混凝土及处于水位升降范围内的混凝土	普通水泥（≥32.5 级） 硅酸盐水泥或快硬硅酸盐水泥	矿渣水泥 （≥32.5 级）	火山灰水泥
	有抗渗要求的混凝土	普通水泥 火山灰水泥	硅酸盐水泥 粉煤灰水泥	矿渣水泥
	有耐磨要求的混凝土	普通水泥（≥32.5 级）	矿渣水泥 （≥32.5 级）	火山灰水泥
受侵蚀性环境水或气体作用的混凝土		根据介质的种类、浓度具体情况，按专门规定选用		

2. 水泥强度等级的选择

水泥强度等级的选择应与混凝土的设计强度等级相适应。同时，水泥含量的多少会直接影响混凝土的强度、耐久性、工作性（流动性、黏聚性和保水性）及经济性。通常情况下，配制混凝土时要求水泥的强度为混凝土抗压强度的1.5～2.0倍（配制较高强度混凝土时可取0.9～1.5倍）。随着新技术、新工艺及新型外加剂的不断出现，上述范围也有所突破。

二、细骨料

砂是混凝土中的细骨料，主要指粒径小于4.75mm的岩石颗粒，而粒径大于4.75mm的颗粒称为粗骨料。通常粗、细骨料的总体积占混凝土体积的70%～80%，所以，骨料质量的好坏对混凝土的性能影响很大。

按砂的生成过程，可将砂分为天然砂和机制砂。

天然砂是指自然生成的，经人工开采和筛分的粒径小于4.75mm的岩石颗粒，但不包括软质、风化的岩石颗粒。按天然砂的产地不同将其分为河砂、湖砂、淡化海砂及山砂。其中河砂、湖砂材质最好，洁净、无风化、颗粒表面光滑；海砂中常含有贝壳等杂质，所含氯盐、硫酸盐、镁盐会引起水泥的腐蚀，所以材质次于河砂；而山砂风化较严重，含泥较多，含有机杂质和轻物质也较多，质量最差。

机制砂是指经除土处理，由机械破碎、筛分制成的，粒径小于4.75mm的岩石、矿山尾矿或工业废渣颗粒，但不包括软质、风化的颗粒。机制砂的使用具有两方面的意义：一方面，它充分利用了采矿和加工过程中产生的废料及粉尘，保护了环境；另一方面，它的使用改善了混凝土的某些性能。

根据国家标准《建设用砂》（GB/T 14684—2011），砂按技术要求分为I类、II类和III类三个级别。砂的技术要求主要有以下几个方面。

1. 砂的粗细程度及颗粒级配

砂的粗细程度是指不同粒径的砂粒混合在一起后的平均粗细程度。通常有粗砂、中砂、细砂和特细砂之分。在相同质量条件下，细砂的总表面积较大，而粗砂的总表面积较小。砂的总表面积越大，在混凝土中需要包裹砂粒表面的水泥浆就越多。当混凝土拌合物的流动性要求一定时，用粗砂拌制的混凝土比用细砂拌制的要节省水泥浆的用量，但是如果砂过粗，虽然能少用水泥，但拌出的拌合物黏聚性较差，容易分层离析。所以，用来拌制混凝土的砂不宜过粗或过细。

砂的颗粒级配是指大小不同的砂粒所占的重量百分含量。在混凝土中，砂粒之间的空隙由水泥浆所填充，为达到节约水泥和提高强度的目的，就应尽量减小砂粒之间的空隙。从图4-2中可以看出，如果同样粗细的砂搭配，空隙最大［图4-2（a）］；两种不同粒径的砂搭配起来，空隙就减小了［图4-2（b）］；三种不同粒径的砂搭配，空隙就更小了［图4-2（c）］。由此可见，要想减小砂粒间的空隙，就必须有大小不同的颗粒搭配。

因此，对于砂的质量评定应该同时考虑两方面的因素，即砂的粗细程度和颗粒级配。如果二者均满足技术要求，则使其空隙率及总表面积均较小，这既合理地减少了水泥浆的用量，同时也提高了混凝土的密实性及强度。所以，控制砂的粗细程度和颗粒级配有很大的技术、经济意义。

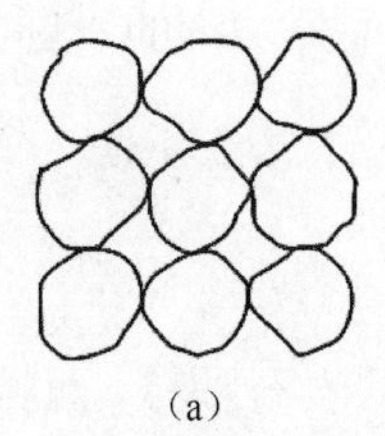
（a）

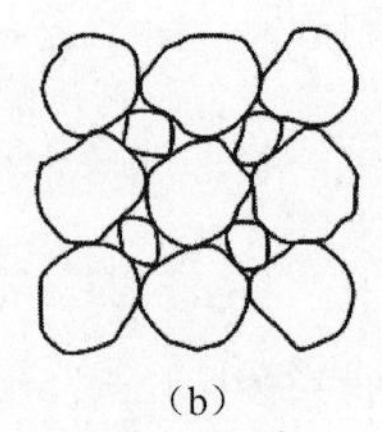
（b）

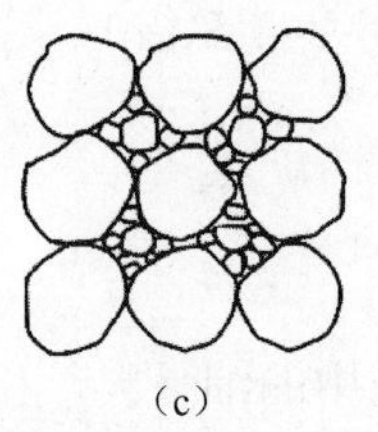
（c）

图 4-2 砂的颗粒级配

砂的粗细程度及颗粒级配，通常采有筛分析法进行测定。用细度模数判断砂的粗细，用级配区来表示颗粒级配。

筛分析试验是采用过 9.50mm 方孔筛后 500g 烘干的待测砂，用一套孔径从大到小分别为 4.75mm、2.36mm、1.18mm、600μm、300μm、150μm 的标准金属方孔筛进行筛分，然后称其各筛上所得的颗粒的质量，即筛后余量，将各筛余量分别除以 500 得到分级筛余百分率 α_1、α_2、α_3、α_4、α_5、α_6，再将其累加得到累计筛余百分率 A_1、A_2、A_3、A_4、A_5、A_6，其计算过程如表 4-2 所示。

表 4-2 累计筛余百分率的计算过程

筛孔尺寸/mm	筛余量/g	分计筛余百分率/%	累计筛余百分率/%
4.75	m_1	$\alpha_1= m_1/500$	$A_1=\alpha_1$
2.36	m_2	$\alpha_2= m_2/500$	$A_2=\alpha_1+\alpha_2$
1.18	m_3	$\alpha_3= m_3/500$	$A_3=\alpha_1+\alpha_2+\alpha_3$
0.6	m_4	$\alpha_4= m_4/500$	$A_4=\alpha_1+\alpha_2+\alpha_3+\alpha_4$
0.3	m_5	$\alpha_5= m_5/500$	$A_5=\alpha_1+\alpha_2+\alpha_3+\alpha_4+\alpha_5$
0.15	m_6	$\alpha_6= m_6/500$	$A_6=\alpha_1+\alpha_2+\alpha_3+\alpha_4+\alpha_5+\alpha_6$

由筛分试验得出的 6 个累计筛余百分率作为计算砂平均粗细程度的指标细度模数 M_x 和检验砂的颗粒级配是否合理的依据。

细度模数的计算公式为

$$M_x = \frac{(A_2 + A_3 + A_4 + A_5 + A_6) - 5A_1}{100 - A_1} \quad (4\text{-}1)$$

式中：M_x——砂的细度模数；

A_1、A_2、A_3、A_4、A_5、A_6——分别为 4.75mm、2.36mm、1.18mm、600μm、300μm、150μm 方孔筛的累计筛余百分率。

细度模数越大，表示砂越粗。《建设用砂》（GB/T 14684—2011）按细度模数将砂分为粗砂（M_x =3.7～3.1）、中砂（M_x =3.0～2.3）和细砂（M_x =2.2～1.6）三类。

砂的细度模数并不能反映级配的优劣。细度模数相同的砂，其级配可能相差很大。因此，评定砂的质量应同时考虑砂的级配。

根据计算和试验结果，国家标准《建设用砂》（GB/T 14684—2011）对细度模数为1.6～3.7的普通混凝土用砂，根据600μm筛的累计筛余百分率分成三个级配区，分别称为1、2、3区，如表4-3所示。

表4-3 建筑用砂的颗粒级配

砂的分类	天然砂			机制砂		
级配区	1区	2区	3区	1区	2区	3区
方筛孔	累计筛余/%					
4.75mm	10～0	10～0	10～0	10～0	10～0	10～0
2.36mm	35～5	25～0	15～0	35～5	25～0	15～0
1.18mm	65～35	50～10	25～0	65～35	50～10	25～0
600μm	85～71	70～41	40～16	85～71	70～41	40～16
300μm	95～80	92～70	85～55	95～80	92～70	85～55
150μm	100～90	100～90	100～90	97～85	94～80	94～75

任何一种砂，只要其累计筛余百分率 A_1～A_6 分别分布在某同一级配区的相应累计筛余百分率的范围内，即为级配合理，符合级配要求。具体评定时，除4.75mm及600μm筛档外，其余孔径的筛子的累计筛余百分率允许稍有超出，但超出总量不得大于5%。从表4-3中可以看出，在三个级配区内只有600μm级的累计筛余百分率是不重叠的，因此称其为控制粒级，控制粒级使任何一个砂样只能处于某一级配区内，避免出现同属两个级配区的现象。

为了更加直观地评定砂的颗粒级配，也可采用作图法，即以筛孔直径为横坐标，以累计筛余百分率为纵坐标，将表4-3中规定的各级配区相应累计筛余百分率的范围标注在图上形成级配区域，如图4-3所示。然后，把某种砂的累计筛余百分率 A_1～A_6 在图上依次描点连线，若所连折线都在某一级配区的累计筛余百分率范围内，即为级配合理。

配制混凝土时宜优先选用合格的砂（2区砂）。为满足对混凝土的性能要求，当采用粗砂（1区砂）时，应适当提高含砂率，并保证有足够的水泥用量以填满骨料间的空隙；当采用细砂（3区砂）时，宜适当降低砂率以控制需要水泥包覆的细骨料总表面积。由此可见，混凝土采用粗砂或细砂都可能要比采用中砂需要更多的水泥浆，而水泥浆的增多不仅会提高混凝土成本，而且还会影响其物理力学性能。

由于混凝土用砂量很大，在选择砂源时应本着就地取材的原则，如工程所在地区的砂料自然级配不符合级配要求或过粗、过细时，可采用人工调整来加以改善。

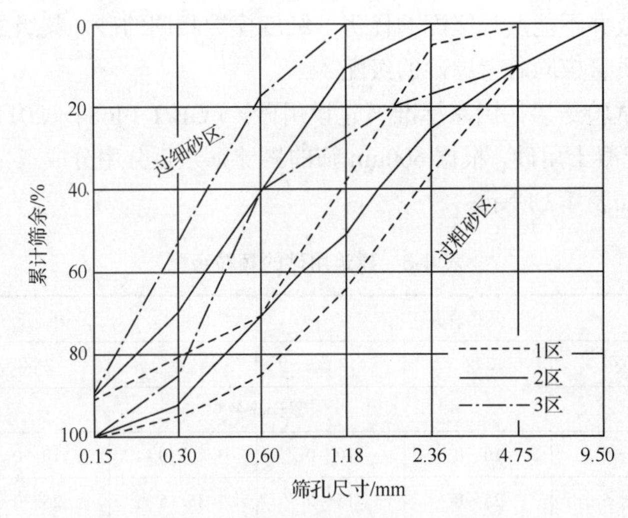

图 4-3　混凝土用砂级配范围曲线

2. 砂的含水状态

砂在实际使用过程中，常受到环境温、湿度的影响，会处于不同的含水状态，从干到湿常分为四种状态。

(1) 全干状态（烘干状态）。全干状态是指砂在烘箱中烘干至恒重，达到内、外部均不含水的状态，如图 4-4（a）所示。

(2) 气干状态。气干状态是指在砂的内部含有一定水分，而表层和表面是干燥无水的，砂在干燥的环境中自然堆放达到干燥通常是这种状态，如图 4-4（b）所示。

(3) 饱和面干状态。饱和面干状态是指在砂的内部和表层均含水达到饱和状态，而表面的开口孔隙及面层却处于无水状态，如图 4-4（c）所示，拌和混凝土的砂处于这种状态时，与周围水的交换最少，对配合比中水的用量影响最小。

(4) 湿润状态。湿润状态是指砂的内部不但水饱和，其表面还被一层水膜覆盖，颗粒间被水所充盈，如图 4-4（d）所示。

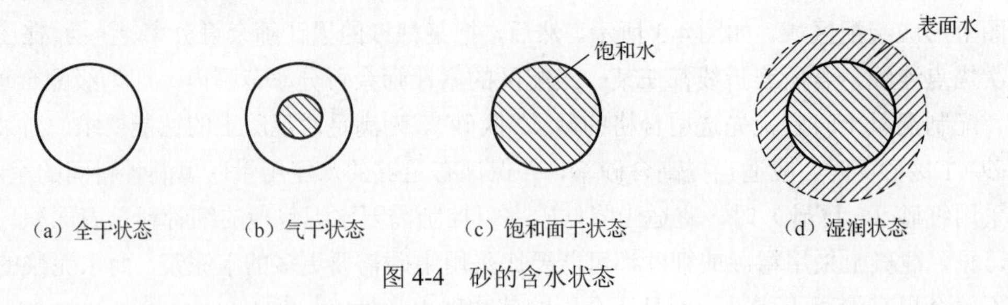

图 4-4　砂的含水状态

3. 含泥量、石粉含量和泥块含量

砂中含泥量是指天然砂中粒径小于 75μm 的颗粒含量；石粉含量是指机制砂中粒径小于 75μm 的颗粒含量；泥块含量是指砂中原粒径大于 1.18mm，经水浸洗、手捏后小于 600μm 的颗粒含量。

天然砂中的泥土颗粒极细，它们通常包覆于砂粒表面，从而在混凝土中影响了水泥浆与砂子的黏结。同时泥土还会降低混凝土的使用性能、强度及耐久性，且黏土体积变化不稳定，潮胀干缩。因此，砂中的泥土对于混凝土会产生较大的有害作用，必须严格控制其含量。如果砂中的含泥量或泥块含量超标，可采用水洗的方法处理。

石粉是机制砂生产过程中不可避免产生的粒径小于75μm的颗粒。石粉的粒径虽小，但与天然砂中的泥成分不同，粒径分布（40～75μm）也不同。一定含量的石粉对完善混凝土的细骨料级配，提高混凝土的密实性及其整体性能起到有利作用，但其掺量要适宜，否则会产生不利影响。

天然砂的含泥量和泥块含量应符合表4-4的规定。机制砂的石粉含量和泥块含量应符合表4-5的规定。

表4-4 天然砂的含泥量和泥块含量（GB/T 14684—2011） （单位：%）

类别	Ⅰ	Ⅱ	Ⅲ
含泥量（按质量计）	≤1.0	≤3.0	≤5.0
泥块含量（按质量计）	0	≤1.0	≤2.0

表4-5 机制砂的石粉含量和泥块含量（GB/T 14684—2011）

类别	*MB*值≤1.4或快速法试验合格			*MB*值>1.4或快速法试验不合格		
	Ⅰ	Ⅱ	Ⅲ	Ⅰ	Ⅱ	Ⅲ
*MB*值	≤0.5	≤1.0	≤1.4或合格	*MB*值>1.4或不合格		
石粉含量（按质量计）/%	≤10.0			≤1.0	≤3.0	≤5.0
泥块含量（按质量计）/%	0	≤1.0	≤2.0	0	≤1.0	≤2.0

4. *砂中的有害物质*

砂中的有害物质是指各种可能降低混凝土性能与质量的物质。通常，对不同类别的砂，应限制其中云母、轻物质、有机物、硫化物及硫酸盐、氯化物和贝壳等有害物质的含量，如表4-6所示，且砂中不得混有草、树叶、树枝、煤块、煤渣等杂物。

表4-6 砂中有害物质限量（GB/T 14684—2011）

类别	Ⅰ	Ⅱ	Ⅲ
云母（按质量计）/%	≤1.0	≤2.0	
轻物质（按质量计）/%	≤1.0		
有机物	合格		
硫化物及硫酸盐（按SO_3质量计）/%	≤0.5		
氯化物（以氯离子质量计）/%	≤0.01	≤0.02	≤0.06
贝壳（按质量计）/%	≤3.0	≤5.0	≤8.0

三、粗骨料

普通混凝土常用的粗骨料有碎石和卵石两种，其共同特点是粒径大于4.75mm。

碎石大多是由天然岩石经破碎、筛分而成的颗粒，其粒径大于4.75mm且多棱角，通常表面粗糙和洁净，它与水泥浆黏结性较好。卵石又称砾石，是由天然岩石经自然风化，水流搬运和分选、堆积形成的粒径大于4.75mm的颗粒，按其产源可分为河卵石、海卵石及山卵石等几种，其中以河卵石应用较多。

与碎石相比，卵石表面光滑，拌制的混凝土易于流动和成型，有利于施工操作。但卵石与水泥石的黏结能力较差，在相同配比情况下，表现出卵石混凝土要比碎石混凝土的强度低，卵石和碎石混凝土要比碎石混凝土的强度低。

卵石和碎石按技术要求分为I类、II类和III类三个等级。I类用于强度等级大于C60的混凝土；II类用于强度等级在C30～C60及抗冻、抗渗或有其他要求的混凝土；III类适用于强度等级小于C30的混凝土。

粗骨料的技术性能主要包括以下各项。

1. 最大粒径及颗粒级配

1）最大粒径

粗骨料公称粒径的上限称为最大粒径。例如，当使用5～40mm的粗骨料时，最大粒径为40mm。粗骨料最大粒径增大时，其表面积减小，有利于节约水泥。但最大粒径过大（大于150mm）时，不但节约水泥的效果不明显，而且会影响混凝土的和易性、降低混凝土的抗拉强度，甚至对施工质量、搅拌机械造成一定的损害，因此，在确定石子的最大粒径时应综合考虑。

《混凝土结构工程施工规范》（GB 50666—2011）规定，混凝土用的粗骨料最大粒径不应超过构件截面最小尺寸的1/4，且不应超过钢筋最小净间距的3/4。对实心混凝土板，粗骨料的最大粒径不宜超过板厚的1/3，且不应超过40mm。

2）颗粒级配

石子的颗粒级配是指石子各级粒径大小颗粒分布情况。石子的级配有两种类型，即连续级配与间断级配。

连续级配由连续粒级组成，是表示石子的颗粒尺寸由大到小连续分级，每一级都占有适当比例。采用连续级配的石子拌制混凝土时，其拌合物不易离析，和易性较好，在工程中应用较多。其缺点是当最大粒径较大（大于40mm）时，天然形成的连续级配往往与理论最佳值有偏差，且在运输、堆放过程中易发生离析，影响到级配的均匀合理性。实际应用时，除直接采用级配理想的天然连续级配外，常采用由预先分级筛分形成的单粒粒级进行掺配组合成人工连续级配。

间断级配是石子粒级不连续，人为剔去某些中间粒级的颗粒而形成的级配方式。间断级配能更有效降低石子颗粒间的空隙率，最大程度节约水泥，但由于石子粒径相差较大，所以混凝土拌合物易发生离析，间断级配需按设计进行掺配而成。工程上一般很少用间断级配。

石子级配的判断和砂类似，也是通过筛分析试验来确定，所采用的标准筛孔隙为2.36mm、4.75mm、9.50mm、16.0mm、19.0mm、26.5mm、31.5mm、37.5mm、53.0mm、63.0mm、75.0mm、90.0mm等12个。其分计筛余百分率和累计筛余百分率的计算方法与砂相同。根据累计筛余百分率，碎石和卵石的颗粒级配范围如表4-7所示。

表 4-7 碎石、卵石的颗粒级配（GB/T 14685—2011）

公称粒级/mm		方孔筛筛孔尺寸/mm											
		2.36	4.75	9.50	16.0	19.0	26.5	31.5	37.5	53.0	63.0	75.0	90.0
		累计筛余（按质量计）/%											
连续粒级	5～16	95～100	85～100	30～60	0～10	0							
	5～20	95～100	90～100	40～80	—	0～10	0						
	5～25	95～100	90～100	—	30～70	—	0～5	0					
	5～31.5	95～100	90～100	70～90	—	15～45	—	0～5	0				
	5～40	—	95～100	70～90	—	30～65	—	—	0～5	0			
单粒粒级	5～10	95～100	80～100	0～15	0								
	10～16		95～100	80～100	0～15								
	10～20		95～100	85～100		0～15	0						
	16～25			95～100	55～70	25～40	0～10						
	16～31.5		95～100		85～100			0～10	0				
	20～40			95～100		80～100			0～10	0			
	40～80					95～100			70～100		30～60	0～10	0

2. 强度及坚固性等

1）强度

在混凝土中起骨架作用的粗骨料，其强度要满足一定的要求。粗骨料的强度有立方体抗压强度和压碎指标两种。

立方体抗压强度是浸水饱和状态下的骨料母体岩石制成的 50mm×50mm×50mm 立方体试件，在标准试验条件下测得的抗压强度值。要求火成岩不小于 80MPa，变质岩不小于 60MPa，水成岩不小于 30MPa。

压碎指标是对粒状粗骨料强度的另一种测定方法。这种方法是将气干的石子按规定方法填充于压碎指标测定仪（内径 152mm 的圆筒）内，在压力机上施加荷载到 200kN，卸荷后称取试样重量（m_0），然后用孔径 2.36mm 的筛进行筛分，称其筛余量（m_1），则压碎指标 δ_e 可用下式表示

$$\delta_e = \frac{m_0 - m_1}{m_0} \times 100\% \tag{4-2}$$

压碎指标值越大，说明骨料的强度越小。对于不同强度等级的混凝土，所用石子的压碎指标应符合规范中的规定，如表 4-8 所示。

表 4-8 碎石或卵石压碎指标

类别	Ⅰ类	Ⅱ类	Ⅲ类
碎石压碎指标/%	≤10	≤20	≤30
卵石压碎指标/%	≤12	≤14	≤16

2）坚固性

卵石、碎石在自然风化和其他外界物理化学因素作用下抵抗破裂的能力称为坚固性。骨料的坚固性采用硫酸钠溶液浸泡法来检验。试样在硫酸钠溶液中浸泡若干次（五次）取出烘干后，测其在硫酸钠结晶晶体的膨胀作用下骨料试样的质量损失率，其质量损失不得超过表 4-9 中的规定。

表 4-9 碎石或卵石的坚固性指标（GB/T 14685—2011）

类别	Ⅰ类	Ⅱ类	Ⅲ类
质量损失/%	≤5	≤8	≤12

3）针、片状颗粒

骨料颗粒的理想形状应为圆球形或近似立方体。但实际骨料产品中常会出现颗粒长度大于该颗粒所属相应粒级的平均粒径 2.4 倍的针状颗粒和厚度小于平均粒径 0.4 倍的片状颗粒。针、片状颗粒的外形和较低的抗折能力，会降低混凝土的密实度和强度，并使其工作性变差，因此其含量应符合表 4-10 的要求。

表 4-10　针、片状颗粒含量（GB/T 14685—2011）

类别	I	II	III
针、片状颗粒含量（按质量计）/%	≤5	≤10	≤15

4）含泥量和泥块含量

卵石、碎石的含泥量和泥块含量应符合表 4-11 的规定。

表 4-11　卵石、碎石的含泥量和泥块含量（GB/T 14685—2011）

类别	I	II	III
含泥量（按质量计）/%	≤0.5	≤1.0	≤1.5
泥块含量（按质量计）/%	0	≤0.2	≤0.5

5）有害物质

粗集料中常含有硫酸盐、硫化物和有机物等一些有害杂质。其危害作用与在细集料中的相同，其含量应符合表 4-12 的要求。

表 4-12　卵石和碎石中有害物质含量（GB/T 14685—2011）

类别	I	II	III
有机物	合格	合格	合格
硫化物及硫酸盐（按 SO_3 质量计）/%	≤0.5	≤1.0	≤1.0

当粗集料中含有无定形二氧化硅时，可能会引起碱-集料反应，必须进行专门的检验。所谓碱-集料反应是指当水泥中含碱量（K_2O、Na_2O）较高，又使用了活性集料（主要指活性 SiO_2），水泥中的碱类便可能与集料中的活性二氧化硅发生反应，在集料表面生成复杂的碱-硅酸凝胶。这种凝胶体吸水时，体积会膨胀，从而改变了集料与水泥浆原来的界面，所生成的凝胶是无限膨胀性的，会把水泥石胀裂。国标《建设用卵石、碎石》（GB/T 14685—2011）规定，当集料中含有活性二氧化硅，而水泥含碱量超过 0.6% 时，需进行专门试验，以确定集料的可能性。

四、拌和用水

凡是能饮用的自来水和清洁的天然水，都能用来拌制、养护混凝土。一般，海水只可用于拌制素混凝土。地表水和地下水首次使用前应按表 4-13 的规定进行检测，有关指标值在限值内才可作为拌和用水。

表 4-13　混凝土拌和用水水质要求（JGJ 63—2006）

项目	预应力混凝土	钢筋混凝土	素混凝土
pH 值	≥5.0	≥4.5	≥4.5
不溶物/（mg/L）	≤2000	≤2000	≤5000

续表

项目	预应力混凝土	钢筋混凝土	素混凝土
可溶物/（mg/L）	≤2000	≤5000	≤10000
氯化物（以 Cl^- 计）/（mg/L）	≤500	≤1000	≤3500
硫化物（以 SO_4^{2-} 计）/（mg/L）	≤600	≤2000	≤2700
碱含量/（mg/L）	≤1500	≤1500	≤1500

第三节　混凝土拌合物的技术性质

混凝土在拌和时和硬化后其表现出的技术性质是不同的。因此，在研究混凝土的技术性质时通常将其分为混凝土拌合物和硬化混凝土分别研究。其中混凝土拌合物的主要技术性质是工作性。

一、工作性的概念

工作性也称为和易性，是指混凝土拌合物在一定的施工条件和环境下，是否易于各种施工工序的操作，以获得均匀密实混凝土的性能。混凝土的工作性在其搅拌、运输、施工过程中可归结为三个方面的技术性质，即流动性、保水性、黏聚性。

1. 流动性

流动性是指混凝土拌合物的各种组成材料在施工过程中具有一定的黏聚力，能保持成分的均匀性，在运输、浇筑、振捣、养护过程中不发生离析、分层现象。通过黏聚性可以了解混凝土拌合物的均匀性。

2. 保水性

保水性是指混凝土拌合物在施工过程中具有一定的保持水分的能力，不产生严重泌水的性能。保水性反映了混凝土拌合物的稳定性。

3. 黏聚性

黏聚性是指混凝土拌合物在施工过程中其组成材料之间有一定的黏聚力，不致产生分层离析的现象。混凝土拌合物是由密度、粒径不同的固体材料及水组成，各组成材料本身存在有分层的趋向，如果混凝土拌合物中各材料比例不当，黏聚性差，则在施工中易发生分层（拌合物中各组分出现层状分离现象）、离析（混凝土拌合物内某些组分的分离、析出现象）、泌水（水从水泥浆中泌出的现象），尤其是对于大流动性的泵送混凝土来说更为严重。混凝土的黏聚性差，会给工程质量造成严重后果，致使混凝土硬化后产生蜂窝、麻面等缺陷，影响混凝土的强度和耐久性。

二、工作性的测定方法

混凝土拌合物工作性的测定方法有两种，即坍落度试验法和维勃稠度试验法（图4-5）。

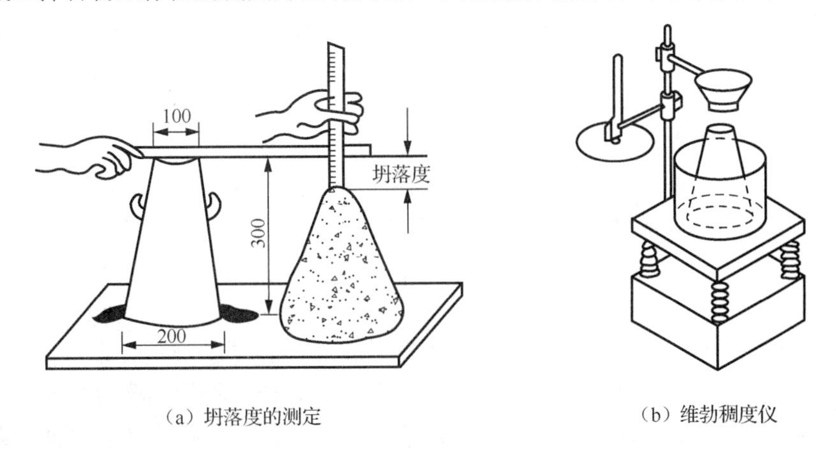

（a）坍落度的测定　　（b）维勃稠度仪

图4-5　坍落度及维勃稠度试验（单位：mm）

1. 坍落度试验法

坍落度试验法是将按规定配合比配制的混凝土拌合物按规定方法分层装填至坍落筒内，并分层用捣棒插捣密实，然后提起坍落度筒，测量筒高与坍落后混凝土试体最高点之间的高度差，即为坍落值（以mm计），以S表示。坍落度是表示流动性（即稠度）的指标，坍落值越大，流动性越大。

在测定坍落度的同时，观察确定黏聚性。用捣棒侧击混凝土拌合物的侧面，如其逐渐下沉，表示黏聚性良好，否则表示黏聚性不好。保水性以在混凝土拌合物中稀浆析出的程度来评定。坍落度筒提起后如有较多稀浆自底部析出，则表示保水性好。

采用坍落度试验法测定混凝土拌合物的工作性，其优点是操作简便，缺点是受人为因素影响较大。该法一般仅适用集料最大粒径不大于40mm，坍落度值不小于10mm的混凝土拌合物流动性的测定。根据《普通混凝土配合比设计规程》（JGJ 55—2011），由坍落度的大小可将混凝土拌合物分为干硬性混凝土（S<10mm）、塑性混凝土（S=10～90mm）、流动性混凝土（S=100～150mm）和大流动性混凝土（S≥160mm）四类。

2. 维勃稠度试验法

维勃稠度试验法主要适用于干硬性的混凝土，若采用坍落度试验，测出的坍落度值过小，不易准确说明其工作性。维勃稠度试验法是将坍落度筒置于一振动台的圆筒内，按规定方法将混凝土拌合物分层装填，然后提起坍落度筒，启动震动台。测定起震开始至混凝土拌合物在振动作用下逐渐下沉变形直到其上部的透明圆盘的底面被水泥浆布满时的时间为维勃稠度（单位为s）。维勃稠度值越大，说明混凝土拌合物的流动性越小。根据国家标准，该种方法适用于骨料粒径不大于40mm，维勃稠度值在5～30s间的混凝土拌合物工作性的测定。

三、影响混凝土拌合物工作性的因素

影响混凝土拌合物工作性的因素有很多，主要包括材料品种和用量，环境温度、湿度和工艺方面的影响。

1. 材料品种和用量的影响

（1）硅酸盐类六大品种水泥中，当水灰比相同时，硅酸盐水泥和普通水泥拌制的混凝土流动性较火山灰水泥好；矿渣水泥拌制的混凝土保水性较差，用粉煤灰水泥拌制的混凝土流动性最好，保水性和黏聚性也较好。

（2）水泥颗粒越细，拌合物黏聚性与保水性越好。当比表面积在 $2800cm^2/g$ 以下时，混凝土的泌水性增大。

（3）在水灰比不变的前提下，增加水泥浆数量，会使单位混凝土中水泥浆量增多，包裹层增厚，拌合物的流动性加大，一定程度上还增大拌合物的黏聚性。但水泥浆用量过多，集料表面包裹层过厚，会出现严重流浆和泌水现象，使拌合物黏聚性变差，直接影响施工质量，同时水泥用量多影响经济成本。相反，如果水泥浆量过少，则不能填满集料空隙或不足以包裹集料表面，这时拌合物会发生崩坍现象，黏聚性同样变差，因此水泥浆数量应适量，以满足流动性要求为合适。

（4）水灰比是指单位混凝土用水量与水泥用量之比，用 W/C 表示，水灰比的大小决定了水泥浆的稀稠。

当水泥浆用量一定时，若水灰比过小，水泥浆表现干稠，拌合物流动性小，当小至某一极限值以下时，施工发生困难；增大水灰比，水泥浆变稀，从而降低黏聚性，减少颗粒间的内摩擦力；增大拌合物的流动性，方便施工操作，但若水灰比过大，将使水泥浆的黏聚性变差，出现保水能力不足，导致严重的泌水分层、流浆，并使混凝土强度和耐久性降低。所以水灰比应根据混凝土设计强度等级和耐久性要求综合考虑。试验证明，当水灰比在一定范围（0.40～0.80）内而其他条件不变时，混凝土拌合物的流动性只与单位用水量（每立方米混凝土拌合物的拌和水量）有关，这一现象称为恒定用量法则，它为混凝土配合比设计中单位用水量的确定提供了一种简单的方法，即单位用水量可主要由流动性来确定。现行行业标准《普通混凝土配合比设计规程》（JGJ 55—2011）提供了塑性混凝土用水量，如表 4-14 所示。

表 4-14 塑性混凝土用水量 （单位：kg/m^3）

拌合物稠度		卵石最大公称粒径				碎石最大公称粒径			
项目	指标	10mm	20mm	31.5mm	40mm	16mm	20mm	31.5mm	40mm
坍落度	10～30mm	190	170	160	150	200	185	175	165
	35～50mm	200	180	170	160	210	195	185	175
	55～70mm	210	190	180	170	220	205	195	185
	75～90mm	215	195	185	175	230	215	205	195

（5）砂率是指混凝土中砂的质量占砂、石总质量的百分率。砂率的变动会使骨料的空隙率和骨料的总表面积有显著改变，因此对混凝土拌合物的和易性产生显著影响。

砂率过大时骨料的总面积及空隙率都会增大，若水泥浆量固定不变，相对来说水泥浆就显得少了，减弱了水泥浆的润滑作用，从而使混凝土拌合物的流动性减小。砂率过小时，又不能保证在粗骨料之间有足够的砂浆层，也会降低混凝土拌合物的流动性，且黏聚性和保水性变差，造成离析、流浆。

因此，砂率过大或过小都会影响混凝土质量，这里存在着一个合理砂率值，即在用水量及水泥用量一定时，能使混凝土拌合物获得最大流动性，且黏聚性及保水性良好，如图 4-6 所示。当采用合理砂率时，能在拌合物获得所要求的流动性及良好的黏聚性与保水性的条件下，使水泥用量最小，如图 4-7 所示。

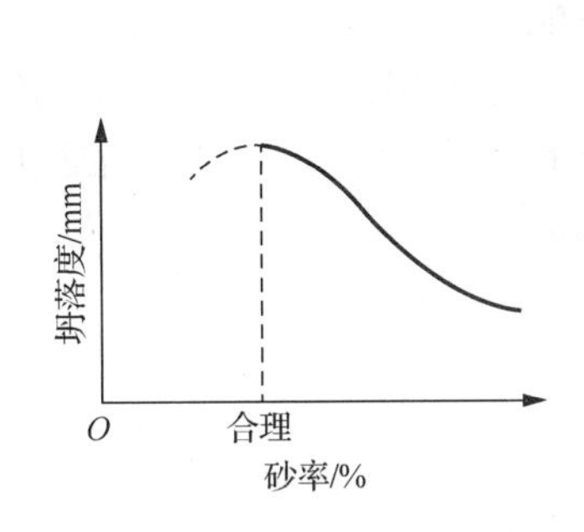

图 4-6　砂率与坍落度的关系曲线

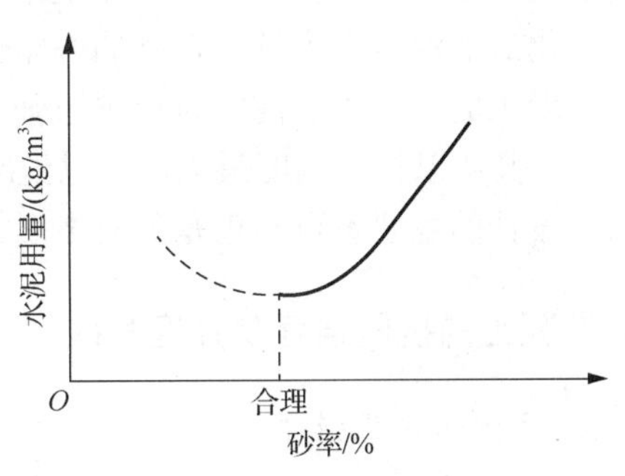

图 4-7　砂率与水泥用量的关系曲线

此外，在用水量和水灰比不变的情况下，加大骨料粒径可提高流动性，采用细度模数较小的砂，黏聚性和保水性可明显改善。级配良好，颗粒表面光滑圆整的骨料（如卵石）所配制的混凝土流动性较大。而外加剂的使用可改变混凝土组成材料间的作用关系，改善流动性、黏聚性和保水性。

2. 环境温度和湿度的影响

提高温度会使混凝土拌合物的坍落度减小，因此，夏季施工时，为了保持一定的坍落度，必须比冬季增加拌合物的用水量或加外加剂。

空气湿度小，拌合物水分蒸发过快，坍落度也会偏小。

3. 工艺方面的影响

施工工艺不同，混凝土坍落度也会存在差异，如搅拌方式（人工、机械）不同，搅拌时间不同等都会影响坍落度。

四、改善混凝土拌合物工作性的措施

（1）在水灰比不变的前提下，适当增加水泥浆的用量。

（2）通过试验，采用合理砂率。

（3）改善砂、石料的级配，一般情况下尽可能采用连续级配。

（4）调整砂、石料的粒径，如加大集料粒径可增大流动性，减小集料粒径可提高混凝土的黏聚性和保水性等。

（5）掺外加剂，如减水剂、引气剂等均可改善混凝土拌合物的工作性。

（6）根据具体环境条件，尽可能缩小新拌混凝土的运输时间。必要时可掺缓凝剂等减少坍落度损失。

第四节　硬化混凝土的性质

硬化混凝土是混合料中的水泥凝结硬化后，将骨料黏结为密实坚硬的整体的工程材料。硬化后的混凝土应具有良好的力学性能和耐久性能。

混凝土的物理力学性能包括抗压强度、抗拉强度、抗折强度及混凝土与钢筋的握裹强度等，其中以抗压强度最大，所以混凝土主要用来承受压力作用。混凝土的抗压强度是结构设计的主要参数，也是混凝土质量评定的指标。

一、混凝土的抗压强度及强度等级

1. 立方体抗压强度

按照国家标准《混凝土物理力学性能试验方法标准》（GB/T 50081—2019）的规定，以边长为150mm的立方体试件，在标准养护条件（温度20±2℃，相对湿度大于95%，或在温度为20±2℃的不流动氢氧化钙饱和溶液中）下养护到试验龄期，进行抗压强度试验所测得的抗压强度称为混凝土的立方体试件抗压强度，以f_{cc}表示。

混凝土的立方体抗压强度试验，当混凝土强度等级小于C60时，用非标准试件测得的强度值均应乘以尺寸换算系数，见表4-15。

表4-15　混凝土试件尺寸及强度的尺寸换算系数

试件尺寸	强度的尺寸换算系数
100mm×100mm×100mm	0.95
150mm×150mm×150mm	1.00
200mm×200mm×200mm	1.05

混凝土立方体抗压强度试验，每组三个试件，应在同一盘混凝土中取样制作，取3个试件测值的算数平均值作为该组试件的强度值，应精确至0.1MPa；当3个测值中的最大值或最小值中有一个与中间值的差值超过中间值的15%时，则应把最大值及最小值剔除，取中间值作为该组试件的抗压强度值；当最大值和最小值与中间值的差值均超过中间值的15%时，该组试件的试验结果无效。

2. 混凝土立方体抗压强度标准值

混凝土立方体抗压强度标准值是指具有95%强度保证率的标准立方体抗压强度值，也就是指在混凝土立方体抗压强度测定值的总体分布中，低于该值的百分率不超过5%。

3. 强度等级

混凝土强度等级是根据混凝土立方体抗压强度标准值（MPa）来确定的，用符号C表示，划分为C15、C20、C25、C30、C35、C40、C45、C50、C55、C60、C65、C70、C75、C80共14个等级。

4. 轴心（棱柱体）抗压强度

立方体抗压强度是评定混凝土抗压强度的依据，而实际工程绝大多数混凝土构件都是棱柱或圆柱体。同样组成的混凝土，硬化后试件的形状不同，测出的强度值会有较大差别。为与实际情况相符，结构设计中采用混凝土的轴心抗压强度作为混凝土轴心受压构件设计强度的取值依据。根据《混凝土物理力学性能试验方法标准》（GB/T 50081—2019）规定，混凝土的轴心抗压强度是采用150mm×150mm×300mm的棱柱体标准试件，在标准养护条件下所测得的28d抗压强度值，以f_{cp}表示。根据大量的试验资料统计，轴心抗压强度与立方体抗压强度之间的关系为

$$f_{cp}=(0.7\sim0.8)f_{cc} \tag{4-3}$$

二、影响混凝土强度的因素

1. 水泥强度等级和水泥水灰比

普通混凝土的受力破坏，主要出现在水泥石与骨料的分界面上以及水泥石本身，原因是这些部位往往存在有孔隙和潜在微裂缝等结构缺陷，是混凝土中的薄弱环节，所以混凝土的强度主要取决于水泥石的强度及其与骨料间的黏结力，而水泥石的强度及其与骨料的黏结力又取决于水泥强度等级及水灰比的大小。因此，水泥强度等级和水灰比是影响混凝土强度的最主要因素，也可以说是起决定性作用的因素。

在配合比相同的条件下，所用的水泥强度等级越高，制成的混凝土强度也越高，当用同一种水泥（品种及强度等级相同）时，混凝土的强度主要取决水灰比，因为水泥水化时所需的结合水，一般只占水泥质量的23%左右，但在拌制混凝土拌合物时，为了获得必要的流动性，常需要较多的水（占水泥质量的40%～70%），较大的水灰比。当混凝土硬化后，多余的水分就残留在混凝土中形成水泡或蒸发后形成气孔，大大地减小了混凝土抵抗荷载的实际有效断面，而且可能在孔隙周围产生应力集中。因此可以认为，在水泥强度等级相同的情况下，水灰比越小，水泥石的强度越高。但如果水灰比太小，拌合物过于干硬，在一定的捣实成型条件下，无法保证浇灌质量，混凝土中将出现较多的蜂

窝、孔洞，强度也将下降。试验证明：在材料相同的情况下，混凝土强度随水灰比的增大而降低，而混凝土强度与灰水比的关系则呈直线关系，如图 4-8（a）、图 4-8（b）所示。

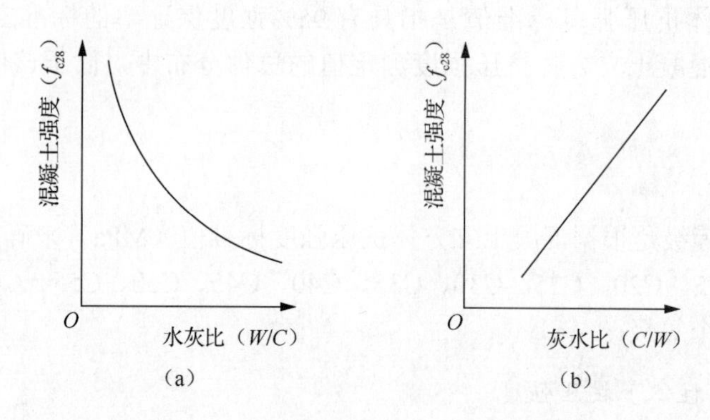

图 4-8　混凝土强度与水灰比及灰水比的关系

2. 养护条件

混凝土强度的增长，是水泥的水化、凝结和硬化的过程，这一过程必须在一定的温度和湿度条件下进行。

在保证足够湿度情况下，不同养护温度，其结果也不相同。温度高，水泥凝结硬化速度快，早期强度高，所以在混凝土制品厂，常采用蒸汽养护的方法提高构件的早期强度，提高模板和场地周转率。低温时，水泥凝结硬化比较缓慢，当温度低至 0℃以下时，硬化不但停止，且具有受冻破坏的危险。因此，混凝土浇筑完毕后，必须保持适当的温度和湿度，以保证混凝土不断地凝结硬化。

水泥的水化必须在有水的条件下进行。如果新浇筑混凝土的周围环境湿度不够，混凝土会失水干燥而影响水泥水化作用的正常进行，甚至停止水化。这不仅严重降低混凝土的强度，而且因水化作用未能完成，使混凝土结构疏松，渗水性增大，或形成干缩裂缝，从而影响耐久性。

为使混凝土正常硬化，必须在成型后一定时间内维持周围环境有一定温度和湿度。冬期施工要对新浇筑混凝土采取保湿措施。自然养护的混凝土，尤其是夏天，要经常洒水保持潮湿，用草袋或塑料膜覆盖，也可用养护剂保护。《混凝土结构工程施工规范》（GB 50666—2011）规定，浇筑完毕的混凝土应采取以下保水措施：①浇筑后应及时对混凝土进行保湿养护；②对采用硅酸盐水泥、普通硅酸盐水泥或矿渣硅酸盐水泥拌制的混凝土，养护的时间不得少于 7d，对掺用缓凝型外加剂或有抗渗要求的混凝土不得少于 14d；洒水次数应能保持混凝土处于湿润状态；③当日最低温度低于 5℃时，不应采用洒水养护；④混凝土保湿养护也可采用覆盖养护或涂刷养护剂养护方式。

3. 龄期

混凝土在正常养护条件下，强度随着龄期的增加而提高。初期强度增长较快，后期增长缓慢，只要保持适当的温度和湿度，龄期延续很久时，其强度仍有所增长。

4. 试验条件

试验条件对测定混凝土强度也有影响，如试件尺寸、表面平整度、温湿度及加荷速度等，测定时要严格遵照试验规程的要求进行，保证试验的准确性。

三、提高混凝土强度的措施

为提高混凝土强度，可采取以下措施。

（1）选用高强度水泥和低水灰比。

（2）掺用混凝土外加剂。

（3）采用湿热处理包括蒸汽养护和蒸压养护。

（4）采用机械搅拌和振捣。

第五节 混凝土外加剂

混凝土外加剂是在混凝土拌和过程中掺入并能按要求改善混凝土性能的材料。一般情况下，外加剂掺量不超过水泥质量的5%。

近代混凝土技术的发展和混凝土外加剂的使用是密不可分的。虽然外加剂的掺量很少，但对混凝土的工作性、强度、耐久性、水泥的节约都有明显的改善。通常把外加剂称为混凝土的第五组分。

一、外加剂的分类

根据国家标准《混凝土外加剂术语》（GB/T 8075—2017）的规定，混凝土外加剂按其主要使用功能可分为四类。

（1）改善混凝土拌合物流变性能的外加剂，如各种减水剂和泵送剂等。

（2）调节混凝土凝结时间、硬化过程的外加剂，如缓凝剂、早强剂、促凝剂和速凝剂等。

（3）改善混凝土耐久性的外加剂，如引气剂、阻锈剂和防水剂等。

（4）改善混凝土其他性能的外加剂，如膨胀剂、防冻剂和着色剂等。

二、常用混凝土外加剂

1. 减水剂

减水剂是指在保持混凝土拌合物流动性的条件下，能减少拌和水量的外加剂。通常按其减水作用的大小，可分为普通减水剂和高效减水剂两类。

1）减水剂的作用机理

减水剂多属于表面活性剂，它的分子结构是由亲水基团和憎水基团组成的，当两种物质接触时（如水-水泥，水-油，水-气），表面活性剂的亲水基团朝向水，憎水基团朝向水泥颗粒（油或气），大多数表面活性剂的亲水基团在水溶液中能电离成离子，带有同种电荷（不能电离成离子的也具有一定极性），在电性斥力作用下，互相排斥，具有分散、湿润、润滑、乳化、起泡等作用效果，如图 4-9 所示。

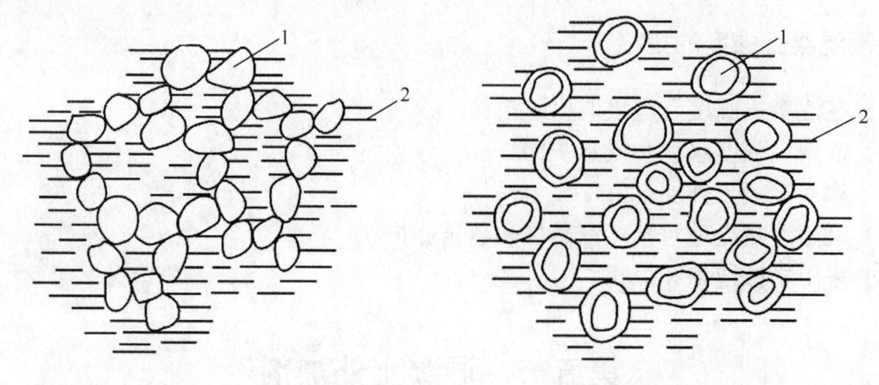

（a）未掺减水剂时的水泥浆体中絮状结构　　（b）掺减水剂的水泥浆结构

1—水泥颗粒；2—游离水。

图 4-9　减水剂作用机理

2）减水剂的作用效果

（1）增大流动性。在原配合比不变，即水、水灰比强度均不变的条件下，增加混凝土拌合物的流动性。

（2）提高强度。在保持流动性及水泥用量的条件下，可减少拌和用水，使水灰比下降，从而提高混凝土的强度。

（3）节约水泥。在保持强度不变，即水灰比不变以及流动性不变的条件下，可减少拌和用水，从而使水泥用量减少，达到保证强度而节约水泥的目的。

（4）改善其他性质。掺加减水剂还可改善混凝土拌合物的黏聚性、保水性，提高硬化混凝土的密实度，改善耐久性，降低水化热等。

3）常用的减水剂

常用的减水剂有木质素系减水剂、萘系减水剂和树脂系减水剂等。

2. 早强剂

早强剂是能提高混凝土早期强度，并对后期强度无显著影响的外加剂。通常早强剂分为无机早强剂（氯盐早强剂、硫酸盐早强剂、碳酸盐及亚硝酸盐早强剂等）和有机早强剂（尿素、乙醇、三乙醇胺等）。

3. 引气剂

引气剂是在混凝土搅拌过程中，能引入大量分布均匀的微小气泡，以减少混凝土拌合物泌水离析、改善工作性，并能显著提高硬化混凝土抗冻耐久性的外加剂。引气剂的使用虽然能够提高混凝土的抗冻性能、抗渗性能，但由于引入了气泡可导致混凝土的强度降低。近年来，引气剂已逐渐被引气型减水剂所代替。常用的引气剂可分为松香树脂类、烷基苯磺酸类、脂肪磺酸类等。

4. 缓凝剂

缓凝剂是能延缓混凝土的凝结时间并对混凝土的后期强度发展无显著影响的外加剂。缓凝剂有延缓混凝土的凝结、保持工作性、延长放热时间、消除或减少裂缝以及减水增强等多种功能，对钢筋也无锈蚀作用，适于高温季节施工和泵送混凝土、滑模混凝土以及大体积混凝土的施工或远距离运输的商品混凝土。但缓凝剂不适用于5℃以下及有早强要求或蒸养的混凝土。

除上述几种外加剂外，还有膨胀剂、速凝剂、防冻剂、加气剂等外加剂。

三、外加剂使用的注意事项

外加剂的使用要注意以下事项。

首先，外加剂的掺量很小，但对混凝土性质的影响很大，因此要严格控制其掺加量；其次，外加剂有一定的适应性，同一种外加剂对不同厂家的水泥效果会有差异，因此外加剂在混凝土搅拌时均匀加入。

第六节 混凝土的耐久性

混凝土的耐久性主要由抗渗性、抗冻性、抗侵蚀性、抗碳化性及抗碱-集料反应等性能综合评定。

一、混凝土的抗渗性

混凝土的抗渗性是指混凝土抵抗压力水渗透的能力。混凝土的抗渗性对于地下建筑、水工及港口建筑等工程，都是重要的性能指标。抗渗性还直接影响混凝土的抗冻性及抗侵蚀性。

混凝土渗水的原因是内部孔隙能形成连通的渗水孔道。这些孔道主要来源于水泥浆中多余水分蒸发而留下的气孔，水泥浆泌水所产生的毛细孔道、内部的微裂缝，以及施工振捣不密实产生的蜂窝、孔洞等。这些渗水通道的形成主要取决于混凝土的材料和成型质量。

混凝土的抗渗性以抗渗等级表示。抗渗等级是以28d龄期的标准抗渗试件，按规定方法试验，以不渗水时所能承受的最大水压来确定，并以代号P表示，如P2、P4、P6、P8、P12等不同的等级，它们分别表示能抵抗0.2、0.4、0.6、0.8、1.2MPa的水压力而不渗透。

混凝土的抗渗性与水灰比有密切关系，还与水泥品种、集料级配、施工质量、养护条件，以及是否掺外加剂有关。

二、混凝土的抗冻性

混凝土的抗冻性是指混凝土在饱和水状态下能经受多次的冻融循环作用而不破坏，同时，强度也不严重降低的性能。在寒冷地区，尤其是经常与水接触受干湿反复作用的混凝土工程，要求具有较高的抗冻性能，以提高混凝土的耐久性，延长建筑物的寿命。

影响混凝土抗冻性能的因素有很多，主要是混凝土中空隙的大小、构造、数量及充水程度，环境的温湿度和经历冻融的次数等。例如，密实并且具有封闭孔隙的混凝土，其抗冻性能往往较高。此外，水泥的品种和强度等级对混凝土的抗冻性也有影响。混凝土中掺入减水剂可降低水灰比，提高混凝土密实度、强度和抗冻性，加入引气剂可增加混凝土内部封闭孔隙，也能提高混凝土的抗冻性。

混凝土的抗冻性用抗冻等级表示，抗冻等级是以 28d 龄期的混凝土标准试件，在浸水饱和状态下，进行冻融循环试验，以同时满足强度损失率不超过 25%，质量损失率不超过 5%时的最大循环次数来表示。《混凝土质量控制标准》（GB 50164—2011）中混凝土的抗冻等级有 F50、F100、F150、F200、F250、F300、F350、F400 和＞F400 九个等级，它们分别表示混凝土能承受反复冻融循环次数为 50、100、150、200、250、300、350、400 和＞400 次。

三、混凝土的抗侵蚀性

当工程所处的环境有侵蚀介质时，对混凝土必须提出抗侵蚀性的要求。混凝土的抗侵蚀性取决于水泥品种、混凝土的密实度及孔隙特征。密实性好的、具有封闭孔隙的混凝土，侵蚀介质不易侵入，所以抗侵蚀性好。水泥品种的选择应与工程所处环境条件相适应，这一点可参照水泥性能特点来选用。

四、混凝土的抗碳化性

混凝土的碳化作用是指空气中的二氧化碳与水泥石中的氢氧化钙作用，生成碳化钙和水，使表层混凝土的碱度降低。

$$CO_2+H_2O+Ca(OH)_2 \longrightarrow CaCO_3+2H_2O$$

碳化作用可使混凝土表面的强度适度提高，但其对混凝土有害的作用却更突出，首先是减弱对钢筋的保护作用，其次会引起混凝土的收缩使混凝土表面碳化层产生拉应力，并可能产生微细裂缝，从而降低混凝土的抗折强度。

影响混凝土碳化速度的主要因素有水泥的品种、水灰比、环境温度、硬化条件等。

五、抗碱-集料反应

所谓碱-集料反应就是混凝土中水泥所含的 Na_2O 和 K_2O 含量多时会与集料中活性二氧化硅在有水存在的情况下发生反应，并在集料表面形成一层复杂的碱-硅酸凝胶。

这种凝胶遇水时明显膨胀，使集料与水泥石界面胀裂，虽然反应速度很慢，需几年或几十年，但对混凝土的耐久性十分不利。

六、提高混凝土耐久性的措施

采用以下措施可提高混凝土的耐久性。

（1）合理选择水泥品种。

（2）控制混凝土的水灰比及水泥用量。

（3）选择较好的砂石集料。

（4）掺入引气剂或减水剂。

（5）改善混凝土的施工操作方法等。

第七节　普通混凝土配合比设计

混凝土配合比是指混凝土中各组成材料数量之间的比例关系，设计混凝土配合比就是要确定 $1m^3$ 混凝土中各组成材料的最佳相对用量，使按此用量拌出的混凝土能够满足各种基本要求。混凝土配合比常用的表示方法有两种。一种是以 $1m^3$ 混凝土中各项材料的质量表示。例如，$1m^3$ 混凝土中水泥 300kg、水 180kg、砂 720kg、石子 1200kg，则 $1m^3$ 混凝土总质量为 2400kg。另一种是以各项材料间的质量比来表示（以水泥质量为 1）。例如，上例换算成质量比为水泥∶砂∶石＝1∶2.4∶4.0，水灰比 $W/C=0.60$。

一、混凝土配合比设计的基本要求

混凝土配合比设计的任务就是要根据原材料的技术性能及施工条件合理选择原材料，并确定出能满足工程所要求的技术经济指标的各项组成材料的用量。具体来说混凝土配合比设计的基本要求如下。

（1）满足施工所要求的混凝土拌合物的和易性。

（2）满足混凝土结构设计的强度及其他力学性能。

（3）满足混凝土的长期性和耐久性要求。

（4）节约水泥、降低成本。

二、混凝土配合比设计中的三个基本参数

混凝土配合比设计，实质上就是确定水泥、水、砂和石这四项基本组成材料用量之间的三个比例关系。即水与胶凝材料之间的比例关系，用水胶比表示；砂与石子之间的比例关系，用砂率表示；胶凝材料与集料之间的比例关系，常用单位用水量来反映（$1m^3$ 混凝土的用水量）。这三个比例关系是混凝土配合比设计的三个重要参数。正确地确定这三个参数，就能使混凝土满足各项技术与经济要求。

三、混凝土配合比设计步骤

混凝土的配合比设计是一个计算、试配、调整的复杂过程，其步骤大致可分为四步。第一步为初步配合比计算；第二步为基准配合比计算；第三步为实验室配合比计算；第四步为施工配合比计算。进行配合比设计时，首先按原材料性能及对混凝土的技术要求进行初步计算，得出初步配合比，经实验室试拌调整，得出和易性满足要求的基准配合比，然后经强度复核定出满足设计和施工要求并且比较经济合理的实验室配合比。再根据现场工地砂、石的含水情况对实验室配合比进行修正，修正后的配合比叫作施工配合比。现场材料的实际称量应按施工配合比进行。

1. *初步配合比的计算*

1）混凝土配制强度的确定

（1）当混凝土的设计强度等级小于 C60 时，配制强度应按下式确定：

$$f_{cu,0} \geqslant f_{cu,k} + 1.645\sigma$$

式中：$f_{cu,0}$——混凝土配制强度（MPa）；

$f_{cu,k}$——混凝土立方体抗压强度标准值（MPa）（即混凝土的设计强度等级值）；

σ——混凝土强度标准差（MPa），可根据同类混凝土统计资料，计算出校准差。

（2）当设计强度等级不小于 C60 时，配制强度应按下式确定：

$$f_{cu,0} \geqslant 1.15 f_{cu,k}$$

对 C20 和 C25 级的混凝土，其强度标准差下限值取 2.5MPa。对于大于或等于 C30 级的混凝土，其强度标准差的下限值取 3.0MPa。当没有统计资料计算混凝土强度标准差时，可按经验取值：小于 C20 时，σ=4.0；C20～C35 时，σ=5.0；大于 C35 时，σ=6.0。

2）确定水胶比 W/B

水胶比的确定：当混凝土强度等级小于 C60 时，混凝土水胶比宜按下式计算：

$$\frac{W}{B} = \frac{\alpha_a f_b}{f_{cu,0} + \alpha_a \alpha_b f_b}$$

式中：α_a、α_b——回归系数。应根据工程所使用的原材料，通过试验建立的水胶比与混凝土强度关系式确定。当不具备试验统计资料时，回归系数可取：碎石，α_a=0.53，α_b=0.20；卵石，α_a=0.49，α_b=0.13。

$f_{cu,0}$——混凝土的试配强度（MPa）。

f_b——胶凝材料 28d 胶砂抗压强度（MPa），可实测，且试验方法应按现行国家标准《水泥胶砂强度检验方法（ISO 法）》（GB/T 17671—1999）执行；当无实测值时

$$f_b = \gamma_f \gamma_s f_{ce}$$

其中：γ_f、γ_s——粉煤灰影响系数和粒化高炉矿渣粉影响系数，按《普通混凝土配合比设计规程》（JGJ 55—2011）选用。

f_{ce}——水泥28d胶砂抗压强度（MPa）。当水泥28d胶砂抗压强度无实测值时，f_{ce}按下式计算：

$$f_{ce}=\gamma_c f_{ce,g}$$

其中：γ_c——水泥强度等级值富余系数，可按《普通混凝土配合比设计规程》（JGJ 55—2011）取值。

$f_{ce,g}$——水泥强度等级值（MPa）。

混凝土的最大水胶比和最小水泥用量参照《普通混凝土配合比设计规程》（JGJ 55—2011）取用。若得到的水泥用量小于最小水泥用量时，应选取最小水泥用量，以保证混凝土的耐久性。

3）确定用水量 m_{w0}

按施工要求的混凝土拌合物的坍落度及所用骨料的种类和最大粒径由表4-14查得。水胶比小于0.40的混凝土及采用特殊成型工艺的混凝土的用水量应通过试验确定。流动性和大流动性混凝土的用水量可以表4-14中坍落度为90mm的用水量为基础，按坍落度每增大20mm，用水量增加5kg，计算出用水量。掺外加剂时的用水量可按下式计算：

$$m_{w0}=(1-\beta)m'_{w0}$$

式中：m_{w0}——计算配合比每立方米混凝土的用水量（kg/m^3）；

m'_{w0}——未掺外加剂时推定的满足实际坍落度要求的每立方米混凝土用水量（kg/m^3）；

β——外加剂的减水率（%），由试验确定。

4）确定水泥用量 m_{c0}

（1）每立方米混凝土的胶凝材料用量 m_{b0} 应按下式计算，并应进行试拌调整，在拌合物性能满足的情况下，取经济合理的胶凝材料用量：

$$m_{b0}=\frac{m_{w0}}{\frac{W}{B}}$$

式中：m_{b0}——计算配合比每立方米混凝土中的胶凝材料用量（kg/m^3）；

m_{w0}——计算配合比每立方米混凝土中的用水量（kg/m^3）；

$\frac{W}{B}$——混凝土水胶比。

（2）每立方米混凝土矿物掺合料用量 m_{f0} 应按下式计算：

$$m_{f0}=m_{b0}\beta_f$$

式中：m_{f0}——计算配合比每立方米混凝土中的矿物掺合料用量（kg/m^3）；

β_f——矿物掺合料掺量（%）。

（3）每立方米混凝土水泥用量 m_{c0} 应按下式计算：

$$m_{c0}=m_{b0}-m_{f0}$$

式中：m_{c0}——计算配合比每立方米混凝土中的水泥用量（kg/m^3）。

由上式计算出的水泥用量应大于规定的最小水泥用量。若计算而得的水泥用量小于最小水泥用量时，应选取最小水泥用量，以保证混凝土的耐久性。

5）确定砂率 β_s

砂率可由试验或历史经验资料选取。如无历史资料，坍落度为 10～60mm 的混凝土的砂率可根据粗骨料品种、最大粒径及水胶比按《普通混凝土配合比设计规程》（JGJ 55—2011）选取。坍落度大于 60mm 的混凝土的砂率，可经试验确定也可在《普通混凝土配合比设计规程》（JGJ 55—2011）的基础上，按坍落度每增大 20mm，砂率增大 1%的幅度予以调整，坍落度小于 10mm 的混凝土，其砂率应经试验确定。

6）计算粗、细骨料用量 m_{g0}、m_{s0}

为求出砂和石子质量 m_{s0}、m_{g0}，可建立 m_{s0} 和 m_{g0} 的二元方程组。其中一个根据砂率 β_s 的表达式建立，另一个根据以下两种假定建立。

（1）体积法：该种方法假定混凝土拌合物的体积等于各组成材料的体积与拌合物中所含空气的体积之和。如取混凝土拌合物的体积为 $1m^3$，则可得下式。

$$\frac{m_{c0}}{\rho_c}+\frac{m_{f0}}{\rho_f}+\frac{m_{g0}}{\rho_g}+\frac{m_{s0}}{\rho_s}+\frac{m_{w0}}{\rho_w}+0.01\alpha=1$$

式中：ρ_c ——水泥的密度（kg/m^3），可取 2900～3100kg/m^3；

ρ_f ——矿物掺合料密度（kg/m^3）；

ρ_g ——粗骨料（石子）的表观密度（kg/m^3）；

ρ_s ——细骨料（砂）的表观密度（kg/m^3）；

ρ_w ——水的密度（kg/m^3）；

α ——混凝土的含气量百分数，在不使用引气型外加剂时，α 可取 1。

（2）质量法：该种方法假定 $1m^3$ 混凝土拌合物质量，等于其各种组成材料质量之和，据此可得以下方程组。

$$m_{f0}+m_{c0}+m_{g0}+m_{s0}+m_{w0}=m_{cp}$$

$$\beta_s=\frac{m_{s0}}{m_{s0}+m_{g0}}\times 100\%$$

式中：m_{c0}、m_{s0}、m_{g0}、m_{w0}——每立方米混凝土中的水泥、细骨料（砂）、粗骨料（石子）、水的质量（kg/m^3）；

m_{cp}——每立方米混凝土拌合物的假定质量，可根据实际经验在 2350～2450kg/m^3 间选取。

由以上 m_{s0}、m_{g0} 的二元方程组，可解出 m_{s0} 和 m_{g0}。

混凝土的初步计算配合比（初步满足强度和耐久性要求）为 $m_{c0}:m_{w0}:m_{s0}:m_{g0}$。

2. 基准配合比的计算

按初步计算配合比进行混凝土配合比的试配和调整。试配时，混凝土最小搅拌量：骨料最大粒径在 31.5mm 及以下时，拌合物数量取 20L；骨料最大料径为 40mm 时，拌合物数量取 25L。当采用机械搅拌时，其搅拌不应小于搅拌机额定搅拌量的 1/4。

试拌后立即测定混凝土的工作性。当试拌得出的拌合物坍落度或维勃稠密度比要求值大时，应在水灰比不变的前提下，增加用水量（同时增加水泥用量）；当比要求值较小时，应在砂率不变的前提下，增加砂、石用量；当黏聚性、保水性差时，可适当加大砂率。调整时，应及时记录调整后的材料用量（m_{cb}、m_{wb}、m_{sb}、m_{gb}），并实测调整后混凝土拌合物的体积密度为 ρ_{oh}（kg/m^3）。

令工作性调整后的混凝土试样总质量为

$$m_{Qb}=m_{cb}+m_{wb}+m_{sb}+m_{gb}\text{（体积大于或等于 }1m^3\text{）}$$

由此得出基准配合比（调整后的 $1m^3$ 混凝土中各材料用量）：

$$\begin{cases} m_{c基}=\dfrac{m_{co拌}}{Q_{总}}\times\rho_{ct} \\ m_{w基}=\dfrac{m_{wo拌}}{Q_{总}}\times\rho_{ct} \\ m_{s基}=\dfrac{m_{so拌}}{Q_{总}}\times\rho_{ct} \\ m_{g基}=\dfrac{m_{go拌}}{Q_{总}}\times\rho_{ct} \end{cases}$$

3. 实验室配合比的计算

经过上述的试拌和调整所得出的基准配合比仅仅满足混凝土和易性要求，其强度是否符合要求，还需进一步进行强度检验。

检验混凝土强度时，应采用不少于三组的配合比。其中一组为基准配合比，另外两组配合比的水灰比值较基准配合比分别增加和减少 0.05，而用水量、砂用量、石用量与基准配合比相同（必要时，可适当调整砂率，砂率可分别增减 1%）。

三组配合比分别成型、养护，测定其 28d 龄期的抗压强度值 f_1、f_2、f_3，由三组配合比的灰水比和抗压强度值，绘制抗压强度与灰水比的关系图。从图中找出与配制强度 $f_{cu,o}$ 相对应的灰水比 C/W，称为试验室灰水比，该灰水比即是满足强度要求的灰水比，并按下列原则确定每立方米混凝土的材料用量。

（1）用水量（m_w）应在基准配合比用水量的基础上，根据制作强度试件时测得的坍落度或维勃稠度进行调整确定；

（2）水泥用量（m_c）应以用水量（m_w）乘以选定的灰水比计算确定；

（3）粗、细骨料用量（m_s、m_g）应在基准配合比的粗、细骨料用量的基础上，按选定的水灰比进行调整，或者通过体积法计算。

由强度复核之后的配合比，还应根据实测的混凝土拌合物的表观密度（$\rho_{c,t}$）和计算表观密度（$\rho_{c,c}$）进行校正。校正系数为

$$\delta=\frac{\rho_{c,t}}{\rho_{c,c}}=\frac{\rho_{c,t}}{m_c+m_s+m_g+m_w}$$

当混凝土表观密度实测值 $\rho_{c,t}$ 与计算值 $\rho_{c,c}$ 之差不超过计算值的 2%时，不需校正；当两者之差超过计算值的 2%时，应将配合比中的各项材料用量乘以校正系数，即为混凝土的设计配合比。

4. 施工配合比的计算

混凝土的设计配合比是以干燥状态集料为准，而工地上的砂、石材料都含有一定的水分，故现场材料的实际用量应按砂、石含水情况进行修正，修正后的配合比为施工配合比。

假设工地砂、石含水率分别为 a%和 b%，则施工配合比为

$$\begin{cases} m'_c = m_c \\ m'_s = m_s(1+a\%) \\ m'_g = m_g(1+b\%) \\ m'_w = m_w - m_s a\% - m_g b\% \end{cases}$$

第八节　混凝土质量控制与强度评定

一、影响混凝土质量的波动因素及其控制方法

为促进混凝土技术进步，确保混凝土工程质量，应加强混凝土质量控制。

1. 影响混凝土质量的波动因素

混凝土在生产过程中由于受到多因素的影响，其质量不可避免地存在波动，造成混凝土质量波动的因素主要有以下几个。

（1）混凝土生产前的因素，包括组成材料、配合比、设备使用状况等。

（2）混凝土生产过程中的因素，包括计量、搅拌、运输、浇筑、振捣、养护、试件的制作与养护等。

（3）混凝土生产后的因素，包括批量划分、验收界限、检测方法、检测条件等。

为了使混凝土能够达到设计要求，使其质量在合理范围内波动，确保建筑工程的安全，应在施工过程中对各个环节进行质量检验和生产控制，混凝土硬化后应进行混凝土强度评定。

2. 混凝土质量的控制方法

1）确保混凝土原材料质量合格

混凝土各组成材料的质量均须满足相应的技术标准，且各组成材料的质量与规格必须满足工程设计与施工的要求。

2）严格计量

严格控制各组成材料的用量，做到称量准确，各组成材料的计量误差须满足《混凝

土质量控制标准》（GB 50164—2011）的规定，即胶凝材料的计量误差控制在2%以内，外加剂的计量误差控制在1%以内，粗、细集料的计量误差控制在3%以内，并应随时测定砂、石集料的含水率，以保证混凝土配合比的准确性。

3）加强施工过程的控制

采用正确的搅拌方式，严格控制搅拌时间；拌合物在运输时要防止分层、泌水、流浆等现象，且尽量缩短运输时间；浇筑时按规定的方法进行，并严格限制卸料高度，防止离析；采用正确的振捣方式，振捣均匀，严禁漏振和过量振动；保证足够的温度和湿度，加强对混凝土的养护。

4）采用科学管理方法

为了掌握混凝土质量波动情况，及时分析发现的问题，可将水泥强度、混凝土坍落度、强度等质量结果绘成图，称为质量管理图。

质量管理图的横坐标为按时间顺序测得的质量指标子样编号，纵坐标为质量指标的特征值，中间一条横坐标为中心控制线，上、下两条线为控制界限。

从质量管理图变动趋势，可以判断施工是否正常。若点在中心线附近较多，即为施工正常，若点显著偏离中心线或分布在一侧，尤其是有些点超出上、下控制界限，说明混凝土质量均匀性已下降，应立即查明原因，加以解决。

二、混凝土强度评定的数理统计方法

由于混凝土质量的波动将直接反映到最终的强度上，而混凝土的抗压强度与其他性能有较好的相关性，因此在混凝土生产质量管理中，常以混凝土的抗压强度作为评定和控制其质量的主要指标。

在正常生产条件下，混凝土的强度受许多随机因素的作用，其强度也是随机变化的，因此可以采用数理统计的方法进行分析、处理和评定。

对同一强度等级的混凝土，在浇筑地点随机抽取试样，制作 n 组试件（$n \geqslant 25$），测定其28d龄期的抗压强度。以抗压强度为横坐标，混凝土强度出现的概率为纵坐标，绘制抗压强度-频率分布曲线。结果表明曲线接近于正态分布曲线，即混凝土的强度服从正态分布。

正态分布曲线的高峰对应的横坐标为强度平均值，且以强度平均值为对称轴。曲线与横坐标之间所围成的面积为100%，即概率的总和为100%，对称轴两边出现的概率各为50%，对称轴两边各有一拐点。

第九节　高性能混凝土及其他混凝土

一、高性能混凝土

随着现代工程结构的高度和跨度不断增加，工程所处环境日益严酷，工程建设对混

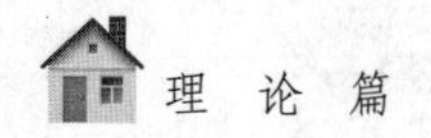

凝土的性能要求越来越高，为了适应现代建筑的发展，人们研究和开发了高性能混凝土（high performance concrete，HPC）。

1. 高性能混凝土的定义与发展

高性能混凝土是混凝土技术发展的主要方向，国外学者曾称之为21世纪混凝土。

美国混凝土学会给出的定义为高性能混凝土是一种要能符合特殊性能综合与均匀性要求的混凝土，此种混凝土往往不能用常规的混凝土组分材料和通常的搅拌、浇捣和养护的习惯做法所获得。

日本学者认为高性能混凝土应具有高工作性（高的流动性、黏聚性与可浇筑性）、低温升、低干缩率、高抗渗性和足够的强度。

不同的学者或技术人员对高性能混凝土的定义与理解有所不同。综合以上观点，我国工程院院士、著名水泥基复合材料专家吴中伟认为，应该根据用途和经济合理等条件对性能有所侧重，并据此提出了高性能混凝土的定义，高性能混凝土是一种新型的高技术混凝土，是在大幅度提高常规混凝土性能的基础上，采用现代混凝土技术，选用优质原材料，在妥善的质量控制下制成的；除采用优质水泥、水和集料以外，必须采用低水灰比和掺加足够数量的矿物细掺料与高效外加剂，HPC应同时保证耐久性、工作性、各种力学性能、适用性、体积稳定性和经济合理性。

高性能混凝土是由高强混凝土发展而来的，但高性能混凝土对混凝土技术性能的要求比高强混凝土更多、更广泛，高性能混凝土的发展一般可分为3个阶段。

（1）通过振动加压成型获得高强度——工艺创新。在高效减水剂问世前，为获得高强度混凝土，一般采用降低水灰比，强力振动加压成型的措施，但该工艺不适合现场施工，难以推广，只在混凝土预制构件的生产中，并与蒸汽养护共同使用。

（2）掺高效减水剂配制高强混凝土——第五组分创新。20世纪50年代末出现高效减水剂，使高强混凝土进入一个新的发展阶段，采用普通工艺，掺用高效减水剂，降低水灰比，可获得高流动性、抗压强度为60～100MPa的高强混凝土，使高强混凝土获得广泛的发展和应用。但是掺高效减水剂配制的混凝土，坍落度损失较严重。

（3）掺用超细矿物掺合料配制高性能混凝土——第六组分创新。20世纪80年代超细矿物掺合料异军突起，发展成为高性能混凝土的第六组分，目前配制高性能混凝土的技术路线主要是在混凝土中同时掺入高效减水剂和矿物掺合料。矿物掺合料是具有高比表面积的微粉辅助胶凝材料，如硅灰、磨细矿渣微粉、超细粉煤灰等，利用微粉填充孔隙形成密实体系，并且改善界面结构，提高界面黏结强度。

目前，德国现行的混凝土结构设计规范中强度等级已达C110级，为当今世界之最。挪威皇家科技研究院的科学与工程研究基金持续资助高强混凝土和高性能混凝土的研究。丹麦的大贝尔特工程是一座大型的隧道与桥梁连接结构，规定的设计使用寿命为100年。国外应用高性能混凝土的历程，对我们很有参考价值。

在国内，高性能混凝土在实际工程中得到了越来越广泛的应用，尤其是在高层建筑、大跨度桥梁、海上采油平台、矿井工程、海港码头等工程中的应用日益增多。全国很多研究单位已经研制出普通泵送高性能混凝土、大掺量粉煤灰高性能混凝土、高流态自密实高性能混凝土、纤维增加高性能混凝土、轻集料高性能混凝土、水下不分散高性能混凝土、港工与海工高性能混凝土、高抛纤维高性能混凝土等，研制出C30～C80的各种强度等级的高性能混凝土和完备的混凝土耐久性检测设备，并且已掌握了配套的施工成套技术和各种混凝土耐久性检测技术等。

2. 高性能混凝土的特点

高性能混凝土具有以下特点。

1）高施工性

高性能混凝土在拌和、运输、浇筑时具有良好的流变性，不泌水、不离析，施工时能达到自流平，坍落度经时损失小，具有良好的可泵性。

2）高强度

高性能混凝土应具有高的早期强度及后期强度，能达到高强度是高性能混凝土的重要特点。对高性能混凝土应具有多高的强度，各国学者众说不一，大多数认为应在C50以上。

吴中伟院士曾提出，高性能混凝土应包括中等强度混凝土，大量处于严酷环境中的海工、水工结构对混凝土强度要求并不高（C30 左右），但对耐久性要求却很高。因此不能简单地用强度等级来界定高性能混凝土。鉴于目前国内建设需要，使用较多的是C50以下的中等强度普通混凝土，如果能实现普通混凝土高性能化，将具有更为重要的技术经济意义和社会效益。所以，普通混凝土高性能化是今后若干年高性能混凝土发展的方向。

3）高耐久性

高性能混凝土应具备高抗渗性、抗冻融性及抗腐蚀性，并且抗渗性是混凝土耐久性的主要技术指标，因为大多数化学侵蚀都是在水分与有害离子渗透进入的条件下产生的，混凝土的抗渗性是防止化学侵蚀的第一道防线，

4）体积稳定性

高性能混凝土在硬化过程中体积稳定，水化放热低，混凝土温升小，冷却时温差小，干燥收缩小。硬化过程中不开裂，收缩徐变小，硬化后具有致密的结构，不易产生宏观裂缝及微观裂缝。

3. 配制高性能混凝土的技术途径

1）优化水泥品质

配制高性能混凝土用水泥，除应满足体积安定性、凝结时间等相应的技术标准外，由于高性能混凝土要求具有良好的施工和易性，因而所用水泥与掺入高性能混凝土中的化学外加剂之间的相容性尤为重要。

在一定水灰比的条件下，并不是每一种符合国家标准的水泥在使用一定的减水剂时

都有同样的流变性能；同样，也并不是每一种符合国家标准的减水剂对每一种水泥流变性的影响都一样，这就是水泥和减水剂之间的相容性问题。

配制高性能混凝土应选用含 C_3A 低的水泥。实验证明，水泥矿物组成中 C_3A 对减水剂的吸附量远大于 C_2S、C_3S 对减水剂的吸附量，而对水泥物理力学性质有重要影响的矿物 C_2S、C_3S 因吸附减水剂数量不足，从而导致混凝土拌合物的流变性能变差或坍落度损失增大。研究还表明，当水泥含碱量高时，与减水剂的相容性往往较差。

2）改善水泥颗粒粒形和颗粒级配

通过改善水泥粉磨工艺可制得表面无裂纹且呈圆球形的水泥熟料颗粒，国外称为"球状水泥"，这样的水泥具有高流动性和填充性，在保持混凝土拌合物坍落度相同的条件下，球状水泥的用量比普通水泥降低 10%。

水泥颗粒级配良好是配制具有较高流动性能混凝土的又一个条件，国外所谓的"调粒水泥"，即是指优化水泥颗粒的粒度分布，在需水性不增加的条件下，达到最密实填充，用这种水泥配制的混凝土，不仅流变性能优良，而且具有很好的物理力学性能。

3）掺加矿物掺合料

以符合相应质量标准的矿物掺合料取代一定量水泥是配制高性能混凝土的关键措施之一。水泥是混凝土最重要的胶凝材料，但并不意味着混凝土中的水泥越多越好，大量研究表明，混凝土中的水泥用量越多，混凝土的收缩值越大，体积稳定性越差；水泥水化热总量增加，混凝土内部的温度升高加快，增大了出现温度裂缝的可能性；水泥水化生成的氢氧化钙数量增加；还将导致混凝土耐腐蚀性能的劣化。

高性能混凝土常用的矿物掺合料有粉煤灰、粒化高炉矿渣粉、天然沸石粉和硅灰等，其在高性能混凝土中所起的作用如下。

（1）改善混凝土拌合物的和易性。大流动性混凝土拌合物很容易出现离析、泌水现象，从而使拌合物的均质性破坏，并在混凝土内部形成泌水通道等缺陷，掺入矿物掺合料可使拌合物的黏聚性增加，减少离析、泌水现象。

（2）对混凝土收缩的影响。不同掺合料对混凝土收缩影响不一。试验表明用粉煤灰取代一定量的水泥可以减少混凝土的收缩值。

（3）降低混凝土温升。混凝土中水泥的矿物组成、混凝土的水泥用量是决定混凝土温升的关键因素。掺入矿物掺合料，由于水泥用量相应减少，水泥水化热总量显著下降，达到最高温度所需时间明显后延，这对防止混凝土开裂，提高混凝土耐久性十分有益。

然而，在水泥中掺入硅灰或高细度矿渣粉，则水泥石温升往往会略有提高，温峰出现时间将稍有提前。

（4）改变混凝土强度增长规律。在混凝土中掺入不同的矿物掺合料等量取代水泥，混凝土强度将受到不同影响。试验表明在相同水灰比条件下，硅灰、沸石粉等在掺量合适时可以提高混凝土的强度；矿渣粉煤灰等会使混凝土早期强度降低，而后期强度却有较大的持续增长。

（5）提高混凝土耐久性。混凝土的腐蚀破坏是由于水泥水化产物中的 $Ca(OH)_2$、C_3AH_6 在软水、酸、盐及强碱作用下，与侵蚀性介质发生化学反应，生成易溶物质或发生膨胀导致破坏。掺入矿物掺合料后，由于降低了水泥用量而使腐蚀性物质 $Ca(OH)_2$、C_3AH_6 含量减少，减轻了水泥石的腐蚀程度，混凝土耐久性提高。另一方面，矿物掺合料中的活性 SiO_2、Al_2O_3 尚可与 $Ca(OH)_2$ 发生水化反应，进一步降低了 $Ca(OH)_2$ 的含量。

矿物掺合料中含有很多细微颗粒，均匀分布在水泥浆体中，参与水泥的二次反应，所形成的水化产物及其未水化的细颗粒填充于水泥石孔隙中，一方面改善了混凝土的孔结构，提高了密实度，另一方面改善了水泥石和集料的界面区构造，从而大大改善了混凝土的抗渗性，显著提高了混凝土的耐久性。

4）采用低水灰比

高性能混凝土拌合物的水灰比是指单位混凝土中用水量与所有胶凝材料（如水泥、矿物掺合料）用量的比值。

为满足高性能混凝土高强度、高耐久性的要求，通常必须采用低水灰比，高性能混凝土的水灰比一般应控制在 0.4 以下，掺用优质高效减水剂是采用低水灰比的必要条件。

与普通混凝土相比，由于高性能混凝土采用低水灰比，掺用外加剂和矿物掺合料，因而，界面过渡层的结构得以改善，物理力学性能、耐久性均得以提高。

5）采用优质砂石集料

混凝土耐久性与砂石的杂质含量密切相关。集料中的含泥量、泥块含量、SO_3 含量等直接影响到混凝土的耐久性；集料的颗粒级配与粒形影响着拌合物的和易性；而粗集料的强度高低应与所配制混凝土强度等级相一致。对高性能混凝土来说，砂石的品质指标更应该从严掌握。

二、其他混凝土

1. 轻集料混凝土

凡是用轻粗集料、轻细集料（或普通砂）、水泥和水配制而成的干表观密度小于 1950kg/m^3 的混凝土称为轻集料混凝土。轻集料混凝土常以轻粗集料的名称来命名，如粉煤灰陶粒混凝土、浮石混凝土、陶粒珍珠岩混凝土等。

1）轻集料

轻集料有天然轻集料（天然形成的多孔岩石经加工而成的轻集料，如浮石、火山渣等）、工业废料轻集料（以工业废料为原料经加工而成的轻集料，如粉煤灰陶粒、膨胀矿渣珠等）和人造轻集料（以地方材料为原料经加工而成的轻集料，如黏土陶粒、页岩陶粒、膨胀珍珠岩等）。

轻集料与普通砂石的区别在于集料中存在大量孔隙，质轻、吸水率大，强度低，表面粗糙等，轻集料的技术性质直接影响到所配制混凝土的性质。轻集料的技术性质主要包括堆积密度、粗细程度与颗粒级配、强度、吸水率等。

2）轻集料混凝土的主要技术性质

（1）和易性。轻集料混凝土由于其轻集料具有颗粒表观密度小，表面粗糙、总表面积大，易于吸水等特点，因此其和易性同普通混凝土相比有较大的不同。轻集料混凝土拌合物的黏聚性和保水性好，但流动性差。过小的流动性会使捣实困难，过大的流动性则会使轻集料上浮、离析。同时，因集料吸水率大，使得混凝土中的用水量包括两部分：一部分被集料吸收，其数量相当于集料 1h 的吸水量，称为附加用水量；另一部分为使拌合物获得要求流动性的用水量，称为净用水量。

（2）强度与强度等级。轻集料混凝土的强度等级，按立方体抗压强度标准值，划分为 LC5.0、LC7.5、LC10、LCI5、LC20、LC25、LC30、LC35、LC40、LC45、LC50、LC55 12 个强度等级。

轻集料混凝土的强度，按其破坏形态不同，分别取决于轻粗集料强度和包裹轻粗集料的水泥砂浆的强度，当轻粗集料强度高于水泥砂浆强度时，轻粗集料在混凝土中起骨架作用，破坏时裂缝首先在水泥砂浆中出现；当水泥砂浆强度高于轻粗集料强度时，水泥砂浆在混凝土中起骨架作用，破坏时裂缝首先在轻粗集料中出现；当水泥砂浆强度与轻粗集料强度比较接近时，破坏时裂缝几乎在水泥砂浆和轻粗集料中同时出现。

所以，影响轻集料混凝土强度的因素主要有水泥强度、水灰比、轻粗集料强度。

（3）表观密度。轻集料混凝土按干表观密度分为 600、700、800、900、1000、1100、1200、1300、1400、1500、1600、1700、1800、1900 等 14 个等级，导热系数为 0.23～1.01W/(m·K)。

（4）弹性模量与变形。轻集料混凝土的弹性模量小，一般为同强度等级普通混凝土的 50%～70%，制成的构件受力后挠度大是其缺点。但因极限应变大，有利于改善建筑或构件的抗震性能或抵抗动荷载能力。轻集料混凝土的收缩和徐变约比普通混凝土相应大 20%～50%和 30%～60%，热膨胀系数比普通混凝土小 20%左右。

3）轻集料混凝土的分类

轻集料混凝土既具有一定的强度，又具有良好的保温隔热性能，按其用途可分为保温轻集料混凝土、结构保温轻集料混凝土和结构轻集料混凝土。

4）轻集料混凝土施工

轻集料混凝土的施工工艺基本与普通混凝土相同，但由于轻集料的堆积密度小、呈多孔结构、吸水率较大，导致配制而成的轻集料混凝土也具有某些特征，因此在施工过程中应充分注意，才能确保工程质量。在气温 5℃以上的季节施工时，应对轻集料进行预湿处理，在正式拌制混凝土前，应对轻集料的含水率进行测定，以及时调整拌和用水量；轻集料混凝土的拌制，宜采用强制式搅拌机；拌合物的运输和停放时间不宜过长，否则容易出现离析；浇筑后应及时注意养护。

5）轻集料混凝土的应用

由于轻集料混凝土具有质轻、比强度高、保温隔热性好、耐火性好、抗震性好等特点，因此与普通混凝土相比，更适合用于高层、大跨结构，耐火等级要求高，要求节能的建筑。

2. 防水混凝土（抗渗混凝土）

防水混凝土是指通过各种方法提高混凝土的抗渗性能，使其抗渗等级大于或等于P6的混凝土。防水混凝土主要用于水工工程、地下基础工程、屋面防水工程等。混凝土抗渗等级的要求是根据其最大作用水头（水面至防水结构最低处的距离，m）与混凝土最小壁厚的比值来确定的。

防水混凝土一般是通过混凝土组成材料的质量改善，合理选择混凝土配合比和集料级配，以及掺加适量外加剂，达到混凝土内部密实或是堵塞混凝土内部毛细管通路，使混凝土具有较高的抗渗性。目前，常用的抗渗混凝土有普通防水混凝土、外加剂防水混凝土和膨胀水泥防水混凝土。

3. 粉煤灰混凝土

粉煤灰混凝土是指掺入一定量粉煤灰掺合料的混凝土。

粉煤灰是从燃煤粉电厂的锅炉烟尘中收集到的细粉末，其颗粒呈球形，表面光滑，色灰或暗灰。按氧化钙含量分为高钙灰（CaO 含量为 15%～35%，活性相对较高）和低钙灰（CaO 含量低于 10%，活性较低），我国大多数电厂排放的粉煤灰为低钙灰。

在混凝土中掺入一定量的粉煤灰后，一方面，由于粉煤灰本身具有良好的火山灰性和潜在水硬性，能同水泥一样，水化生成硅酸钙凝胶，起到增强作用。另一方面，粉煤灰中含有大量微珠，具有较小的表面积，因此在用水量不变的情况下，可以有效地改善拌合物的和易性；若保持拌合物流动性不变，可以减少用水量，从而提高混凝土强度和耐久性。

由于粉煤灰的活性发挥较慢，往往粉煤灰混凝土的早期强度低。因此，粉煤灰混凝土的强度等级龄期可适当延长。

综上所述，在混凝土中加入粉煤灰，可使混凝土的性能得到改善，提高工程质量；节约水泥、降低成本；利用工业废渣，节约资源。因此粉煤灰混凝土可广泛应用于大体积混凝土、抗渗混凝土、抗硫酸盐和抗软水侵蚀混凝土、轻集料混凝土、地下工程混凝土等。

4. 纤维混凝土

纤维混凝土是指在混凝土中掺入纤维而形成的复合材料。它具有普通钢筋混凝土所没有的许多优良品质，在抗拉强度、抗弯强度、抗裂强度和冲击韧性等方面有明显的改善。

常用的纤维材料有钢纤维、玻璃纤维、石棉纤维、碳纤维和合成纤维等，所用的纤维必须具有耐碱、耐海水、耐气候变化的特性。国内外研究和应用钢纤维的较多，因为钢纤维对抑制混凝土裂缝的形成、提高混凝土抗拉和抗弯强度、增加韧性效果方面最佳。

在纤维混凝土中，纤维的含量、纤维的几何形状以及纤维的分布情况，对混凝土性能有重要影响。以钢纤维为例，为了便于搅拌，一般控制钢纤维的长径比为 60～100，掺量为0.5%～1.3%（体积比），选用直径细、形状非圆形的钢纤维效果较佳。钢纤维混凝土一般可提高抗拉强度2倍左右，提高抗冲击强度5倍以上。

目前，纤维混凝土主要用于对耐磨性、抗冲击性、抗裂性要求高的工程，如机场跑道、高速公路、桥面面层、管道等。

纤维混凝土虽然有普通混凝土不可相比的长处，但目前还受到一定的限制，如施工和易性较差，搅拌、浇筑和振捣时会发生纤维成团和折断等质量问题，黏结性能也有待于进一步改善，纤维价格较高等因素也是影响纤维混凝土推广应用的一个重要因素。随着各类纤维性能的改善、纤维混凝土技术的提高，纤维混凝土在建筑工程中将会广泛应用。

5. 大体积混凝土

大体积混凝土是指混凝土结构物实体的最小尺寸大于或等于1m，或预计会因水泥水化热引起混凝土的内外温差过大而导致裂缝的混凝土。

大体积混凝土由于水泥水化热不容易很快散失，内部温升较高，在与外部环境温差较大时容易产生温度裂缝，对混凝土进行温度控制是大体积混凝土最突出的特点。

在工程实践中，如大坝、大型基础、大型桥墩以及海洋平台等体积较大的混凝土均属大体积混凝土。实践经验证明，现有大体积混凝土结构的裂缝，绝大多数是由温度裂缝引起的。为了最大限度地降低温升，控制温度裂缝，在工程中常用的防止混凝土裂缝的措施主要有采用中、低热的水泥品种；对混凝土结构合理进行分缝分块；在满足强度和其他性能要求的前提下，尽量降低水泥用量；掺加适宜的外加剂；选择适宜的集料；控制混凝土的出机温度和浇筑温度；预埋水管、通水冷却，降低混凝土的内部温升；采取表面保温隔热，降低内外温差等措施来降低或推迟热峰，从而控制混凝土的温升。

6. 聚合物混凝土

用部分或全部聚合物（树脂）作为胶结材料配制而成的混凝土称为聚合物混凝土。

聚合物混凝土与普通混凝土相比，具有强度高，耐化学腐蚀性、耐磨性、耐水性、耐冻性好，易于黏结，电绝缘性好等优点。

聚合物混凝土一般可分为3种，即聚合物水泥混凝土、聚合物胶结混凝土和聚合物浸渍混凝土。

1）聚合物水泥混凝土

聚合物水泥混凝土是以水溶性聚合物（如天然或合成橡胶乳液、热塑性树脂乳液等）和水泥共同作为胶凝材料，并掺入粗、细集料制成的混凝土。这种聚合物能均匀分布于混凝土内，填充水泥水化物和集料之间的孔隙，并与水泥水化物结合成一个整体，使混凝土的密实度得以提高。聚合物水泥混凝土主要用于耐久性要求高的路面、机场跑道、耐腐蚀性地面、桥面及修补混凝土工程中。

2）聚合物胶结混凝土

聚合物胶结混凝土又称树脂混凝土，是以合成树脂为胶结材料，以砂石为集料的一种聚合物混凝土。常用的合成树脂有环氧树脂、聚酯树脂、聚甲基丙烯酸甲酯等。

树脂混凝土具有强度高和耐腐蚀、耐磨性、抗冻性好等优点，缺点是硬化时收缩大、耐久性差、成本较高，只能用于特殊工程（如耐腐蚀工程、修补混凝土构件及堵缝材料等）。此外，树脂混凝土因其美观的外表，又称人造大理石，可以制成桌面、地面砖、浴缸等装饰材料。

3）聚合物浸渍混凝土

聚合物浸渍混凝土是将已硬化的普通水泥混凝土，经干燥和真空处理后浸渍在以树脂为原料的液态单体中，然后用加热或辐射的方法使单体产生聚合作用，使混凝土与聚合物形成一个整体。常用的单体是甲基丙烯酸甲酯、苯乙烯、丙烯腈等。此外，还需加入催化剂和交联剂等。

在聚合物浸渍混凝土中，聚合物填充了混凝土内部的空隙，提高了混凝土的密实度，使聚合物浸渍混凝土抗渗、抗冻、耐蚀、耐磨、抗冲击等性能都得到显著提高。另外这种混凝土抗压强度可达 150MPa 以上，抗拉强度可达 24.0MPa。

由于聚合物浸渍混凝土造价较高，实际应用并不普遍，主要用于要求耐腐蚀、高强、耐久性好的结构，如管道内衬、隧道衬砌、桥面板、海洋构筑物等。

习　　题

一、简答题

1．试述普通混凝土各组成材料的作用。

2．混凝土按流动性、强度分别如何进行分类？

3．混凝土的性能特点和基本要求是什么（即混凝土的优缺点）？

4．对混凝土用砂为何要提出颗粒级配和粗细程度要求？如何确定其颗粒级配和粗细程度？

5．怎样测定粗骨料的强度？石子的强度指标是什么？

6．为什么要限制石子的最大粒径？怎样确定石子的最大粒径？

7．常用的外加剂有哪些？掺入到混凝土中分别会起到什么作用？

8．混凝土和易性指什么？影响因素是什么？它们是怎样影响的？改善混凝土和易性的措施是什么？

9．如何测定塑性混凝土拌合物和干硬性混凝土拌合物的流动性？它们的指标各是什么？单位是什么？

10．如何确定混凝土的强度等级？混凝土强度等级如何表示？普通混凝土划分为哪几个强度等级？

11．影响混凝土强度的主要因素有哪些？其中最主要的因素是什么？为什么？

12．混凝土的耐久性指什么？一般包含哪些性质？

13．碱-集料反应是什么？混凝土发生碱-集料反应的必要条件是什么？防止措施是什么？

二、计算题

某工地拌和混凝土时，施工配合比为42.5强度等级水泥308kg、水127kg、砂700kg、碎石1260kg，经测定砂的含水率为4.2%，石子的含水率为1.6%，求该混凝土的设计配合比。

第五章

建 筑 砂 浆

建筑砂浆主要用于以下几个方面。在结构工程中，用于把单块砖、石、砌块等胶结起来构成砌体，用于砖墙的勾缝、大中型墙板及各种构件的接缝；在装饰工程中用于墙面，地面及梁、柱等结构表面的抹灰，镶贴石材、瓷砖等各类装饰板材。

第一节　建筑砂浆的组成和分类

一、建筑砂浆的组成

建筑砂浆是由胶凝材料、细集料、掺加料和水按一定的比例配制而成的，如图 5-1 所示。它与混凝土的主要区别是组成材料中没有粗集料，因此建筑砂浆也称为细集料混凝土。

（a）砂（河砂）

（b）水泥（袋装）

（c）水（清洁水）

图 5-1　建筑砂浆的组成

（d）建筑砂浆（成品）

图 5-1（续）

二、建筑砂浆的分类

根据所用胶凝材料不同，建筑砂浆分为水泥砂浆、石灰砂浆和混合砂浆等；根据用途不同又分为砌筑砂浆、抹面砂浆、防水砂浆及新型砂浆等，分别如图 5-2～图 5-4 所示。

图 5-2　砌筑砂浆

图 5-3　抹面砂浆

图 5-4　新型砂浆

按生产方式，建筑砂浆分为预拌砂浆（按照客户需求，工厂商品化生产的砂浆）和现场配制砂浆（所有的原材料均运至施工现场，采用简易的方法拌制而成的砂浆）两种。预拌砂浆是按设定的配合比在工厂集中生产，然后通过专用搅拌车运送到建筑工地直接使用，其生产工艺过程类似于商品混凝土。按供货形式，预拌砂浆分为湿拌砂浆（有时称湿砂浆）和干混砂浆。湿拌砂浆一般适用于品种少、使用量大而集中的工程。干混砂浆是由经烘干筛分处理的细集料与无机胶结料、矿物掺合料、保水增稠材料和添加剂按一定比例混合而成的一种颗粒状或粉状混合物，它可由专用罐车运输至工地加水拌和使用，也可采用包装形式运到工地拆包加水拌和使用。干混砂浆具有品种多，用途广，使用方便、灵活的特点，在国外特别是欧洲等发达国家得到广泛应用。预拌（干混）砂浆与传统砂浆的对应关系见表 5-1。

表 5-1 预拌（干混）砂浆与传统砂浆的对应关系

种类	预拌（干混）砂浆	传统砂浆
砌筑砂浆	DMM5.0 DMM7.5 DMM10.0	M5 混合砂浆、M5 水泥砂浆 M7.5 混合砂浆、M7.5 水泥砂浆 M10.0 混合砂浆、M10.0 水泥砂浆
抹面砂浆	DPM5.0 DPM10.0 DPM15.0 DPM20.0	1∶1∶6 混合砂浆 1∶1∶4 混合砂浆 1∶3 水泥砂浆 1∶2 水泥砂浆
地面砂浆	DSM15.0 DSM20.0	1∶3 水泥砂浆 1∶2 水泥砂浆

预拌（干混）砂浆与现场自拌砂浆比较及预拌（干混）砂浆的优势分别如下。

1. 预拌（干混）砂浆与现场自拌砂浆的本质区别

1）预拌（干混）砂浆

（1）产品质量控制方面。专业实验室（配备专业技术人员和实验设备）提供精确砂浆配方，并对砂浆生产进行全过程监控，生产所用原材料及出厂产品质量有保障；工厂化生产（专业计量设备、混合设备）能确保砂浆质量始终如一；专业外加剂配制专用砂浆，完全符合现场施工需要。

（2）砂浆施工性能方面。和易性好，易于施工；砂浆质量稳定可靠，可基本杜绝常见的空鼓、色差、开裂等砂浆“病”；适宜于机械化施工，可大幅提高施工效率。

（3）施工环境方面。密封运输、密封储存，杜绝“滴”“跑”“漏”“冒”；精确搅拌使用，用多少搅多少，绝无浪费；无须材料堆场，占地面积小，真正做到文明施工。

2）现场自拌砂浆

（1）产品质量控制方面。无专业实验室，砂浆配方不科学；砂浆生产过程缺乏监控，原材料质量及砂浆成品质量无保障；无专业计量设备，导致实际生产配方偏离大，加上混合设备混合方式落后（多为搅拌机），砂浆质量无法始终如一；基本不掺外加剂（掺外加剂的，品种选择也不一定正确），无法根据现场施工需要配制专用砂浆。

（2）砂浆施工性能方面。和易性差，施工性不好；无法进行机械化施工，只能手工施工，导致施工效率低下，是建筑业走向现代化的巨大障碍；砂浆质量不稳定，导致空鼓、色差、开裂等现象随处可见。

（3）施工环境方面。材料露天堆放，占地面积大，灰砂扬尘无法控制，无法真正做到文明施工；现场搅拌数量难控制，浪费大，不利于建设节约型社会。

2. 预拌（干混）砂浆给工程带来的隐形效益

1）给建设单位带来的效益

（1）提高施工单位的施工效率，从而缩短整个工程的施工周期，即可以让建设单位早日得到投资收益，并减轻相应的财务负担。

（2）预拌（干混）砂浆的使用可以让建设单位对建筑材料的资金用量更加容易把握，即资金用在明处，用得放心。

（3）使用预拌（干混）砂浆可以减少抹灰层厚度，即可减少建筑物结构自重，也可增加建筑物使用面积（0.5%～1%），增加单位建筑面积收益。

（4）使用预拌（干混）砂浆可以大幅度减少自拌砂浆带来的质量隐患。

2）给施工单位带来的效益

（1）质量提高。现场配制砂浆，质量不稳定、污染大，很难满足建筑物功能的需要，而且也容易出现各种质量问题，如墙体开裂、渗漏、空鼓、脱落等一系列问题。预拌（干混）砂浆是由专业生产厂按照科学的配方，通过精确的计量，大规模自动化生产，搅拌均匀度高，原材料严格筛选、监控，质量可靠且稳定，并彻底解决了现场“计量过磅难”的通病，故不论是砌筑砂浆还是粉刷、地面砂浆，其早期和后期强度均远远大于现场自拌的砂浆强度，有的甚至高出几倍，富余安全度大大提高，且克服了自拌砂浆时整体强度离散性大的问题，有利于提高砂浆的施工质量，从而减少返工量并降低后期维护费用。

（2）工效提高。使用预拌（干混）砂浆有利于提高建筑施工的机械化水平。预拌砂浆在工厂生产，运到现场后湿砂浆无须搅拌即可使用，干混砂浆只需加入适量的水搅拌即可，节约了现场搅拌时间。施工工艺简单，可以手工施工，也可以机械化施工，与传统搅拌砂浆相比，手工施工可提高工作效率 2 倍以上，采用自动混料、泵送和机械喷涂系统，可提高施工效率 6～8 倍。

（3）施工性能良好。由于预拌（干混）砂浆中掺和了以往现场无法使用的保水增稠材料，取消了石灰膏等气硬性材料，使得砂浆的稠度比较稳定，收缩小、黏结度增加，有利于强度发展。不论是在砌筑，还是抹灰施工操作过程中，现场施工人员均一致反映使用方便、操作省力、节省时间。

（4）方便施工。现场自拌砂浆，一般黄砂的储存量至少要考虑 3d 的用量，需要占地约 $50m^2$ 以上。预拌（干混）砂浆是筒仓储存，随用随进，用多少搅拌多少，占地面积小，便于文明施工管理；施工现场避免堆积大量的各种原材料，减少对周围环境的影响，尤其在大中城市的建筑翻新改造工程中，可以解决因交通拥堵、现场狭窄造成的许多问题。

第二节　砌筑砂浆技术应用

将砖、石、砌块等黏结成为砌体的砂浆称为砌筑砂浆。砌筑砂浆的作用主要是把分散的块状材料胶结成坚固的整体，提高砌体的强度、稳定性；使上层块状材料所受的荷载能够均匀传递到下层；填充块状材料之间的缝隙，提高建筑物的保温、隔声、防潮等性能。

砌筑砂浆是砌体的重要组成部分，主要品种有水泥砂浆和水泥混合砂浆。水泥砂浆是由水泥、细集料和水配制成的砂浆；水泥混合砂浆是由水泥、细集料、掺合料（如石膏等）及水配置成的砂浆。砌筑砂浆所用原材料不应对人体、生物与环境造成有害的影响，应符合现行国家标准《建筑材料放射性核素限量》（GB 6566—2010）的规定。

一、砌筑砂浆的组成材料

1. 胶凝材料

砌筑砂浆主要的胶凝材料是水泥，常用的有普通水泥、矿渣水泥、火山灰水泥、粉煤灰水泥和砌筑水泥等。砌筑砂浆用水泥的强度等级应根据设计要求进行选择。水泥砂浆采用的水泥，其强度等级不宜大于 32.5 级；水泥混合砂浆采用的水泥，其强度等级不宜大于 42.5 级。通常水泥强度（MPa）为砂浆强度等级的 4～5 倍为宜。对于特定环境应选用相适应的水泥品种，以保证砌体的耐久性。

为改善砂浆的和易性，减少水泥用量，通常掺入一些廉价的其他胶凝材料（如石灰膏等）制成混合砂浆。

为节省水泥、石灰用量，充分利用工业废料，也可以将粉煤灰掺入砂浆中，如图 5-5、图 5-6 所示。

图 5-5　熟石灰

图 5-6　粉煤灰

2. 细集料

砂浆常用细集料为普通砂，对新型砂浆也可选用白砂或彩砂、轻砂等，如图 5-7～图 5-9 所示。

图 5-7　白砂（装饰）

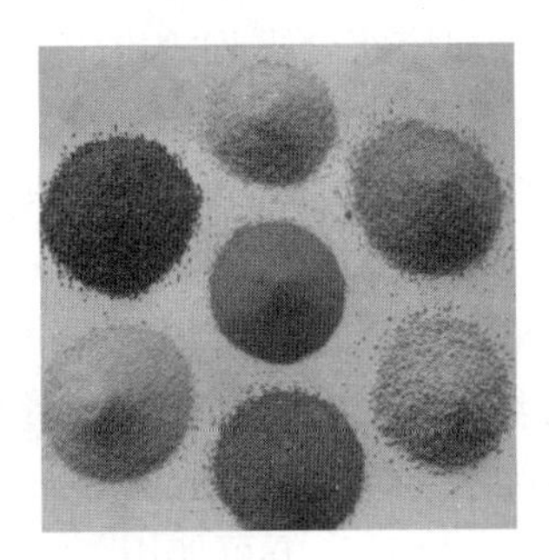
图 5-8　彩砂（装饰）

图 5-9　轻砂（保温）

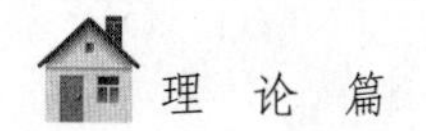

砌筑砂浆用砂应符合建筑用砂的技术要求。由于砂浆层较薄，对砂子的最大粒径应有限制。砌筑毛石砌体宜选用粗砂，砂的最大粒径应小于砂浆层厚度的1/4～1/5；砖砌体用砂，宜选用中砂，最大粒径不大于2.5mm；抹面及勾缝的砂浆应使用细砂，如图5-10所示。为保证砂浆的质量，应选用洁净的砂，砂中黏土杂质的含量不宜过大，一般规定砂的含泥量不应超过5%，对于强度等级为M2.5的水泥混合砂浆，砂的含泥量不应超过10%。

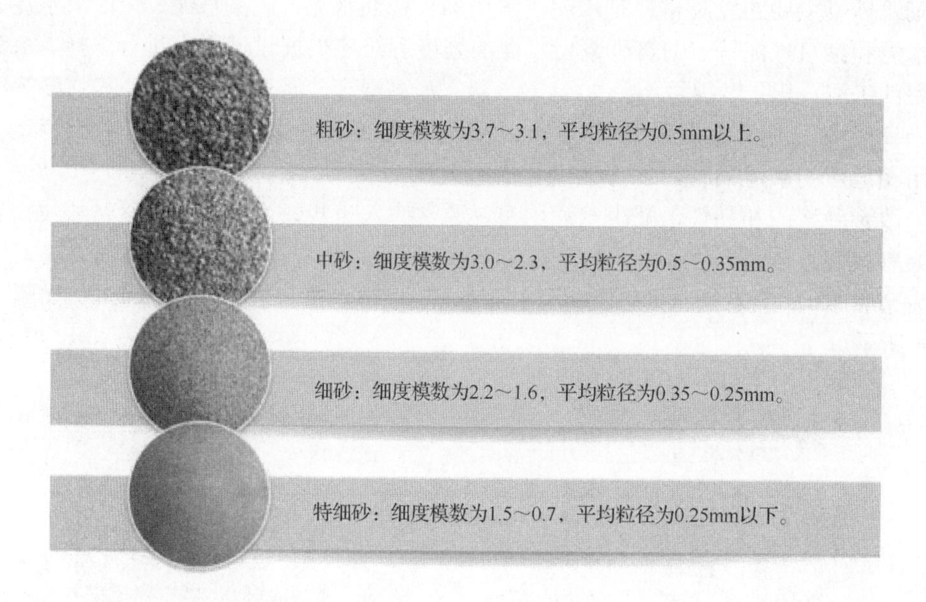

图5-10　中砂（砌筑砂浆）

3. 水

拌和砂浆用水应符合《混凝土用水标准》（JGJ 63—2006）的规定。应选用不含有害杂质的洁净水来拌制砂浆。

4. 掺加料及外加剂

为了改善砂浆的和易性和节约水泥，可在砂浆中加入一些无机掺加料，如石灰膏、黏土膏、电石膏、粉煤灰等。掺加料应符合下列规定。

（1）生石灰熟化成石灰膏时，应用孔径不大于3mm×3mm的网过滤，熟化时间不得少于7d；磨细生石灰粉的熟化时间不得少于2d。沉淀池中储存的石灰膏，应采取防止干燥、冻结和污染的措施。严禁使用脱水硬化的石灰膏。

（2）采用黏土或亚黏土制备黏土膏时，宜用搅拌机加水搅拌，通过孔径不大于3mm×3mm的网过滤。用比色法鉴定黏土中的有机物含量时应浅于标准色。

（3）制作电石膏的电石渣应用孔径不大于3mm×3mm的网过滤，检验时应加热至70℃后至少保持20min，没有乙炔气味后，方可使用。

（4）消石灰粉不得直接用于砌筑砂浆中。

（5）石灰膏、黏土膏和电石膏试配时的稠度，应为120mm±5mm。

（6）粉煤灰的品质指标和磨细生石灰的品质指标应符合国家标准《用于水泥和混凝土中的粉煤灰》（GB/T 1596—2017）及行业标准《建筑生石灰》（JC/T 479—2013）的要求。

为了使砂浆具有良好的和易性及其他施工性能，可在砂浆中掺入某些外加剂（如有机塑化剂、引气剂、早强剂、缓凝剂、防冻剂等）。外加剂应具有法定检测机构出具的该产品砌体强度型式检验报告，并经砂浆性能试验合格后，方可使用。

二、砌筑砂浆的技术性质

1. 新拌砂浆的密度

水泥砂浆拌合物的密度不宜小于1900kg/m^3；水泥混合砂浆拌合物的密度不宜小于1800kg/m^3。

2. 新拌砂浆的和易性

新拌砂浆的和易性是指砂浆易于施工并能保证质量的综合性质。和易性好的砂浆不仅在运输和施工过程中不易产生分层、离析、泌水，而且能在粗糙的砖、石基面上铺成均匀的薄层，与基层保持良好的黏结，便于施工操作。和易性包括流动性和保水性两个方面。

1）流动性

砂浆的流动性（又称稠度）是指砂浆在自重或外力作用下产生流动的性能。流动性的大小用沉入度表示，通常用砂浆稠度测定仪测定，如图5-11所示。

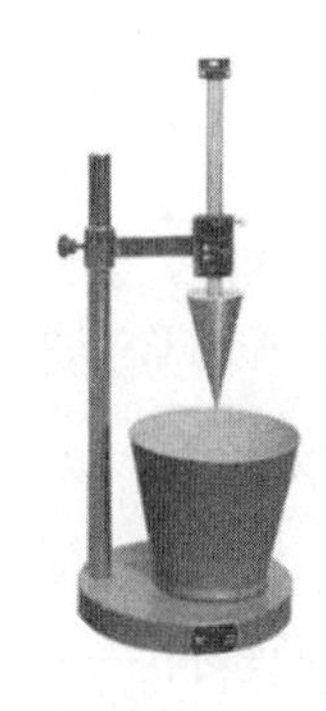

图5-11 砂浆稠度测定仪（测量沉入度）

砂浆流动性的选择与砌体种类、施工方法及天气情况有关。流动性过大，砂浆太稀，过稀的砂浆不仅铺砌困难，而且硬化后强度降低；流动性过小，砂浆太稠，难于铺平。一般情况下用于多孔吸水的砌体材料或干热的天气，流动性应选得大些；用于密实不吸水的材料或湿冷的天气，流动性应选得小些。砌筑砂浆的施工稠度可按表5-2选用。

表5-2 砌筑砂浆的施工稠度（JGJ/T 98—2010） （单位：mm）

砌体种类	砂浆稠度
烧结普通砖砌体、粉煤灰砖砌体	70～90
混凝土砖砌体、普通混凝土小型空心砌块砌体、灰砂砖砌体	50～70
烧结多孔砖砌体、烧结空心砖砌体、轻集料混凝土小型空心砌块砌体、蒸压加气混凝土砌块砌体	60～80
石砌体	30～50

2）保水性

保水性是指砂浆保持内部水分不泌出流失的性质。保水性良好的砂浆水分不易流失，易于摊铺成均匀密实的砂浆层；反之，保水性差的砂浆，在施工过程中容易泌水、分层离析，使流动性变差；同时由于水分易被砌体吸收，影响胶凝材料的正常硬化，从而降低砂浆的黏结强度。

图 5-12　砂浆分层度筒

砂浆的保水性用分层度表示，用砂浆分层度筒测定，如图 5-12 所示。砂浆的分层度以 10～30mm 为宜。分层度小于 10mm 的砂浆，往往是由胶凝材料用量过多或砂过细导致的，过于黏稠而不易施工或易发生干缩裂缝，尤其不宜作抹面砂浆；分层度大于 30mm 的砂浆，保水性差，易于离析，不宜采用。

3. *砂浆的强度和强度等级*

砂浆的强度是以 6 个 70.7mm×70.7mm×70.7mm 的立方体试块，在标准养护条件下，测定其 28d 的抗压强度值而定的。

砌筑砂浆的强度用强度等级来表示。水泥混合砂浆的强度等级可分为 M15、M10、M7.5、M5.0 四个等级；水泥砂浆及水泥砌筑砂浆的强度等级可分为 M30、M25、M20、M15、M10、M7.5、M5.0 七个等级。

4. *砂浆的黏结力*

砌筑砂浆应有足够的黏结力，以便将块状材料黏结成坚固的整体。一般来说，砂浆的抗压强度越高，黏结力越强。此外，黏结力大小还与砌筑底面的润湿程度、清洁程度及养护条件等因素有关。粗糙的、洁净的、湿润的表面黏结力较好。

5. *砂浆的耐久性*

耐久性是指砂浆在使用条件下，经久耐用的性质。砂浆应有良好的耐久性，为此，砂浆应与基底材料有良好的黏结力、较小的收缩变形。当有冻融循环次数要求时，经冻融试验后，质量损失率不得大于 5%，强度损失率不得大于 25%。

有抗冻性要求的砌体工程，砌筑砂浆应进行冻融试验。砌筑砂浆的抗冻性应符合表 5-3 的规定，且当设计对抗冻性有明确要求时，尚应符合设计规定。

表 5-3　砌筑砂浆的抗冻性（JGJ/T 98—2010）　　（单位：%）

使用条件	抗冻指标	质量损失率	强度损失率
夏热冬暖地区	F15	≤5	≤25
夏热冬冷地区	F25		
寒冷地区	F35		
严寒地区	F50		

三、砌筑砂浆的配合比设计

对于砌筑砂浆，一般根据结构的部位确定强度等级，查阅有关资料和表格选定配合比，如表 5-4 所示。

表 5-4 砌筑砂浆参考配合比（质量比）

砂浆强度等级	水泥砂浆（水泥：砂）	水泥混合砂浆	
		水泥：石灰膏：砂	水泥：粉煤灰：砂
M5.0	1：5	1：0.97：8.85	1：0.63：9.10
M7.5	1：4.4	1：0.63：7.30	1：0.45：7.25
M10	1：3.8	1：0.40：5.85	1：0.30：4.60

但有时在工程量较大时，为了保证质量和降低造价，应进行配合比设计，并经试验调整确定。

砌筑砂浆应根据工程类别及砌体部位的设计要求，选择砂浆的强度等级，再按所选强度等级确定其配合比。

1. 现场配制水泥混合砂浆配合比设计

根据《砌筑砂浆配合比设计规程》（JGJ/T 98—2010）规定，现场配制水泥混合砂浆配合比计算步骤如下。

（1）计算试配强度，按下式计算。

$$f_{m,0} = kf_2 \tag{5-1}$$

式中：$f_{m,0}$——砂浆的试配强度（MPa），精确至 0.1MPa；

f_2——砂浆强度等级值（MPa），精确至 0.1MPa；

k——系数，按表 5-5 取值。

砌筑砂浆现场强度标准差的确定应符合下列规定。

① 当有近期统计资料时，应按下式计算。

$$\sigma = \sqrt{\frac{\sum_{i=1}^{n} f_{m,i}^2 - n\mu_{f_m}^2}{n-1}} \tag{5-2}$$

式中：$f_{m,i}$——统计周期内同一品种砂浆第 i 组试件的强度（MPa）；

μ_{f_m}——统计周期内同一品种砂浆 n 组试件强度的平均值（MPa）；

n——统计周期内同一品种砂浆试件的总组数，$n \geqslant 25$。

② 当不具有近期统计资料时，砂浆现场强度标准差 σ 可按表 5-5 取用。

表 5-5 砂浆强度标准差σ及 k 选用值（JGJ/T 98—2010）

施工水平	强度标准差σ/MPa							k
	M5.0	M7.5	M10	M15	M20	M25	M30	
优良	1.00	1.50	2.00	3.00	4.00	5.00	6.00	1.15
一般	1.25	1.88	2.50	3.75	5.00	6.25	7.50	1.20
较差	1.50	2.25	3.00	4.50	6.00	7.50	9.00	1.25

（2）计算水泥用量，按下式计算。

$$Q_c = \frac{1000(f_{m,0} - \beta)}{\alpha f_{ce}} \tag{5-3}$$

式中：Q_c——每立方米砂浆的水泥用量（kg），精确至 1kg。

$f_{m,0}$——砂浆的试配强度（MPa），精确至 0.1MPa。

f_{ce}——水泥的实测强度（MPa），精确至 0.1MPa。

α、β——砂浆的特征系数，其中α=3.03，β=-15.09。各地区也可用本地区试验资料确定α、β值，统计用的试验组数不得少于 30 组。

在无法取得水泥的实测强度值时，可按下式计算。

$$f_{ce} = \gamma_c f_{ce,k} \tag{5-4}$$

式中：$f_{ce,k}$——水泥强度等级值（MPa）。

γ_c——水泥强度等级值的富余系数，该值宜按实际统计资料确定。无统计资料时可取 1.0。

（3）计算掺加料用量，按下式计算。

$$Q_D = Q_A - Q_c \tag{5-5}$$

式中：Q_D——每立方米砂浆的掺加料用量（kg），精确至 1kg；石灰膏、黏土膏使用时的稠度为 120mm±5mm。

Q_A——每立方米砂浆中水泥和掺加料的总量（kg），精确至 1kg，可为 350kg。

Q_c——每立方米砂浆的水泥用量（kg），精确至 1kg。

砌筑砂浆中的水泥和石灰膏等材料的用量可按表 5-6 选用。

表 5-6 砌筑砂浆的材料用量（JGJ/T 98—2010） （单位：kg/m^3）

砂浆种类	水泥砂浆	水泥混合砂浆	预拌砌筑砂浆
材料用量	≥200	≥350	≥200

注：（1）水泥砂浆中的材料用量是指水泥用量。

（2）水泥混合砂浆中的材料用量是指水泥和石灰膏等的材料总量。

（3）预拌砌筑砂浆中的材料用量是指胶凝材料用量，包括水泥和替代水泥的粉煤灰等活性矿物掺合料。

（4）确定砂子用量。每立方米砂浆中的砂用量，应按干燥状态（含水率小于 0.5%）的堆积密度值作为计算值（kg）。

（5）确定用水量。每立方米砂浆中的用水量，根据砂浆稠度等要求可选用 210～310kg。对砂浆中的用水量，有以下几点说明。

① 混合砂浆中的用水量，不包括石灰膏中的水。

② 当采用细砂或粗砂时，用水量分别取上限或下限。

③ 稠度小于 70mm 时，用水量可小于下限。

④ 施工现场气候炎热或干燥季节，可酌量增加用水量。

2. 现场配制水泥砂浆配合比选用

现场配制水泥砂浆材料用量可按表 5-7 选用。

表 5-7 每立方米水泥砂浆材料用量（JGJ/T 98—2010） （单位：kg）

强度等级	水泥用量	砂用量	用水量
M5	200～230	砂的堆积密度值	270～330
M7.5	230～260		
M10	260～290		
M15	290～330		
M20	340～400		
M25	360～410		
M30	430～480		

注：（1）M15 及 M15 以下强度等级水泥砂浆，水泥强度等级为 32.5 级；M15 以上强度等级水泥砂浆，水泥强度等级为 42.5 级。

（2）试配强度应按式（5-1）计算。

（3）当采用细砂或粗砂时，用水量分别取上限或下限。

（4）稠度小于 70mm 时，用水量可小于下限。

（5）施工现场气候炎热或干燥季节，可酌量增加用水量。

对于水泥粉煤灰砂浆材料用量，可按表 5-8 选用。

表 5-8 每立方米水泥粉煤灰砂浆材料用量（JGJ/T 98—2010） （单位：kg）

强度等级	水泥和粉煤灰总量	粉煤灰用量	砂用量	用水量
M5	210～240	粉煤灰掺量可占胶凝材料总量的 15%～25%	砂的堆积密度值	270～330
M7.5	240～270			
M10	270～300			
M15	300～330			

注：（1）此表水泥强度等级为 32.5 级。

（2）当采用细砂或粗砂时，用水量分别取上限或下限。

（3）稠度小于 70mm 时，用水量可小于下限。

（4）施工现场气候炎热或干燥季节，可酌量增加用水量。

（5）试配强度应按式（5-1）计算。

3. 试配与调整

（1）按计算或查表所得配合比，采用工程实际使用材料进行试拌时，应按《建筑砂浆基本性能试验方法标准》（JGJ/T 70—2009）测定其拌合物的稠度和保水率，当不能满足要求时，应调整材料用量，直到符合要求为止。然后确定为试配时的砂浆基准配合比。

（2）试配时至少应采用三个不同的配合比，其中一个为基准配合比，其他配合比的水泥用量应按基准配合比分别增加和减少 10%。在保证稠度、保水率合格的条件下，可将用水量或掺加料用量做相应调整。

（3）对三个不同配合比进行调整后，应按现行的行业标准《建筑砂浆基本性能试验方法标准》（JGJ/T 70—2009）分别测定不同配合比砂浆的表观密度和强度，并选用符合试配强度及和易性要求且水泥用量最低的配合比作为砂浆配合比。

四、砌筑砂浆配合比设计实例

【例 5-1】某工程现场配置水泥混合砂浆，设计强度等级为 M5，施工水平一般，采用如下材料：水泥，32.5 级矿渣水泥；中砂，干燥状态的堆积密度为 1450kg/m^3；石灰膏，稠度 120mm。试确定该水泥混合砂浆每立方米材料用量。

【解】（1）计算试配强度 $f_{m,0}$。

$$f_{m,0} = kf_2$$

其中

$$f_2 = 5.0\text{MPa}$$

$$k = 1.2\text{（查表 5-5）}$$

$$f_{m,0} = 1.2 \times 5.0 = 6.0$$

（2）计算水泥用量 Q_c。

$$Q_c = \frac{1000(f_{m,0} - \beta)}{\alpha f_{ce}}$$

其中

$$f_{m,0} = 6.0\text{MPa}$$

$$\alpha = 3.03, \quad \beta = -15.09$$

$$f_{ce} = 32.5\text{MPa}$$

$$Q_c = \frac{1000 \times (6.0 + 15.09)}{3.03 \times 32.5} = 214(\text{kg/m}^3)$$

（3）计算石灰膏用量 Q_D。

$$Q_D = Q_A - Q_c$$

其中

$$Q_A = 350\text{kg/m}^3$$

$$Q_D = 350 - 214 = 136(\text{kg/m}^3)$$

（4）计算砂子用量 Q_s。

$$Q_s = 1450\text{kg/m}^3$$

（5）根据砂浆稠度要求，选择用水量 $Q_w = 210 \sim 310 \text{kg/m}^3$ 。

砂浆试配时各材料的用量比例为

$$
\begin{aligned}
\text{水泥：石灰膏：砂：水} &= 214 : 136 : 1450 : 300 \\
&= 1 : 0.64 : 6.78 : 1.40
\end{aligned}
$$

【例 5-2】要求设计用于砌筑砖墙的水泥砂浆，设计强度为 M7.5，稠度为 80～100mm。原材料的主要参数如下。水泥：32.5 级矿渣水泥；砂：中砂，堆积密度 1400kg/m^3；施工水平：一般。

【解】（1）根据表 5-7 选取水泥用量 230kg/m^3。

（2）砂子用量 Q_s。

$$Q_s = 1400 \text{kg/m}^3$$

（3）根据表 5-7 选取用水量为 290kg/m^3。

砂浆试配时各材料的用量比例（质量比）为

$$\text{水泥：砂：水} = 230 : 1400 : 290 = 1 : 6.09 : 1.26$$

第三节　抹面砂浆及新型砂浆

一、抹面砂浆

抹面砂浆也称抹灰砂浆，以薄层涂抹在建筑物内外表面。既可以保护墙体不受风雨、潮气等侵蚀，提高墙体的耐久性；同时也使建筑表面平整、光滑、清洁美观。下面主要介绍普通抹面砂浆、装饰抹面砂浆和防水砂浆。

1. 普通抹面砂浆

与砌筑砂浆不同，对抹面砂浆的要求不是抗压强度，而是和易性以及与基底材料的黏结力。

为了保证抹灰层表面平整，避免开裂脱落，通常抹面砂浆分为底层、中层和面层，如图 5-13 所示。各层抹面的作用和要求不同，每层所用的砂浆性质也应各不相同。

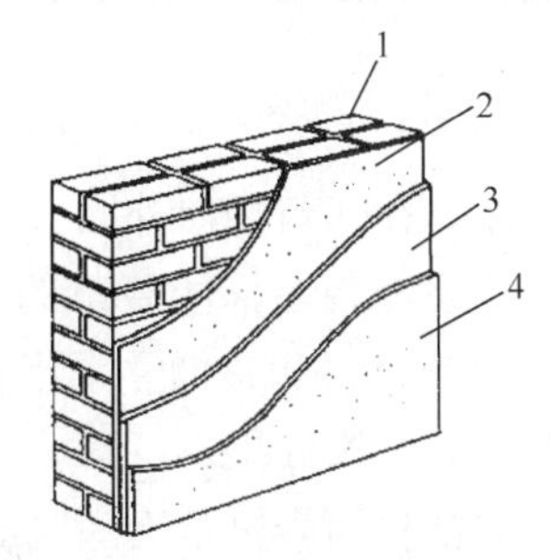

1—基层；2—底层；3—中层；4—面层。

图 5-13　抹灰层的组成

底层砂浆的作用是与基层牢固的黏结，因此要求砂浆具有良好的工作性和黏结力，并具有较好的保水性，以防止水分被基层吸收而影响黏结。砖墙底层抹灰多用石灰砂浆；有防水、防潮要求时用水泥砂浆；混凝土底层抹灰多用水泥砂浆或混合砂浆；板条墙及顶棚的底层抹灰多用混合砂浆或石灰砂浆。

中层抹灰主要起找平作用，多用混合砂浆或石灰砂浆，有时可省略。

面层砂浆主要起保护装饰作用，多用细砂配制的混合砂浆、麻刀石灰砂浆、纸筋石灰砂浆；在容易碰撞或潮湿的部位的面层，如墙裙、踢脚板、雨篷、水池、窗台等均应采用细砂配制的水泥砂浆。

普通抹面砂浆的稠度和砂粒径根据抹灰层的不同而有不同的要求，可参考表 5-9。普通抹面砂浆的配合比及应用范围可参考表 5-10。

表 5-9　不同抹灰层对抹面砂浆稠度、细度、粒径的要求　（单位：mm）

抹面砂浆层	稠度	砂细度	最大粒径
底层	100～120	中砂	≤2.6
中层	70～90	中砂	≤2.6
面层	70～80	细砂	≤1.2

表 5-10　各种抹面砂浆配合比及应用范围

抹面砂浆组成材料	配合比（体积比）	应用范围
石灰：砂	1：2～1：3	砖石墙面层（干燥环境）
水泥：石灰：砂	1：0.3：3～1：1：6	墙面混合砂浆打底
水泥：石灰：砂	1：0.5：1～1：1：4	混凝土棚顶混合砂浆打底
水泥：石灰：砂	1：0.5：4～1：3：9	板条顶棚抹灰
水泥：砂	1：2.5～1：3	浴室、勒脚等潮湿部位
水泥：砂	1：1.5～1：2	地面、外墙面散水等防水部位
水泥：砂	1：0.5～1：1	地面，可随时压光
水泥：石膏：砂：锯末	1：1：3：5	吸声粉刷
石膏：麻刀	100：2.5（质量比）	木板条顶棚底层
石膏：麻刀	100：1.3（质量比）	木板条顶棚面层
石膏：纸筋	100：3.8（质量比）	木板条顶棚面层

2. 装饰抹面砂浆

涂抹在建筑物内外墙表面，以增加建筑物美观效果的砂浆称为装饰抹面砂浆。装饰抹面砂浆与普通抹面砂浆的主要区别在面层。装饰抹面砂浆的面层应选用具有一定颜色的胶凝材料和集料并采用特殊的施工操作方法，以使表面呈现出各种不同的色彩线条和花纹等装饰效果。

装饰抹面砂浆常用的胶凝材料有白水泥和彩色水泥，以及石灰、石膏等。集料常用大理石、花岗岩等带颜色的细石渣或玻璃、陶瓷碎粒等。

几种常用装饰抹面砂浆的工艺做法如下。

（1）水刷石。水刷石是将水泥和粒径为 5mm 左右的石渣按比例配制成砂浆，涂抹成型待水泥浆初凝后，以硬毛刷蘸水刷洗，或以清水冲洗，冲洗掉石渣表面的水泥浆，使石渣半露而出来，如图 5-14 所示。水刷石饰面具有石料饰面的质感效果，如再结合适当的艺术处理，可使饰面获得自然美观、明快庄重、秀丽淡雅的艺术效果，且经久耐用，不需维护。

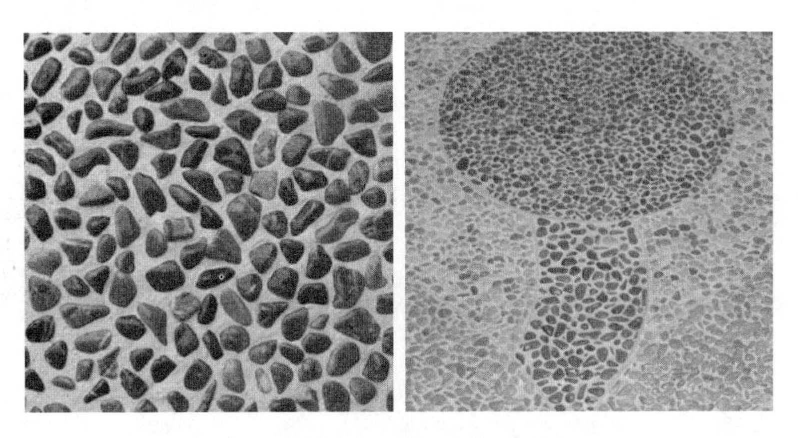

图 5-14 水刷石（装饰）

（2）水磨石。水磨石是用普通水泥、白水泥或彩色水泥和有色石渣或白色大理石的碎粒做面层，硬化后用机械磨平抛光表面而成的，如图 5-15 所示。水磨石饰面不仅美观而且有较好的防水、耐磨性能。水磨石分现制和预制两种。现制多用于地面装饰，预制件多用作楼梯踏步、踢脚板、地面板、柱面、窗台板、台面等，多用于室内外地面的装饰。

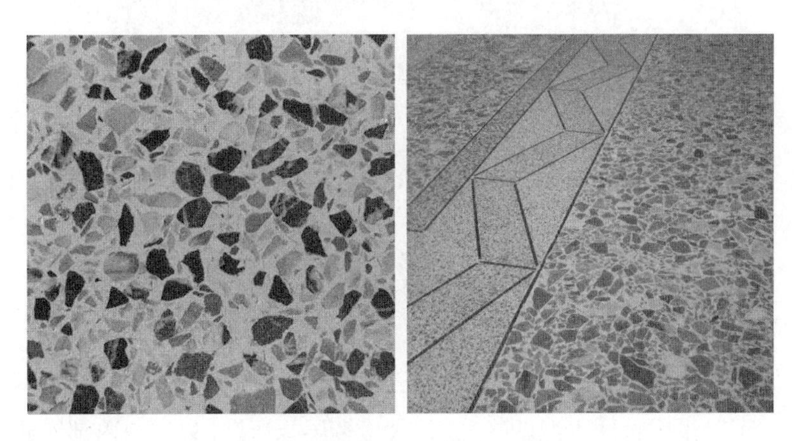

图 5-15 水磨石

（3）斩假石。斩假石又称剁斧石，是在水泥砂浆基层上涂抹水泥石粒浆，待硬化有一定强度时，用钝斧及各种凿子等工具，在表面剁斩出类似石材经雕琢的纹理效果，如图 5-16 所示。斩假石既具有真石的质感，又有精耕细作的特点，给人以朴实、自然、素雅、庄重的感觉。其主要用于室内外柱面、勒脚、栏杆、踏步等处的装饰。

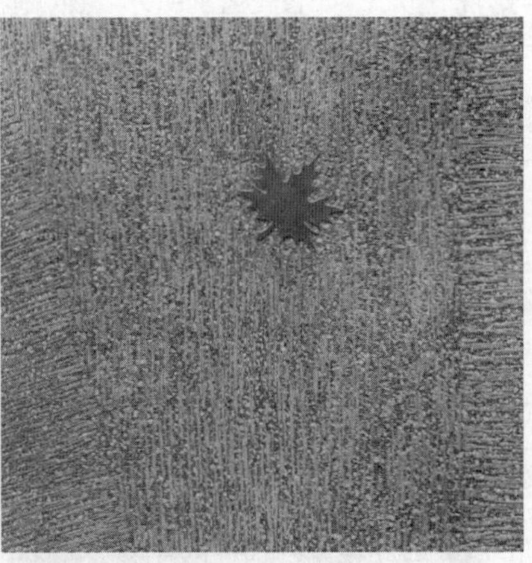

图 5-16　斩假石

3. 防水砂浆

用作防水层的砂浆叫作防水砂浆（见图 5-17），砂浆防水层又称为刚性防水层，适用于不受震动和具有一定刚度的混凝土或砖石砌体工程，应用于地下室、水塔、水池等防水工程。

图 5-17　防水砂浆

防水砂浆可以采用普通水泥砂浆，通过人工多层抹压法，以减少内部连通毛细孔隙，增大密实度，达到防水效果。也可以掺加防水剂来制作防水砂浆。常用的防水剂有氯化物金属盐类防水剂、水玻璃防水剂和金属皂类防水剂等。在水泥砂浆中掺入防水剂，可促使砂浆结构密实，填充和堵塞毛细管道和孔隙，提高砂浆的抗渗能力。

配制防水砂浆，宜选用强度等级 32.5 级以上的普通硅酸盐水泥或微膨胀水泥，砂宜采用洁净的中砂，水灰比控制在 0.50～0.55，体积配合比控制在 1∶2.5～1∶3（水泥∶砂）。

防水砂浆的施工操作要求较高，配制防水砂浆时先将水泥和砂子干拌均匀，再把量好的防水剂溶于拌和水中与水泥、砂搅拌均匀后即可使用。涂抹时，每层厚度约 5mm 左右，共涂抹 4～5 层，约 20～30mm 厚。在涂抹前先在润湿清洁的底面上抹一层纯水泥浆，然后抹一层 5mm 厚的防水砂浆，在初凝前用木抹子压实一遍，第二、三、四层都是同样的操作方法，最后一层进行压光。抹完后应加强养护。

二、新型砂浆

1. 保温砂浆

保温砂浆是以各种轻质材料为骨料，以水泥为胶凝材料，掺和一些改性添加剂，经生产企业搅拌混合而制成的一种预拌干粉砂浆。其主要用于建筑外墙保温，具有施工方便、耐久性好等优点。

常见的保温砂浆主要有无机保温砂浆（玻化微珠防火保温砂浆、复合硅酸盐保温砂浆、珍珠岩保温砂浆）、有机保温砂浆（胶粉聚苯颗粒保温砂浆）和相变保温砂浆。

1）无机保温砂浆

无机保温砂浆（玻化微珠防火保温砂浆如图 5-18 所示）是一种用于建筑物内外墙粉刷的新型保温节能砂浆材料，以无机玻化微珠（见图 5-19）作为轻骨料，也可用闭孔膨胀珍珠岩代替，加入由胶凝材料、抗裂添加剂及其他填充材料等组成的干粉砂浆。无机保温砂浆材料保温系统由纯无机材料制成，具有节能利废、保温隔热、防火防冻、耐老化、耐酸碱、耐腐蚀、不开裂、不脱落、稳定性高等特点，不存在老化问题，与建筑墙体同寿命；无毒、无味、无放射性污染，对环境和人体无害；同时其大量推广使用可以利用部分工业废渣及低品级建筑材料，具有良好的综合利用环境保护效益。无机保温砂浆主要用于屋面、墙体保温和热水、空调管道的保温层。

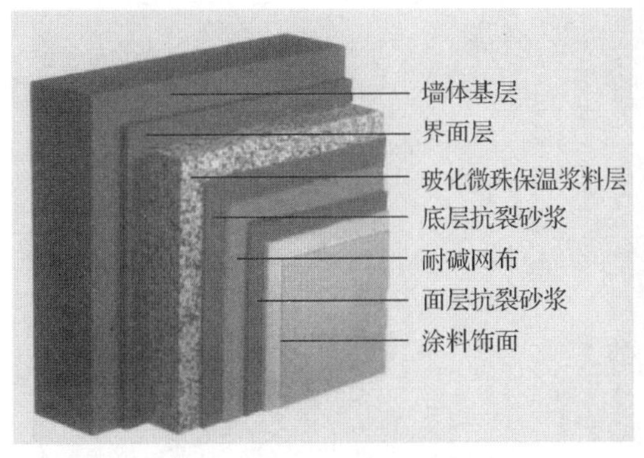

图 5-18 玻化微珠防火保温砂浆

图 5-19　无机玻化微珠（轻骨料）

2）有机保温砂浆

有机保温砂浆是一种用于建筑内外墙的新型节能保温材料，以有机类的轻质保温颗粒作为轻骨料，加胶凝材料、聚合物添加剂及其他填充材料等组成的聚合物干粉砂浆保温材料。

目前，常用于保温工程中的有机保温砂浆是胶粉聚苯颗粒保温砂浆，其轻质骨料是聚苯颗粒，如图 5-20 所示，聚苯颗粒全称为膨胀聚苯乙烯泡沫颗粒，又称膨胀聚苯颗粒。该材料导热系数低，导热系数小于 0.060W/(m·K)，保温隔热性能好；抗压强度高，黏结力强，附着力强，耐冻融，干燥收缩率及浸水线性变形率小，不易空鼓、开裂；具有极佳的温度稳定性和化学稳定性；施工方便，现场加水搅拌均匀即可施工。有机保温砂浆适用于多层、高层建筑的钢筋混凝土结构、加气混凝土结构、砌块结构、烧结砖和非烧结砖等外墙保温工程。

图 5-20　聚苯颗粒（轻骨料）

3）相变保温砂浆

将已经处理过的相变材料掺入抹面砂浆中即可制成相变保温砂浆。相变材料可以用很小的体积储存很多的热能，而且在吸热的过程中保持温度基本不变。当环境温度升高到相变温度以上时，砂浆内的相变材料会由固相向液相转变，吸收热量，把多余的能量储存起来，使室温上升缓慢，当环境温度降低，降低到相变温度以下时，砂浆内的相变材料会由液相向固相转变，释放出热量，保持室内温度适宜。因此相变保温砂浆可用作室内的冬季保温和夏季制冷材料，令室内保持良好的热舒适度，通过这种方法可以降低建筑耗能，从而实现建筑节能。相变砂浆的保温隔热原理是使墙体对温度产生热惰性，长时间维持在一定的温度范围，不因环境温度的改变而改变。相变保温砂浆由于其蓄热能力较强，制备工艺简单，越来越受到人们的关注。

2. 吸声砂浆

吸声砂浆与保温砂浆类似，由轻质多孔集料配制而成。吸声砂浆有良好的吸声性能，用于室内墙壁和吊顶的吸声处理。也可采用水泥、石膏、砂、锯末（体积比约为1∶1∶3∶5）配制吸声砂浆，还可在石灰、石膏砂浆中掺入玻璃纤维、矿物棉等松软纤维材料配制吸声砂浆。

3. 防辐射砂浆

在水泥砂浆中加入重晶石粉（见图 5-21）、重晶石砂可配制成具有防辐射能力的砂浆。按水泥∶重晶石粉∶重晶石砂＝1∶0.25∶（4～5）配制的砂浆具有防 X 射线辐射的能力。若在水泥砂浆中掺入硼砂（见图 5-22）、硼酸可配制具有防中子辐射能力的砂浆。这类砂浆用于射线防护工程中。

图 5-21 重晶石粉

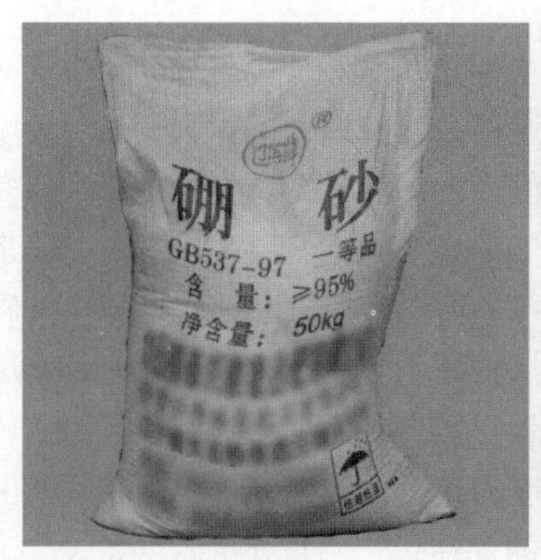

图 5-22 硼砂

4. 聚合物砂浆

在水泥砂浆中加入有机聚合物乳液配制成的砂浆称为聚合物砂浆，如图 5-23 所示。聚合物砂浆一般具有黏结力强、干缩率小、脆性低、耐蚀性好等特点，主要用于提高装饰砂浆的黏结力、填补钢筋混凝土构件的裂缝、制作耐磨及耐侵蚀的修补和防护工程等。常用的聚合物乳液有氯丁橡胶乳液、丁苯橡胶乳液、丙烯酸树脂乳液等。

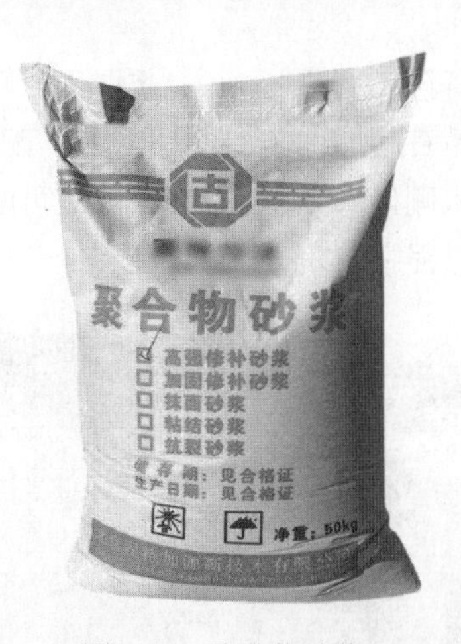

图 5-23 聚合物砂浆

5. 耐酸砂浆

在水玻璃（见图 5-24）和氟硅酸钠（见图 5-25）配制的耐酸涂料中，掺入适量由石英岩、花岗岩、铸石等加工成的粉状细骨料可配制成耐酸砂浆。耐酸砂浆多用作耐酸地面和耐酸容器的内壁防护层。

图 5-24 水玻璃

图 5-25 氟硅酸钠

习 题

一、填空题

1．建筑砂浆是由________、________和水按适当比例拌和成拌合物，经一定时间硬化而成的建筑材料。

2．建筑砂浆按胶凝材料的不同分为________、________、________、________和磷酸盐砂浆。

3．砂浆的和易性包括________和________两个方面。

4．抹面砂浆按其功能不同可分为________、________和________。

5．水泥石灰砂浆中，石灰的作用是________________________。

6．干拌砂浆的特点是__________________；__________________。

二、选择题

1．建筑砂浆的保水性用（　　）表示。

A．分层度　　B．沉入度　　C．强度　　D．流动度

2．测定砂浆强度用的标准试件尺寸为（　　）。

A．70.7mm×70.7mm×70.7mm　　B．100mm×100mm×100mm

C．150mm×150mm×150mm　　D．120mm×120mm×120mm

3．砂浆的沉入度越大，说明砂浆的保水性就（　　）。

A．越好　　B．越差　　C．无关　　D．以上都不正确

4．凡涂在建筑物或构件表面的砂浆，可通称为（　　）。

A．建筑砂浆　　B．抹面砂浆　　C．混合砂浆　　D．防水砂浆

5．用于不吸水基面的砂浆强度，主要取决于（　　）。

A．水泥用量　　B．水泥及砂用量

C．水灰比及水泥强度　　D．水泥用量及水灰比

6．在抹面砂浆中掺入纤维材料可以改变砂浆的（　　）。

A．抗压强度　　B．抗拉强度　　C．保水性　　D．分层度

7．砌筑砂浆的分层度为（　　）mm 时，该砂浆的保水性和硬化后性能均较好。

A．0～10　　B．10～20　　C．30～50　　D．60～80

8．配置砂浆时每立方米的砂浆选用的是（　　）。

A．含水率 2%的砂 $1m^3$　　B．含水率 0.5%的砂 $1m^3$

C．干砂 $0.9m^3$　　D．干砂拌制 $1m^3$

三、判断题

1．配置砂浆时，应尽量选用低强度等级的水泥。（　　）

2．砂浆的分层度越大，说明砂浆的流动性越好。（　　）

3．对于毛石砌体，砌筑砂浆的强度主要取决于水泥强度及水泥用量。（　　）

4．当原材料一定，胶凝材料与砂子的比例一定，则砂浆的流动性主要取决于单位用水量。（　　）

5．用于多孔基面的砌筑砂浆，其强度大小主要取决于水泥强度等级和水泥用量，而与水灰比大小无关。（　　）

四、简答题

1．砌筑砂浆要求具体有哪些性质？

2．砂浆的保水性是如何定义的？影响因素有哪些？

3．砂浆强度等级如何确定？影响砂浆强度的因素有哪些？

4．简述防水砂浆的做法（不用回答配合比）。

第六章

建筑钢材

建筑钢材是指用于工程建设的各种钢材，包括钢结构用的各种型钢（圆钢、角钢、槽钢和工字钢）及钢板；钢筋混凝土用的各种钢筋、钢丝和钢绞线。除此之外，还包括用作门窗和建筑五金的钢材等。

建筑钢材具有强度高、品质均匀，有良好的塑性和韧性，能承受冲击和振动荷载，易于加工、装配和施工方便等特点，因此建筑钢材被广泛用于建筑工程中。钢材的缺点是容易生锈，维护费用高，耐火性差。

第一节　钢材的分类

钢材根据其冶炼方法、化学成分、品质、组织和用途可进行不同的分类，具体分类如下。

一、按冶炼方法分类

将铁矿石、焦炭和石灰石按一定的比例装入高炉内，在高温下经还原反应和造渣反应得到一种铁碳合金，即生铁，生铁的含碳量大于 2.06%。将生铁进一步高温冶炼，通过冶炼将生铁中的含碳量降至 2.06%以下，其他杂质含量降至一定的范围内，以显著改善其技术性能、提高质量，即得到钢，钢的含碳量为 0.02%～2.06%。

钢材就是将生铁经过冶炼，浇铸成钢锭或钢坯，再经轧制、锻压等加工工艺制成的各种成品材料。

1. 按炉别分类

根据钢的冶炼方法将钢分为转炉钢、平炉钢和电炉钢三种。

（1）转炉钢是以铁水、废钢、铁合金为主要原料，不借助外加能源，靠铁液本身的物理热和铁液组分间化学反应产生热量而在转炉中完成炼钢过程。转炉钢具有冶炼时间短，杂质含量少、质量好的特点。转炉主要用于生产低碳钢、合金钢及铜和镍的冶炼。

（2）平炉钢是在利用拱形炉顶的反射原理的平炉中，加热熔化，把含碳少的铁屑和含碳高的生铁炼成含碳适中的钢材。此法因有火焰的氧化作用，可以把杂质用氧化的方法去除。平炉钢的优点是原料广泛，可以将废钢铁掺和应用，掺用量可达 50%～70%；原料生铁可为熔体，可为固体。但炼钢过程中需要煤气或重油作为燃料，成本较高。平炉钢质较转炉钢优，一些较重要结构多用平炉钢。

（3）电炉钢是以电为能源的炼钢炉生产的钢。电炉炼钢法与平炉和转炉炼钢法相比，其突出特点是具有自由选择氧化和还原条件，即除有氧化渣外，还有特殊成分的还原渣，使钢液可以更好地脱氧、脱硫和合金化。所以电炉主要用来冶炼特殊钢及高级优质钢。电炉钢中氧、硫及非金属夹杂物含量低，因此具有高的力学性能和工艺性能。

2. 按脱氧程度分类

钢在熔炼过程中会产生部分氧化铁并残留在钢水中，如不去除将会影响钢的质量，一般在铸锭时要进行脱氧处理。脱氧程度不同，钢材的性能就有差别，因此按冶炼时脱氧程度将钢分为以下几种。

（1）沸腾钢。沸腾钢是脱氧不完全的钢，其代号为“F”。沸腾钢仅用弱脱氧剂锰铁进行脱氧，钢水中残存的氧化铁和碳化合生成一氧化碳，在铸锭时有大量的气泡外逸，像钢水沸腾般。沸腾钢内部杂质多，材质不均匀，强度低，冲击韧性和可焊性差，但生产成本低，可用于一般建筑工程。

（2）镇静钢。镇静钢是脱氧完全的钢，其代号为“Z”。镇静钢用必要数量的硅、锰和铝等脱氧剂进行彻底脱氧，在铸锭时钢水平静地冷却、凝固，镇静钢组织致密，成分均匀，性能稳定，质量好，但成本高，适用于预应力混凝土等重要结构工程。

（3）特殊镇静钢。特殊镇静钢是比镇静钢脱氧程度还要充分的钢，其代号为“TZ”。特殊镇静钢质量最好，适用于特别重要的结构工程。

二、按化学成分分类

钢根据碳含量和合金元素总含量分为碳素钢和合金钢。

（1）碳素钢又称为非合金钢，非合金钢中的合金是炼钢过程中的残留物，其含量较低，对钢的性能影响不大。对钢的性能影响较大的是碳的含量，根据碳含量，碳素钢又分为工业纯铁（含碳量不大于 0.04%）、低碳钢（碳含量不大于 0.25%）、中碳钢（碳含量为 0.25%～0.6%）和高碳钢（碳含量大于 0.6%）。

（2）合金钢是在碳素钢中加入合金元素（锰、硅、钒、钛等）用于改善钢的性能或使其获得某些特殊性能。根据合金元素总含量可分为低合金钢（合金元素总含量不大于5%）、中合金钢（合金元素总含量大于 5%而小于或等于 10%）和高合金钢（合金元素总含量大于 10%）。

建筑工程中，钢结构和钢筋混凝土结构用钢主要使用碳素钢和低合金钢加工成的产品，而其他合金钢使用较少。

钢的化学成分（包括合金元素）对钢材性能的影响如表 6-1 所示。

表 6-1　钢的化学成分对钢材性能的影响

化学成分	化学成分对钢材性能的影响	备注
碳（C）	含碳量在 0.8%以下时，随含碳量的增加，钢的强度和硬度提高，塑性和韧性降低；但当含碳量大于 1.0%时，随含碳量增加，钢的强度反而下降。含碳量增加，钢的焊接性能变差，尤其当含碳量大于 0.3%时，钢的可焊接性显著降低	建筑钢材的含碳量不可过高，但在用途上允许时，可用含碳量较高的钢，最高可达 0.6%
硅（Si）	硅含量在 1.0%以下时，可提高钢的强度、疲劳极限、耐腐蚀性及抗氧化性，对塑性和韧性影响不大，但对可焊性和冷加工性能有所影响。硅可作为合金元素，用以提高合金钢的强度	硅是有益元素，通常碳素钢中硅含量小于 0.3%，低合金钢中硅含量小于 1.8%
锰（Mn）	锰可提高钢材的强度、硬度及耐磨性；能消减硫和氧引起的热脆性，改善钢材的热工性能。锰可作为合金元素，提高钢材的强度	锰是有益元素，通常锰含量在 1%～2%
硫（S）	硫引起钢材的热脆性，会降低钢材的各种机械性能，使钢材的可焊性、冲击韧性、耐疲劳性和抗腐蚀性等降低	硫是有害元素，建筑钢材的含硫量应尽可能减少，一般要求含硫量小于 0.045%
磷（P）	磷引起钢材的冷脆性，磷含量提高，钢材的强度、硬度、耐磨性和耐蚀性提高，但塑性、韧性和可焊性显著下降	磷是有害元素，建筑用钢要求含磷量小于 0.045%
氧（O）	氧含量增加，钢材的机械强度降低、塑性和韧性降低，促进时效，还能使热脆性增加，焊接性能变差	氧是有害元素，建筑钢材的含氧量应尽可能减少，一般要求含氧量小于 0.03%
氮（N）	氮能使钢材的强度提高，但塑性特别是韧性显著下降。氮会加剧钢的时效敏感性和冷脆性，使可焊性变差。但在铝、铌、钒等元素的配合下，可细化晶粒，改善钢的性能，故可作为合金元素	建筑钢材的含氮量应尽可能减少，一般要求含氮量小于 0.008%

三、按品质分类

通过表 6-1 可以看出，硫引起钢材的热脆性，影响钢材的机械性能，使钢材的可焊性、冲击韧性、耐疲劳性和抗腐蚀性等均降低；磷引起钢材的冷脆性，随着磷含量提高，钢材的强度、硬度、耐磨性和耐蚀性提高，但塑性、韧性和可焊性显著下降。

因此，根据磷含量和硫含量可以将钢材分为普通钢（磷含量不大于 0.045%，硫含量不大于 0.055%，或磷、硫含量均不大于 0.050%）、优质钢（磷含量不大于 0.035%，硫含量不大于 0.035%）、高级优质钢（磷含量不大于 0.025%，硫含量不大于 0.025%）和特级优质钢（磷含量不大于 0.025%，硫含量不大于 0.015%）。

四、按用途和组织分类

根据钢的用途和组织可以将钢分为低碳钢和低合金高强度钢、耐热钢、低温钢和不锈钢。

低合金高强度钢是指在低碳钢中添加少量合金化元素使轧制态或正火态的屈服强度超过 275MPa 的低合金工程结构钢。低合金高强度钢一般比相应的碳素工程结构钢的强度高出 30%～50%，因而能够承受较大的荷载。低合金高强度钢能够满足工程上要求承载大，同时又要求减轻结构自重的各种结构（如大型桥梁、压力容器及船舶等），达到提高可靠性及节约材料和资源的目的。

在高温条件下，具有抗氧化性和足够的高温强度以及良好的耐热性能的钢称作耐热钢。铬、铝、硅这些铁素体形成的元素，在高温下能促使金属表面生成致密的氧化膜，防止继续氧化，是提高钢的抗氧化性和抗高温气体腐蚀的主要元素。耐热钢常用于制造锅炉、汽轮机、动力机械、工业炉和航空、石油化工等工业部门中在高温下工作的零部件。这些部件除要求高温强度和抗高温氧化腐蚀外，根据用途不同还要求有足够的韧性、良好的可加工性和焊接性，以及一定的组织稳定性。

不锈钢是指耐空气、蒸汽、水等弱腐蚀介质和酸、碱、盐等化学侵蚀性介质腐蚀的钢，又称为不锈耐酸钢。实际应用中，常将耐弱腐蚀介质腐蚀的钢称为不锈钢，而将耐化学介质腐蚀的钢称为耐酸钢。不锈钢的耐蚀性随含碳量的增加而降低，因此，大多数不锈钢的含碳量均较低，最大不超过 1.2%，有些钢的含碳量甚至低于 0.03%。不锈钢的耐蚀性取决于钢中所含的合金元素——铬，只有当铬含量达到一定值时，钢材才有耐蚀性。因此，不锈钢一般铬含量至少为 10.5%，除此之外还含有 Ni、Ti、Mn、N、Nb、Mo、Si、Cu 等元素。

第二节 常用建筑钢材

建筑工程常用钢有钢结构用钢和钢筋混凝土结构用钢两类，前者主要包括型钢、钢板和钢管，后者主要包括钢筋、钢丝和钢绞线。

一、钢结构用钢材质

1. 碳素结构钢

国家标准《碳素结构钢》（GB/T 700—2006）中对碳素结构钢的牌号表示方法、代号和符号、技术要求、试验方法和检验规则等作了具体规定。

钢的牌号由代表屈服强度的字母（Q）、屈服强度数值、质量等级符号、脱氧方法等四部分按顺序组成。按屈服强度数值（MPa）分为 Q195、Q215、Q235、Q275 四种；按硫、磷杂质的含量由多到少分为 A、B、C、D 四个等级；按脱氧程度不同分为特殊镇静钢（TZ）、镇静钢（Z）和沸腾钢（F）。对于特殊镇静钢和镇静钢，在钢的牌号中予以省略。

碳素结构钢的技术要求包括化学成分、力学性能、冶炼方法、交货状态、表面质量五个方面。其中，化学成分和力学性能应分别符合表 6-2～表 6-4 的要求。

表 6-2　碳素结构钢的化学成分

牌号	质量等级	化学成分/%（质量分数）					脱氧方法
		C	Mn	Si	S	P	
Q195	—	≤0.12	≤0.50	≤0.30	≤0.040	≤0.035	F、Z
Q215	A	≤0.15	≤1.20	≤0.35	≤0.050	≤0.045	F、Z
	B				≤0.045		
Q235	A	≤0.22	≤1.40	≤0.35	≤0.050	≤0.045	F、Z
	B	≤0.20①			≤0.045		
	C	≤0.17			≤0.040	≤0.040	Z
	D				≤0.035	≤0.035	TZ
Q275	A	≤0.24	≤1.50	≤0.35	≤0.050	≤0.045	F、Z
	B	≤0.21			≤0.045		Z
	C	≤0.20			≤0.040	≤0.040	Z
	D				≤0.035	≤0.035	TZ

① 经需方同意，Q235B 的碳含量可不大于 0.22%。

表 6-3 碳素结构钢的拉伸和冲击试验指标

<table>
<tr><th rowspan="4">牌号</th><th rowspan="4">等级</th><th colspan="13">拉伸试验</th><th colspan="2">冲击试验（V 形缺口）</th></tr>
<tr><th colspan="6">钢材厚度（或直径）/mm</th><th rowspan="3">抗拉强度/（N/mm^2）</th><th colspan="5">钢材厚度（或直径）/mm</th><th rowspan="2">温度/℃</th><th rowspan="2">冲击吸收功（纵向）/J</th></tr>
<tr><th>≤16</th><th>>16～40</th><th>>40～60</th><th>>60～100</th><th>>100～150</th><th>>150～200</th><th>≤40</th><th>>40～60</th><th>>60～100</th><th>>100～150</th><th>>150～200</th></tr>
<tr><th colspan="6">屈服强度/（N/mm^2）≥</th><th colspan="5">伸长率/%≥</th><th></th><th>≥</th></tr>
<tr><td>Q195</td><td>—</td><td>195</td><td>185</td><td>—</td><td>—</td><td>—</td><td>—</td><td>315～430</td><td>33</td><td>—</td><td>—</td><td>—</td><td>—</td><td>—</td><td>—</td></tr>
<tr><td rowspan="2">Q215</td><td>A</td><td rowspan="2">215</td><td rowspan="2">205</td><td rowspan="2">195</td><td rowspan="2">185</td><td rowspan="2">175</td><td rowspan="2">165</td><td rowspan="2">335～450</td><td rowspan="2">31</td><td rowspan="2">30</td><td rowspan="2">29</td><td rowspan="2">27</td><td rowspan="2">26</td><td>—</td><td>—</td></tr>
<tr><td>B</td><td>20</td><td>27</td></tr>
<tr><td rowspan="4">Q235</td><td>A</td><td rowspan="4">235</td><td rowspan="4">225</td><td rowspan="4">215</td><td rowspan="4">215</td><td rowspan="4">195</td><td rowspan="4">185</td><td rowspan="4">370～500</td><td rowspan="4">26</td><td rowspan="4">25</td><td rowspan="4">24</td><td rowspan="4">22</td><td rowspan="4">21</td><td>—</td><td>—</td></tr>
<tr><td>B</td><td>20</td><td rowspan="3">27</td></tr>
<tr><td>C</td><td>0</td></tr>
<tr><td>D</td><td>-20</td></tr>
<tr><td rowspan="4">Q275</td><td>A</td><td rowspan="4">275</td><td rowspan="4">265</td><td rowspan="4">255</td><td rowspan="4">245</td><td rowspan="4">225</td><td rowspan="4">215</td><td rowspan="4">410～540</td><td rowspan="4">22</td><td rowspan="4">21</td><td rowspan="4">20</td><td rowspan="4">18</td><td rowspan="4">17</td><td>—</td><td>—</td></tr>
<tr><td>B</td><td>20</td><td rowspan="3">27</td></tr>
<tr><td>C</td><td>0</td></tr>
<tr><td>D</td><td>-20</td></tr>
</table>

表 6-4 碳素结构钢的冷弯试验指标

牌号	试样方向	冷弯试验（试样宽度=2*a*, 180°）	
		钢材厚度（或直径）*a*/mm	
		≤60	＞60～100
		弯心直径 *d*	
Q195	纵	0	—
	横	0.5*a*	
Q215	纵	0.5*a*	1.5*a*
	横	*a*	2*a*
Q235	纵	*a*	2*a*
	横	1.5*a*	2.5*a*
Q275	纵	1.5*a*	2.5*a*
	横	2*a*	3*a*

碳素结构钢随牌号的增大，含碳量增高，屈服强度、抗拉强度提高，但塑性与韧性降低，冷弯性能变差，同时可焊性也降低。

建筑工程中应用最广泛的是 Q235 号钢，它的特点是既具有较高的强度，又具有较好的塑性、韧性，同时还具有较好的可焊性，其综合性能好，能满足一般钢结构和钢筋混凝土用钢要求，且成本较低。Q235 号钢可用于轧制型钢、钢板、钢管与钢筋。

Q195、Q215 号钢强度较低，塑性、韧性、加工性能及可焊性较好；而 Q275 号钢强度较高，塑性、韧性较差，耐磨性较好，可焊性较差。

2. 低合金高强度结构钢

低合金高强度结构钢是在碳素结构钢的基础上，添加少量的一种或几种合金元素（合金总量＜5%）的一种结构钢。加入合金元素的目的是为了提高钢的屈服强度、耐磨性、耐蚀性及耐低温性能，而且与使用碳素钢相比，可节约钢材 20%～30%，成本并不高，所以是一种综合性能较好的建筑钢材。

根据《低合金高强度结构钢》（GB/T 1591—2018）的规定，钢的牌号由代表屈服强度“屈”字的汉语拼音首字母 Q、规定的最小上屈服强度数值、交货状态代号（交货状态为热轧时，交货状态代号 AR 或 WAR 可省略；交货状态为正火或正火轧制状态时，交货状态代号均用 N 表示）、质量等级符号（B、C、D、E、F）四个部分组成。

【例 6-1】某钢筋牌号为 Q355ND，这是什么钢筋？

【解】Q——钢的屈服强度的“屈”字汉语拼音的首字母；

355——规定的最小上屈服强度数值（MPa）；

N——交货状态为正火或正火轧制；

D——质量等级为 D 级。

低合金高强度结构钢热轧钢的化学成分、拉伸性能、伸长率、冲击性能和弯曲性能分别见表 6-5～表 6-9。

表 6-5　热轧钢的牌号及化学成分　　（单位：%）

牌号	质量等级	化学成分（质量分数）														
		C①		Si	Mn	P③	S③	Nb④	V⑤	Ti⑦	Cr	Ni	Cu	Mo	N⑥	B
		以下公称厚度或直径/mm		不大于												
		≤40②	＞40													
		不大于														
Q355	B	0.24		0.55	1.60	0.035	0.035	—	—	—	0.30	0.30	0.40	—	0.012	—
	C	0.20	0.22			0.030	0.030									
	D	0.20	0.22			0.025	0.025								—	
Q390	B	0.20		0.55	1.70	0.035	0.035	0.05	0.13	0.05	0.30	0.50	0.40	0.10	0.015	—
	C					0.030	0.030									
	D					0.025	0.025									
Q420⑦	B	0.20		0.55	1.70	0.035	0.035	0.05	0.13	0.05	0.30	0.80	0.40	0.20	0.015	—
	C					0.030	0.030									
Q460⑦	C	0.20		0.55	1.80	0.030	0.030	0.05	0.13	0.05	0.30	0.80	0.40	0.20	0.015	0.004

① 公称厚度大于 100mm 的型钢，碳含量可由供需双方协商确定。

② 公称厚度大于 30mm 的钢材，碳含量不大于 0.22%。

③ 对于型钢和棒材，其磷和硫含量上限值可提高 0.005%。

④ Q390、Q420 最高可到 0.07%，Q460 最高可到 0.11%。

⑤ 最高可到 0.20%。

⑥ 如果钢中酸溶铝 Als 含量不小于 0.015%或全铝 Alt 含量不小于 0.020%，或添加了其他固氮合金元素，氮元素含量不作限制，固氮元素应在质量证明书中注明。

⑦ 仅适用于型钢和棒材。

表 6-6 热轧钢材的拉伸性能

牌号	质量等级	上屈服强度 R_{eH}[1]/MPa，不小于									抗拉强度 R_m/MPa			
		公称厚度或直径/mm												
		≤16	>16~40	>40~63	>63~80	>80~100	>100~150	>150~200	>200~250	>250~400	≤100	>100~150	>150~250	>250~400
Q355	B、C	355	345	335	325	315	295	285	275	—	470~630	450~600	450~600	—
	D									265[2]				450~600[2]
Q390	B、C、D	390	380	360	340	340	320	—	—	—	490~650	470~620	—	—
Q420[3]	B、C	420	410	390	370	370	350	—	—	—	520~680	500~650	—	—
Q460[3]	C	460	450	430	410	410	390	—	—	—	550~720	530~700	—	—

① 当屈服不明显时，可用规定塑性延伸强度 $R_{p0.2}$ 代替上屈服强度。

② 只适用于质量等级为 D 的钢板。

③ 只适用于型钢和棒材。

表 6-7 热轧钢材的伸长率

牌号		断后伸长率 *A*/% 不小于						
		公称厚度或直径/mm						
钢级	质量等级	试样方向	≤40	＞40～63	＞63～100	＞100～150	＞150～250	＞250～400
Q355	B、C、D	纵向	22	21	20	18	17	17[①]
		横向	20	19	18	18	17	17[①]
Q390	B、C、D	纵向	21	20	20	19	—	—
		横向	20	19	19	18	—	—
Q420[②]	B、C	纵向	20	19	19	19	—	—
Q460[②]	C	纵向	18	17	17	17	—	—

① 只适用于质量等级为 D 的钢板。
② 只适用于型钢和棒材。

表 6-8 夏比（V 形缺口）冲击试验的温度和冲击吸收能量 （单位：J）

牌号		以下试验温度的冲击吸收能量最小值									
钢板	质量等级	20℃		0℃		-20℃		-40℃		-60℃	
		纵向	横向	纵向	横向	纵向	横向	纵向	横向	纵向	横向
Q355、Q390、Q420	B	34	27	—	—	—	—	—	—	—	—
Q355、Q390、Q420、Q460	C	—	—	34	27	—	—	—	—	—	—
Q355、Q390	D	—	—	—	—	34[①]	27[①]	—	—	—	—
Q355N、Q390N、Q420N	B	34	27	—	—	—	—	—	—	—	—
Q355N、Q390N、Q420N、Q460N	C	—	—	34	27	—	—	—	—	—	—
	D	55	31	47	27	40[②]	20	—	—	—	—
	E	63	40	55	34	47	27	31[③]	20[③]	—	—
Q355N	F	63	40	55	34	47	27	31	20	27	16
Q355M、Q390M、Q420M	B	34	27	—	—	—	—	—	—	—	—
Q355M、Q390M、Q420M、Q460M	C	—	—	34	27	—	—	—	—	—	—
	D	55	31	47	27	40[②]	20	—	—	—	—
	E	63	40	55	34	47	27	31[③]	20[③]	—	—
Q355M	F	63	40	55	34	47	27	31	20	27	16
Q500M、Q550M、Q620M、Q690M	C	—	—	55	34	—	—	—	—	—	—
	D	—	—	—	—	40[②]	27	—	—	—	—
	E	—	—	—	—	—	—	31[③]	20[③]	—	—
当需方未指定试验温度时，正火、正火轧制和热机械轧制的 C、D、E、F 级钢材分别做 0℃、-20℃、-40℃、-60℃冲击。 冲击试验取纵向试样，经供需双方协商，也可取横向试样											

① 仅适用于厚度大于 250mm 的 Q355D 钢板。
② 当需方指定时，D 级钢可做-30℃冲击试验时，冲击吸收能量纵向不小于 27J。
③ 当需方指定时，E 级钢可做-50℃冲击时，冲击吸收能量纵向不小于 27J、横向不小于 16J。

表 6-9 弯曲试验

试样方向	180°弯曲试验 D——弯曲压头直径 a——试样厚度或直径	
	公称厚度或直径/mm	
	≤16	>16～100
对于公称宽度不小于 600mm 的钢板及钢带，拉伸试验取横向试样；其他钢材的拉伸试验取纵向试样	$D=2a$	$D=3a$

在钢结构中，常采用低合金高强度结构钢轧制型钢、钢板，用于建造桥梁、高层及大跨度建筑。

3. 钢结构用钢类型

大量工程实践证明，钢结构抗震性能好，宜用作承受振动和冲击的结构。目前，钢结构从重型到轻型，从大型、大跨度、大面积到小型、细小结构，从永久特种结构到临时、一般建筑，都有所应用并取得了较好的效果。

钢结构构件一般直接选用各种型钢。钢构件之间的连接方式有铆接、螺栓连接和焊接。所用母材主要是碳素结构钢及低合金高强度结构钢。

（1）型钢。

① 热轧型钢。钢结构常用的热轧型钢有工字钢、槽钢、等边角钢和不等边角钢，其规格表示方法如表 6-10 所示。

表 6-10 型钢规格表示方法

名称	工字钢	槽钢	等边角钢	不等边角钢
表示方法	高×腿宽×腰厚	高×腿宽×腰厚	边宽²×边厚	长边宽度×短边宽度×边厚
表示方法举例	I100×68×4.5	I100×48×5.3	∠75²×10 或∠75×75×10	∠100×75×10

型钢由于截面形式合理，材料在截面上分布对受力最为有利，且构件间连接方便，因而是钢结构采用的主要钢材。常用热轧型钢的截面形式及部位名称如图 6-1 所示。

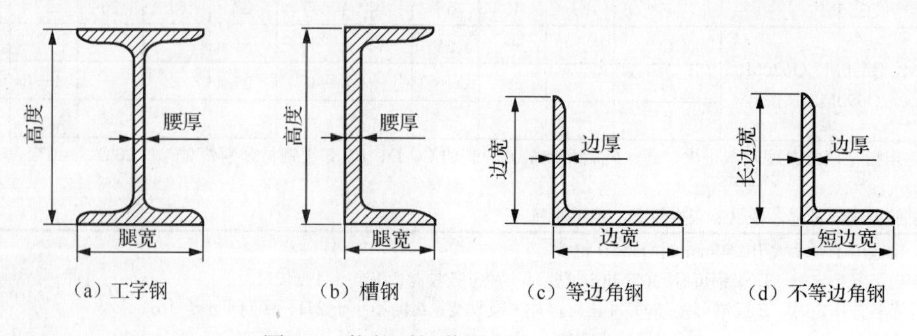

图 6-1 热轧型钢截面形式及部位名称

热轧型钢可分为大型型钢、中型型钢和小型型钢三类，其划分方法如表 6-11 所示。

表 6-11　型钢大型、中型、小型划分方法　　（单位：mm）

名称	工字钢槽钢高度	角钢		圆、方、六（八）角螺纹钢直径	扁钢宽
		等边边宽	不等边边宽		
大型型钢	≥180	≥150	≥100×150	≥81	≥101
中型型钢	<180	50～190	40×60～99×149	38～80	60～100
小型型钢		20～49	20×30～39×59	10～37	≤50

② 冷弯薄壁型钢。冷弯薄壁型钢由 2～6mm 的钢板经冷弯或模压而制成，有角钢、槽钢等开口薄壁型钢和方形、矩形等空心薄壁型钢，其截面形式如图 6-2 所示。冷弯薄壁型钢的表示方法与热轧型钢相同。冷弯薄壁型钢主要用于轻型钢结构。

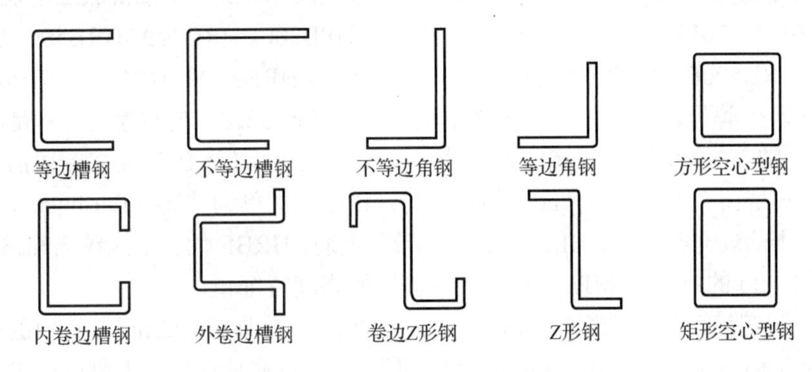

图 6-2　冷弯薄壁型钢截面形式

（2）钢板。钢板按轧制方式不同有热轧钢板和冷轧钢板两种，在建筑工程中多采用热轧钢板。钢板规格表示方法为宽度（mm）×厚度（mm）×长度（mm）。通常将厚度大于 4mm 的钢板称为厚板，厚度小于或等于 4mm 的钢板称为薄板。厚板主要用于结构，薄板主要用于屋面板、楼板、墙板等。在钢结构中，需要不同规格型号的型钢和钢板共同承受荷载。

（3）钢管。在建筑结构中钢管多用于制作桁架等构件，也可用来搭设脚手架。钢管按生产工艺不同，有无缝钢管和焊接钢管两大类。焊接钢管由优质或普通碳素钢钢板卷焊接而成，焊缝形式有直纹焊缝和螺纹焊缝两种，焊接钢管成本低，易加工，但抗压性能较差，适用于各种结构输送管道等；无缝钢管是以优质碳素钢和低合金高强度结构钢为原材料，采用热轧冷拔联合工艺生产而成的钢管，具有良好的力学性能和工艺性能，主要用于压力管道。

二、钢筋混凝土结构用钢

现阶段建筑物的主要结构是钢筋与混凝土共同组成的钢筋混凝土结构，混凝土中加入钢筋可很好地改善混凝土脆性，扩展混凝土的应用范围。混凝土结构用钢材主要有热轧钢筋、冷轧带肋钢筋、冷轧扭钢筋、预应力混凝土用钢棒、预应力混凝土用钢丝及钢绞线和混凝土制品用冷拔低碳钢丝等。

1. 热轧钢筋

热轧钢筋是用加热钢坯轧制成型并自然冷却的成品钢筋，按其轧制的外形可分为热轧光圆钢筋和热轧带肋钢筋。热轧钢筋具有较高的强度和一定的塑性、韧性、冷弯及可焊性，是建筑工程中用量最大的钢材品种。

根据《钢筋混凝土用钢 第1部分：热轧光圆钢筋》（GB/T 1499.1—2017）、《钢筋混凝土用钢 第2部分：热轧带肋钢筋》（GB/T 1499.2—2018）和《钢筋混凝土用余热处理钢筋》（GB 13014—2013）规定，普通热轧钢筋分为HPB300、HRB400、HRB500、HRB600、HRB400E、HRB500E六个牌号。细晶粒热轧钢筋分为HRBF400、HRBF500、HRBF400E、HRBF500E四个牌号。其中，H是英文单词热轧（Hot rolled）的首字母，P是英文单词光圆（Plain）的首字母，R是英文单词带肋（Ribbed）的首字母，B是英文单词钢筋（Bars）的首字母，F是英文单词细（Fine）的首字母，E是英文单词地震（Earthquake）的首字母，HPB代表热轧光圆钢筋，HRB代表热轧带肋钢筋，HRBF代表细晶粒热轧钢筋，300、400、500和600的单位是MPa，它们是钢筋屈服强度特征值。

热轧光圆钢筋可以是直条或盘卷，其公称直径范围为6～22mm，常用的有6mm、8mm、10mm、12mm、16mm、20mm。热轧带肋钢筋通常是直条，也可以是盘卷，每盘应是一条钢筋，公称直径范围为6～50mm，常用的有6mm、8mm、10mm、12mm、16mm、20mm、25mm、32mm、40mm、50mm。

各牌号钢筋的力学与工艺性能见表6-12。

表6-12 钢筋混凝土用热轧钢筋的力学与工艺性能

牌号	表面形状	公称直径 a/mm	屈服点/MPa	抗拉强度/MPa	伸长率 δ_5/%	冷弯	
			≥			弯曲角度/（°）	弯心直径 d
HPB300	光圆	6～22	300	420	25	180	a
HRB400	带肋	6～25 28～40	400	540	16	180 180	$4a$ $5a$
HRB400E	带肋	6～25 28～40	400	540	—	180 180	$4a$ $5a$
HRBF400	带肋	6～25 28～40	400	540	16	180 180	$4a$ $5a$

续表

牌号	表面形状	公称直径 a/mm	屈服点/MPa	抗拉强度/MPa	伸长率 δ_5/%	冷弯	
			≥			弯曲角度/(°)	弯心直径 d
HRBF400E	带肋	6～25 28～40	400	540	—	180 180	$4a$ $5a$
HRB500	带肋	6～25 28～50	500	630	15	180 180	$6a$ $7a$
HRB500E	带肋	6～25 28～50	500	630	—	180 180	$6a$ $7a$
HRBF500	带肋	6～25 28～50	500	630	15	180 180	$6a$ $7a$
HRBF500E	带肋	6～25 28～50	500	630	—	180 180	$6a$ $7a$
HRB600	带肋	8～25 28～40	600	730	14	180 180	$6a$ $7a$

从表中可以看出，热轧钢筋的牌号越高，其强度越高，但韧性、塑性及可焊性降低。HPB300级钢筋强度低，塑性及可焊性好，主要用于普通混凝土；HRB400、HRB500级钢筋强度较高，塑性及可焊性好，表面带肋加强了钢筋与混凝土之间的黏结力，主要用于钢筋混凝土结构中的受力筋；HRB600级钢筋强度高，但塑性及可焊性较差，适宜用作预应力钢筋。

2. 冷轧带肋钢筋

冷轧带肋钢筋广泛用于高速公路、飞机场、水电输送及市政建设等工程中。它是以热轧圆盘条为原料，经冷轧或冷拔减径后在其表面冷轧成二面或三面带肋的钢筋。用于非预应力构件，与热轧圆钢盘条比，强度提高17%左右（Q235光圆盘条≥460MPa，冷轧钢筋≥550MPa），可以节约钢材30%左右；用于预应力构件，与低碳冷拔丝比，伸长率高，更重要的是由于三面带助，使钢筋与混凝土之间的黏结力不仅来源于胶结力、摩擦阻力，而且还增加了咬合力和机械锚固力，比冷拔丝的黏结力提高三倍以上，是一种较理想的预应力钢材。

根据《冷轧带肋钢筋》（GB/T 13788—2017）中规定，冷轧带助钢筋按延性高低分为两类：一类为冷轧带肋钢筋，代号为CRB＋抗拉强度特征值；另一类为高延性冷轧带肋钢筋，代号为CRB＋抗拉强度特征值+H。冷轧带肋钢筋分为CRB550、CRB650、CRB800、CRB600H、CRB680H和CRB800H六个牌号。CRB550、CRB600H为普通钢筋混凝土用钢筋，CRB650、CRB800、CRB800H为预应力混凝土用钢筋，CRB680H既可作为普通钢筋混凝土用钢筋，也可作为预应力混凝土用钢筋使用。

CRB550、CRB600H和CRB680H钢筋的直径范围为4～12mm；CRB650、CRB800和CRB800H钢筋的公称直径为4mm、5mm、6mm。冷轧带肋钢筋的力学性能、工艺性能见表6-13，反复弯曲试验的弯曲半径见表6-14。

表 6-13 冷轧带肋钢筋的力学性能、工艺性能

分类	牌号	规定塑性延伸强度 $R_{p0.2}$/MPa 不小于	抗拉强度 R_m/MPa 不小于	$R_m/R_{p0.2}$ 不小于	断后伸长率/% 不小于		最大力总延伸率/% 不小于	弯曲试验 180°	反复弯曲次数	应力松弛初始应力应相当于公称抗拉强度的 70%
					A	A_{100mm}	A_{gt}			1000h/% 不大于
普通钢筋混凝土用	CRB550	500	550	1.05	11.0	—	2.5	$D=3d$[①]	—	—
	CRB600H	540	600	1.05	14.0	—	5.0	$D=3d$	—	—
	CRB680H[②]	600	680	1.05	14.0	—	5.0	$D=3d$	4	5
预应力混凝土用	CRB650	585	650	1.05	—	4.0	2.5	—	3	8
	CRB800	720	800	1.05	—	4.0	2.5	—	3	8
	CRB800H	720	800	1.05	—	7.0	4.0	—	4	5

① D 为弯心直径，d 为钢筋公称直径。

② 当该牌号钢筋作为普通钢筋混凝土用钢筋使用时，对反复弯曲和应力松弛不做要求；当该牌号钢筋作为预应力混凝土用钢筋使用时应进行反复弯曲试验代替 180° 弯曲试验，并检测松弛率。

表 6-14 反复弯曲试验的弯曲半径 （单位：mm）

钢筋公称直径	4	5	6
弯曲半径	10	15	15

和冷拉、冷拔钢筋相比，冷轧带肋钢筋既具有较高的握裹力，又具有与冷拉、冷拔相近的强度，一般用于中、小型预应力混凝土结构构件和普通混凝土结构构件中。

3. 预应力混凝土用钢棒

预应力混凝土用钢棒用热轧带肋钢筋经淬火和回火调质处理而成，代号为 PCB，其强度高，与混凝土的黏结性好，应力松弛率低，但不适用于焊接和点焊等加工工艺。其技术要求见《预应力混凝土用钢棒》（GB/T 5223.3—2017）。

4. 预应力混凝土用钢丝和钢绞线

预应力混凝土用钢丝是用优质碳素结构钢冷拉或再经回火等工艺处理制成的高强度钢丝，其抗拉强度高达 1470～1770MPa。预应力混凝土用钢丝按加工状态分冷拉钢丝（WCD）和消除应力钢丝两类，消除应力钢丝按松弛性能又分为低松弛钢丝（WLR）和普通松弛钢丝（WNR）。预应力混凝土用钢丝按外形可分为光圆钢丝（P）、螺旋肋钢丝（H）和刻痕钢丝（I）三种。经低温回火消除应力后，钢丝的塑性比冷拉钢丝要高。刻痕钢丝是经压痕轧制而成的，刻痕后与混凝土握裹力大，可减少混凝土裂缝。

预应力混凝土用钢丝具有强度高、柔性好、无接头等优点，且质量稳定，安全可靠，施工时不需冷拉和焊接，主要用作大跨度、大型屋架、吊车电杆等预应力筋。

预应力混凝土用钢绞线以热轧盘条为原料，经冷拔后捻制而成，捻制后，钢绞线应进行连续的稳定化处理。钢绞线按结构分为两根钢丝捻制而成的钢绞线（代号为 1×2）、

三根钢丝捻制而成的钢绞线（代号为 1×3）、三根刻痕钢丝捻制而成的钢绞线（代号为 1×3I）、七根钢丝捻制而成的标准型钢绞线（代号为 1×7）和由七根光圆钢丝捻制又经拉拔的钢绞线[代号为（1×7）C]等八类。预应力钢绞线的产品标记应包含预应力钢绞线、结构代号、公称直径、强度级别和标准编号。

【例 6-2】公称直径为 15.20mm、强度级别为 1860MPa 的由七根光圆钢丝捻制而成的标准型钢绞线该如何标记？

【解】题目中钢绞线标记为预应力钢绞线 1×7-15.20-1860-GB/T 5224—2014。

预应力混凝土用钢绞线具有强度高、与混凝土的黏结性好、断面面积大、使用根数少、在结构中排列布置方便、易于锚固等优点，主要用于大跨度、大载荷的预应力屋架、薄腹梁等构件，还可用于山体、岩洞等岩体锚固工程等。

预应力混凝土用钢丝和钢绞线的技术要求应分别满足《预应力混凝土用钢丝》（GB/T 5223—2014）和《预应力混凝土用钢绞线》（GB/T 5224—2014）中规定。

5. 混凝土制品用冷拔低碳钢丝

冷拔低碳钢丝是指以低碳钢热轧圆盘条为母材经一次或多次冷拔制成的光面钢丝。其分为甲、乙两级。甲级冷拔低碳钢丝适用于作预应力筋；乙级冷拔低碳钢丝适用于作焊接网、焊接骨架、箍筋和构造钢筋。冷拔低碳钢丝的代号为 CDW（“CDW”为 Cold-Drawn Wire 的英文字头）。

标记内容包含冷拔低碳钢丝名称、公称直径、抗拉强度、代号及标准号。

【例 6-3】公称直径为 5.0mm、抗拉强度为 650MPa 的甲级冷拔低碳钢丝该如何标记？

【解】甲级冷拔低碳钢丝 5.0—650—CDW JC/T 540—2006。

冷拔低碳钢丝的力学性能如表 6-15 所示。

表 6-15　冷拔低碳钢丝的力学性能

<table>
<tr><th>级别</th><th>公称直径 d/mm</th><th>抗拉强度 R_a /MPa
不小于</th><th>断后伸长率 A_{100}/%
不小于</th><th>反复弯曲次数/（次/180°）
不小于</th></tr>
<tr><td rowspan="4">甲级</td><td rowspan="2">5.0</td><td>650</td><td rowspan="2">3.0</td><td rowspan="5">4</td></tr>
<tr><td>600</td></tr>
<tr><td rowspan="2">4.0</td><td>700</td><td rowspan="2">2.5</td></tr>
<tr><td>650</td></tr>
<tr><td>乙级</td><td>3.0、4.0、5.0、6.0</td><td>550</td><td>2.0</td></tr>
</table>

第三节　钢筋进场检验与保存

建筑钢材的选用可根据钢材的荷载性质、使用环境（温度）、连接方式、钢材的尺寸（厚度）及结构等几个方面并结合每种钢材的性质及用途加以选用。

钢筋进入施工现场时，首先需要对外观质量进行检查，检查钢筋是否平直、有无损伤，表面是否有裂纹、起皮、油污、颗粒状或片状锈蚀。当钢筋表面存在裂纹应退货；若存在损伤、不平直应剔出；存在油污应清理干净；只要经钢丝刷刷过的试样，其重量、尺寸、横截面积和拉伸性能不低于标准要求，锈皮、表面不平整或氧化铁皮不作为拒收的理由。

其次，需要对质量偏差进行检验。钢筋应按批进行检查和验收，每批由同牌号、同一炉罐号、同一尺寸的钢筋组成。每批重量通常不大于 60t。试样应从不同根钢筋上截取，数量不少于 5 支，每支试样长度不小于 500mm，长度应逐支测量，应精确到 1mm，测量试件总重量时，应精确到不大于总重量的 1%。按下式计算重量偏差。

$$\text{重量偏差（\%）}=\frac{\text{试样实际总重量}-(\text{试样长度}\times\text{理论重量})}{\text{试样总长度}\times\text{理论重量}}\times 100 \qquad (6\text{-}1)$$

其中，热轧光圆钢筋理论重量、热轧带肋钢筋理论重量、钢筋实际重量与理论重量的允许偏差分别如表 6-16～表 6-18 所示。

表 6-16 热轧光圆钢筋理论重量

公称直径/mm	公称横截面面积/mm^2	理论重量/（kg/m）
6	28.27	0.222
8	50.27	0.395
10	78.54	0.617
12	113.1	0.888
14	153.9	1.21
16	201.1	1.58
18	254.5	2.00
20	314.2	2.47
22	380.1	2.98

表 6-17 热轧带肋钢筋理论重量

公称直径/mm	公称横截面面积/mm^2	理论重量/（kg/m）
6	28.27	0.222
8	50.27	0.395
10	78.54	0.617
12	113.1	0.888
14	153.9	1.21
16	201.1	1.58
18	254.5	2.00
20	314.2	2.47

续表

公称直径/mm	公称横截面面积/mm²	理论重量/（kg/m）
22	380.1	2.98
25	490.9	3.85
28	615.8	4.83
32	804.2	6.31
36	1018	7.99
40	1257	9.87
50	1964	15.42

表 6-18 钢筋实际重量与理论重量的允许偏差

钢筋名称	公称直径/mm	实际重量与理论重量的偏差/%
垫轧光圆钢筋	6～12	±6.0
	14～22	±5.0
垫轧带肋钢筋	6～12	±6.0
	14～20	±5.0
	22～50	±4.0

最后，钢筋进行力学性能检测，检测合格后方可使用。钢筋力学性能检测项目有拉伸、弯曲、反向弯曲、疲劳试验等。

钢材经验收合格后，应按批分别堆放整齐，避免锈蚀及油污，并设置标示牌标明品种、规格及数量等。

【工程实例 6-1】钢材铭牌识读

【现象】Q235-B F。

【分析】该碳素钢是屈服强度为 235MPa、质量等级为 B 级的沸腾钢。

【工程实例 6-2】钢材标记方法

【现象】公称直径为 4.0mm、抗拉强度为 550MPa 的乙级冷拔低碳钢丝。

【分析】乙级冷拔低碳钢丝 4.0-550-CDW JC/T 540—2006。

【工程实例 6-3】钢材进场检验

【现象】重庆市某宿舍工程使用的钢筋，根据材料供应商提供的材质证明，其屈服强度、抗拉强度、伸长率等指标均合格，施工人员未作检验就直接用于工程，导致该宿舍局部坍塌。

【分析】在钢筋混凝土工程中，所用的钢筋材质证明与材料不配套，进场钢筋没按照施工规范的规定进行检验后再使用，因此使不合格的钢筋被用到工程上。事后经过复验发现，有30%左右试件的抗拉强度达不到标准要求，而且屈服强度与抗拉强度比较接近，是典型的不合格钢筋，最后只好采用补强加固措施。

第四节　建筑钢材的技术性能

建筑钢材的技术性能主要有力学性能（抗拉性能、抗冲击性能、耐疲劳性能和硬度）和工艺性能（冷弯性能和可焊接性能）。

一、力学性能

1. 抗拉性能

抗拉性能是建筑钢材最主要的技术性能。通过拉伸试验可以测得钢材的屈服强度、抗拉强度和伸长率这三个重要技术性能指标。

关于钢材的抗拉性能，可以用低碳钢受拉时的应力-应变（σ-ε）曲线（见图6-3）来表述。

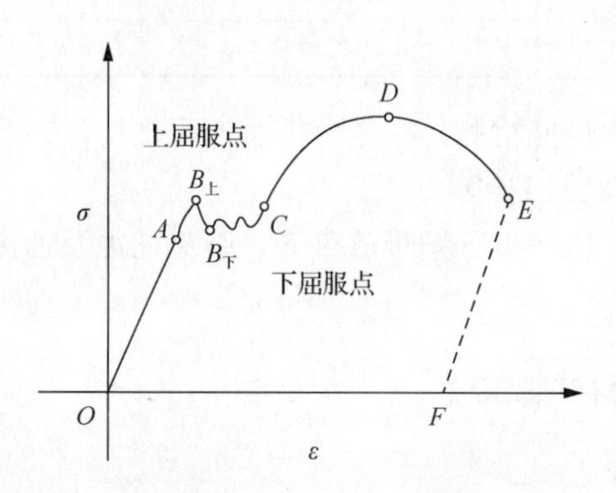

图6-3　低碳钢应力-应变曲线

从图中可以看出，低碳钢从受拉至拉断可分为四个阶段。

（1）弹性阶段（*OA*阶段）。在*OA*范围内，随着荷载的增加，应力和应变成正比关系，卸去荷载，试件将恢复原状，表现为弹性变形，与*A*点相对应的应力σ_p为弹性极限。在这一范围内，应力与应变的比值为一常量，称为弹性模量，用*E*表示，即$E=\sigma/\varepsilon$。弹性模量反映钢材抵抗变形的能力，是计算结构受力变形的重要指标。

（2）屈服阶段（*AC*阶段）。在*BC*曲线范围内，应力与应变不成比例，开始产生塑性变形，应变增加的速度大于应力增长速度，钢材抵抗外力的能力发生"屈服"。图中$B_{上}$点是这一阶段应力最高点，称为屈服上限，$B_{大}$点为屈服下限。因$B_{大}$比较稳定易测，所以一般以$B_{大}$点对应的应力作为屈服点，用σ_s表示。

该阶段在材料万能试验机上表现为指针不动（即使加大送油）或来回窄幅摇动。

钢材受力达屈服点后，变形即迅速发展，且不可恢复，尽管其尚未破坏但已不能满足使用要求，所以设计中一般以屈服点作为强度取值依据。

（3）强化阶段（*CD* 阶段）。过 *C* 点后，抵抗塑性变形的能力又重新提高，变形发展速度比较快，随着应力的提高而增强。对应于最高点 *D* 的应力，称为抗拉强度，用 σ_b 表示。

抗拉强度虽然不能直接作为计算的依据，但屈服强度和抗拉强度的比值即屈强比（σ_s / σ_b），却能反映钢材的安全可靠程度和利用率。屈强比越小，表明材料的安全性和可靠性越高，结构越安全。但屈强比过小，则钢材有效利用率太低，造成浪费。常用碳素钢的屈强比为 0.58～0.63，合金钢为 0.65～0.75。

（4）颈缩阶段（*DE* 阶段）。过 *D* 点后，材料变形迅速增大，而应力下降。试件在拉断前，于薄弱处截面显著缩小，产生“颈缩现象”，直至断裂。

试件拉断后，标距长度的增量与原标距长度之比的百分率，称为伸长率，用 δ 表示，如式（6-2）所示。

$$\delta = \frac{L_u - L_0}{L_0} \times 100 \tag{6-2}$$

式中：δ ——伸长率（%）；

L_0 ——试件拉断前的标距；

L_u ——试件拉断后重新测定的标距。

伸长率表征了钢材的塑性变形能力，由于在塑性变形时颈缩处的变形最大，所以原标距与试件的直径之比越大，则颈缩处伸长值在整个伸长值中所占的比例越小，因此计算所得的伸长率会较小。如以 δ_5 和 δ_{10} 分别表示 $L_0=5d_0$ 和 $L_0=10d_0$ 时的伸长率，d_0 为试件直径。则对同一种钢材，$\delta_5 > \delta_{10}$。

钢材的塑性变形能力也可用断面收缩率（即试件拉断后颈缩处横截面面积的减缩量占原横截面面积的百分率）来表示。

由于高碳钢材质硬脆，抗拉强度高，塑性变形小，没有明显的屈服现象，难以直接测定屈服强度，所以规范中规定以产生残余变形为原标距长的 0.2%时所对应的应力值作为屈服强度，用 $\sigma_{0.2}$ 表示，称条件屈服点（或名义屈服点）。

2. 冲击韧性

冲击韧性是指钢材抵抗冲击荷载而不被破坏的能力。冲击韧性指标是通过标准试件的弯曲冲击韧性试验确定的。如图 6-4 所示，以摆锤冲击试件刻槽的背面，使试件承受冲击弯曲而断裂。将试件冲断的缺口处单位截面面积上所消耗的功作为钢材的冲击韧性指标，用 a_k 表示。a_k 值越大，冲断试件消耗的能量越大，说明钢板的冲击韧性越好。

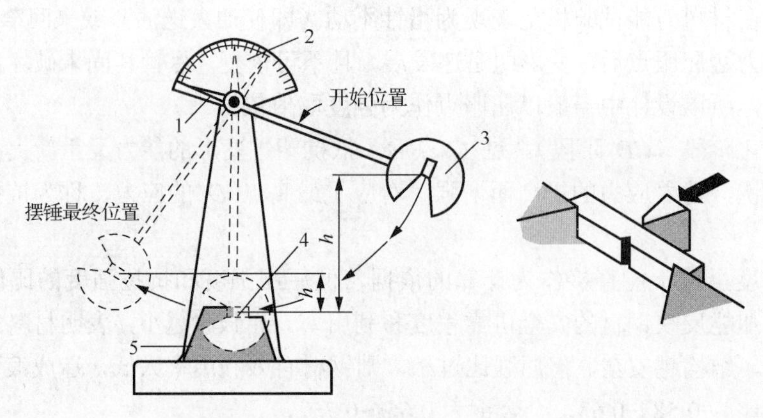

1—指针；2—指示盘；3—摆锤；4—试样；5—砧座。

图 6-4 冲击韧性试验示意图

影响钢材冲击韧性的因素有很多，如钢材的化学成分、内在缺陷、加工工艺及环境温度都会影响钢材的冲击韧性。试验表明，冲击韧性随温度的降低而下降，其规律是开始时下降较平缓，当达到一定温度范围时，冲击韧性会突然下降很多而呈脆性，这种脆性称为钢材的冷脆性。这时的温度称为脆性转变温度，如图 6-5 所示。其数值越小，说明钢材的低温冲击性能越好，因此，在负温下使用的结构，应当选用脆性转变温度低于使用温度的钢材。

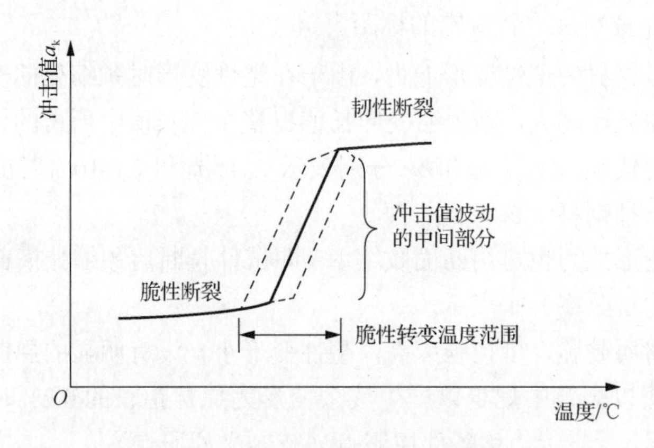

图 6-5 钢材的冲击韧性与温度的关系

冷加工时效处理也会使钢材的冲击韧性下降。钢材的时效是指钢材随时间的延长，钢材强度逐渐提高而塑性、韧性下降的现象。完成时效的过程可达数十年，但钢材如经过冷加工或使用中受震动和反复荷载作用，时效可迅速发展。因时效而导致性能改变的程度称为时效敏感性。对于承受动荷载的结构应该选用时效敏感性小的钢材。另外，对于直接承受动荷载而且可能在负温下工作的重要结构必须进行钢材的冲击韧性检验。

3. 疲劳强度

钢材在交变荷载反复作用下，可在远小于抗拉强度的情况下突然破坏，这种破坏称为疲劳破坏。钢材的疲劳破坏指标用疲劳强度（或称疲劳极限）来表示，它是指试件在交变应力条件下，作用 10^7 周次，不发生疲劳破坏的最大应力值。

钢材的疲劳破坏由拉应力引起，首先在局部开始形成微细裂纹，其后由于裂纹尖端处产生应力集中而使裂纹扩展直至钢材断裂。钢材疲劳强度的大小与内部组织、成分偏析及各种缺陷有关，同时钢材表面质量、截面变化和受腐蚀程度等都影响其耐疲劳性能。一般认为，钢材的疲劳极限与其抗拉强度有关，一般抗拉强度越高，其疲劳极限也越高。

疲劳破坏经常突然发生，因而有很大的危险性，往往造成严重事故，所以在设计承受反复荷载且须进行疲劳验算的结构时，应当了解所用钢材的疲劳强度。

4. 硬度

钢材的硬度是指其表面抵抗重物压入产生塑性变形的能力。测定硬度的方法有布氏法、洛氏法及维氏法等。

建筑钢材常用布氏法表示，如图 6-6 所示，其硬度指标为布氏硬度值，以 HB 表示。

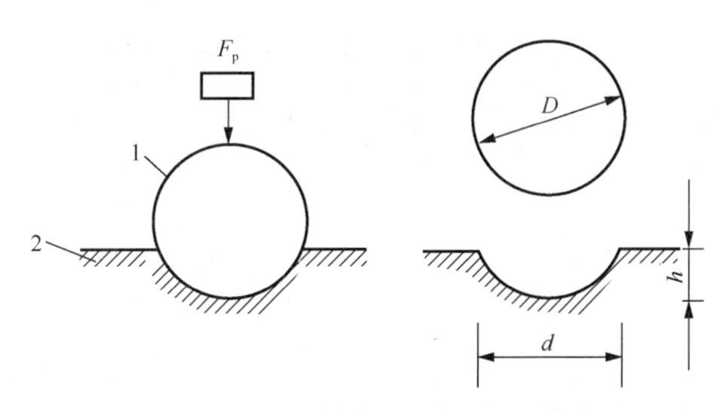

1—淬火钢球；2—试件。

图 6-6　布氏硬度测定示意图

布氏法是利用直径为 D（mm）的淬火钢球，以一定的荷载 F_p（N）将其压入试件表面，得到直径为 d（mm）的压痕，以压痕表面积 S 除荷载 F_p，所得的应力值即为试件的布氏硬度值 HB，以不带单位的数字表示。一般来说，材料的强度越高，硬度值越大。往往根据测出的布氏硬度值就可以估算出该钢材的抗拉强度。

洛氏法测定的原理与布氏法相似，用金刚石圆锥体或钢球等压头，按一定试验力压入试件表面，以压头压入试件的深度来表示硬度值，代号为 HR。洛氏法压痕很小，常用于判定工件的热处理效果。

二、工艺性能

钢材应具有良好的工艺性能，以满足施工工艺的要求。冷弯、冷拉、冷拔及焊接性能是建筑钢材的重要工艺性能。

1. 冷弯性能

冷弯性能是指钢材在常温下承受弯曲变形的能力。钢材的冷弯性能是以试验时的弯曲角度 α 和弯心直径 d 为衡量指标，见图 6-7。钢材冷弯试验时，用直径（或厚度）为 a 的试件，选用弯心直径 $d=na$ 的弯头（n 为自然数，其大小由技术标准或试验方法来规定），弯曲到规定的角度（90°或 180°）后，检查弯曲处若无裂纹、断裂及起层等现象，即认为冷弯试验合格。

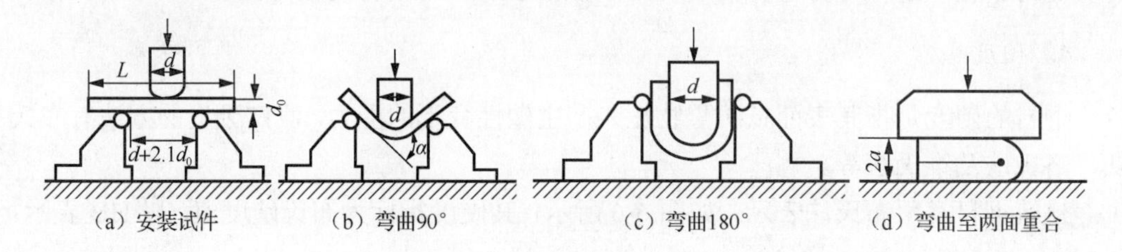

图 6-7 钢材冷弯试验示意图

冷弯性能与伸长率存在一定关系，伸长率越大的钢材，其冷弯性能越好。钢材的冷弯性能与伸长率一样，也是反映钢材在静荷载作用下的塑性，但冷弯试验条件更苛刻，更有助于暴露钢材的内部组织是否均匀，是否存在内应力、微裂纹、表面未熔合及夹杂物等缺陷。

2. 焊接性能

建筑工程中，钢材间的连接绝大多数采用焊接方式。焊接是一种采用加热或加热同时加压的方法使两个分离件联结在一起。焊接的质量取决于钢材与焊接材料的可焊性及焊接工艺。

可焊性是指在一定的焊接工艺条件下，在焊缝及附近过热区不产生裂缝及硬脆倾向，焊接后的力学性能，特别是强度不得低于原钢材的性能。

钢材的化学成分、冶炼质量、冷加工、焊接工艺及焊条材料等都会影响焊接性能。含碳量小于 0.25%的碳素钢具有良好的可焊性，含碳量大于 0.3%时可焊性变差；硫、磷及气体杂质会使可焊性降低；加入过多的合金元素，也会降低可焊性。对于高碳钢，为改善焊接质量，一般需要采用预热和焊后处理，以保证质量。

三、钢材的加工

1. 冷加工

冷加工是指钢材在常温下进行的加工。常见的冷加工方式有冷拉、冷拔、冷轧、冷扭、刻痕等。钢材经冷加工产生塑性变形，从而提高其屈服强度，这一过程称为冷加工强化处理。

（1）冷拉是指在常温下将热轧钢筋用冷拉设备进行张拉，拉伸至产生一定的塑性变形后，卸去荷载。冷拉后的钢筋不仅屈服强度提高20%～30%，同时还增加钢筋长度4%～10%，因此冷拉是节约钢材（一般10%～20%）的一种措施。钢材经冷拉后屈服阶段缩短，屈服点提高，伸长率减小，材质变硬。

（2）冷拔是指将光圆钢筋通过硬质合金拔丝模孔强行拉拔。每次拉拔断面缩小应在10%以内。冷拔作用比纯拉伸的作用强烈，钢筋不仅受拉，而且同时受到挤压作用。经过一次或多次冷拔后得到的冷拔低碳钢丝，其屈服点可明显提高，但失去软钢的塑性和韧性，而具有硬质钢材的特点。

（3）冷轧是指将圆钢在轧钢机上轧成断面形状规则的钢筋，可提高其强度及与混凝土的黏结力。钢筋在冷轧时，纵向与横向同时产生变形，因而能较好地保持其塑性和内部结构的均匀性。

冷加工强化过程如图6-8所示。钢材的应力-应变曲线为*OBKCD*，若钢材被拉伸至超过屈服强度的任意一点*K*时，放松拉力，则钢材将恢复到*O′*点。若此时立即再拉伸，其应力-应变曲线将为*O′KCD*，新的屈服点*K*比原屈服点*B*提高，但伸长率降低。这表明在一定范围内，冷加工变形程度越大，屈服强度提高越多，塑性和韧性降低得越多。

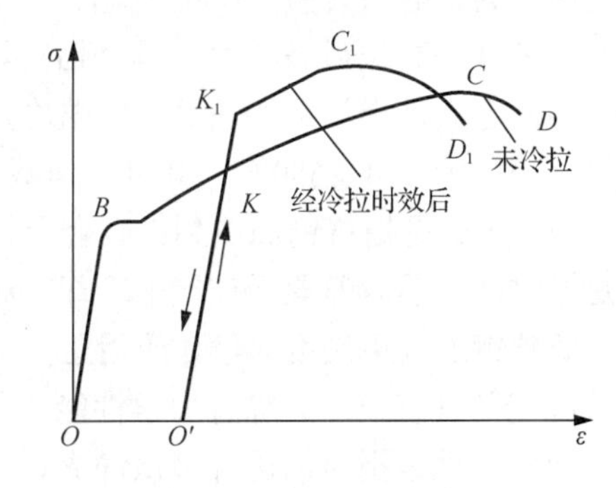

图6-8 钢筋冷拉应力-应变曲线图

在建筑工地进行钢筋混凝土施工时，经常采用冷拉或冷拔加工来处理钢筋或低碳盘条，这既给钢筋进行了调直除锈，又提高了钢筋的屈服强度，从而节约了钢材。

2. 时效

钢材随时间的延长，强度、硬度提高，而塑性、韧性下降的现象称为时效。钢材在自然条件下的时效过程是非常缓慢的，若经过冷加工或使用过程中经常受到振动、冲击荷载作用时，时效将会迅速发展。将经过冷拉的钢筋于常温下存放15～20d，或加热到100～200℃并保持2h左右，钢材的强度和硬度进一步提高，而韧性和塑性继续降低，这个过程称为时效处理。前者称为自然时效，后者称为人工时效。

钢筋冷拉以后再经过时效处理，其屈服点、抗拉强度及硬度进一步提高，塑性及韧性继续降低。如图 6-8 所示，经冷加工和时效后，其应力-应变曲线为 $O'K_1C_1D_1$，此时屈服强度点 K_1 和抗拉强度点 C_1 均较时效前有所提高。一般强度较低的钢材采用自然时效，而强度较高的钢材则采用人工时效。

因时效而导致钢材性能改变的程度称为时效敏感性。时效敏感性大的钢材，经时效后其韧性、塑性改变较大。因此，对重要结构应选用时效敏感性小的钢材。

3. 热处理

热处理是将钢材加热到一定温度，并保持一定时间，再以一定方式进行冷却，使钢材内部晶体组织和显微结构按要求改变，或清除钢材中的应力，从而获得所需的力学性能，这一过程叫作热处理。热处理的方式有淬火、回火、退火和正火。建筑工程所用钢材一般只在生产厂进行热处理，并以热处理状态供应。在施工现场，有时需对焊接钢材进行热处理。

（1）淬火是指将钢加热到铁碳合金相图的 GSK 线以上 30～50℃，保温一段时间后在盐水、冷水或油中急速冷却的处理过程。淬火的目的是获得更高强度和硬度的钢材。含碳量过多的钢，淬火后太脆；含碳量过少的低碳钢，淬火后性能变化不显著；最适宜淬火的钢，其含碳量在 0.9%左右。

（2）回火是指将淬火处理后的钢再进行加热、冷却处理的过程。回火的目的是消除钢的内应力，增加其韧性。回火温度一般在 150～650℃范围内。回火温度越高，其硬度降低和韧性提高越显著。对刀具、钻头等一般采用较低的回火温度。

（3）退火是指将钢加热到一定温度，保温一段时间，而后缓慢冷却，低温退火的加热温度一般为 600～650℃，其目的是减小钢的晶格畸变、消除内应力和降低硬度。

（4）正火是指将钢加热到铁碳合金相图的 GSK 线以上 30～50℃（或更高温度），保持足够时间，然后静置于空气中冷却。对于断面尺寸较大的钢件，正火相当于退火的效果。低碳钢退火后硬度太低，改用正火可提高硬度，以改善其切削加工性能；高碳钢正火后可使其具有较好的综合力学性能。

调质处理是指对钢进行多次淬火、回火等处理的综合热处理工艺。其目的是使钢具有所需的晶体组织（奥氏体、索氏体等）及均匀的细晶结构，从而得到强度、硬度、韧性等力学性能均较满意的钢件。

4. 钢材的焊接

1）焊接基本方法

焊接是各种型钢、钢板、钢筋等的主要连接方式。在钢筋混凝土结构中，大量的钢筋接头、钢筋网片、钢筋骨架、预埋铁件及钢筋混凝土预制构件的安装等，都要采用焊接方式。

（1）钢筋电阻点焊是将两钢筋安放成交叉叠接形式，压紧于两电极之间，利用电阻热熔化母材金属，加压形成焊点的一种焊接方法。

（2）钢筋闪光对焊是利用电阻热使接触点金属熔化，产生强烈飞溅，形成闪光，迅速施加顶锻力完成的一种焊接方法。

（3）钢筋电弧焊是以焊条作为一极，钢筋为另一极，利用焊接电流通过产生的电弧热进行焊接的一种熔焊方法。

（4）钢筋窄间隙电弧焊是将两根钢筋安放成水平对接形式，并置于铜模内，中间留有少量间隙，用焊条从接头根部引弧，连续向上焊接完成的一种电弧焊方法。

（5）钢筋电渣压力焊是将两根钢筋安放成竖向对接形式，利用焊接电流通过两根钢筋端面间隙，在焊剂层下形成电弧过程和电渣过程，产生电弧热和电阻热，熔化钢筋，加压完成的一种压焊方法。

（6）钢筋气压焊是采用氧乙炔火焰或其他火焰对两根钢筋对接处加热，使其达到塑性状态（固态）或熔化状态（液态）后，加压完成的一种压焊方法。

（7）预埋件钢筋埋弧压力焊是将钢筋与钢板安放成 T 形接头形式，利用焊接电流通过，在焊剂层下产生电弧，形成熔池，加压完成的一种压焊方法。

焊接工艺是在很短的时间内达到很高的温度，金属熔化的体积很小，由于金属传热快，冷却的速度也很快。在焊件中常发生复杂的、不均匀的反应和变化，存在剧烈的膨胀和收缩，因而易产生变形、内应力和组织的变化。经常发生的焊接缺陷有裂纹、气孔、夹杂物（脱氧生成物和氮化物）等。

由于焊接件在使用过程中的主要力学性能是强度、塑性、韧性和耐疲劳性，因此，对性能影响最大的焊接缺陷是焊件中的裂纹、缺口和由于硬化而引起的塑性和冲击韧性的降低。

2）焊接影响因素

影响焊接质量的主要因素有以下几个。

（1）钢材的可焊性。可焊性好的钢材，焊接质量易于保证。含碳量小于 0.25%的碳素钢具有良好的可焊性。加入合金元素（如硅、锰、钒、钛等），将增大焊接处的硬脆性，降低可焊性，特别是硫能使焊接产生热裂纹及硬脆性。

（2）焊接工艺。钢材的焊接由于局部金属在短时间内达到高温熔融，焊接后又急速冷却，因此必将伴随产生急剧的膨胀、收缩、内应力及组织变化，从而引起钢材性能的改变。所以，必须正确掌握焊接方法，选择适宜的焊接工艺及控制参数。

（3）焊条材料。根据不同材质的被焊件，选用适宜的焊条。但焊条的强度必须大于被焊件的强度。

冷拉钢筋的焊接应在冷拉前完成；钢筋焊接之前，应将焊接部位清除铁锈、油污等；钢材焊接后必须取样进行焊接质量检验，一般包括拉伸试验和冷弯试验，要求试验时试件的断裂不能发生在焊接处。

【工程实例 6-4】热轧钢筋力学性能检测

【现象】某工程对钢筋进行见证取样并进行力学性能测试，取样单、力学性能试验报告分别见表 6-19 和表 6-20，请判断该钢筋是否合格，并说明理由。

表 6-19 取样单

产地、厂名	山东××钢铁	出厂合格证号	××××××××××
钢筋等级、规格	HRB400、12mm	抗震等级	—
钢筋外形	热轧带肋钢筋	炉批号	Y135-5227
见证单位	××监理有限公司	进场数量	2.238t
见证人	××	送样人	××

表 6-20 力学性能试验报告

环境条件 温度：___℃ 湿度：___%	重量偏差检验		力学性能检验					
试样编号	检测值/%	平均值/%	拉伸试验				弯曲性能	
			屈服强度/MPa	抗拉强度/MPa	伸长率 A_5/%	最大力总伸长率 A_{gt}/%	（）度 $d=$（）a	结果
KKDC-13-GC-002-01	−4		415	580	32	—	—	—
KKDC-13-GC-002-02	−4		415	565	30	—	—	—
KKDC-13-GC-002-03	−3	−4	—	—	—	—	180 4a	合格
KKDC-13-GC-002-04	−4		—	—	—	—	180 4a	合格
KKDC-13-GC-002-05	−4		—	—	—	—	—	—

【分析】通过见证取样单可知，该钢筋为热轧带肋钢筋（HRB400）。根据表 6-12 钢筋混凝土用热轧钢筋的力学与工艺性能，可知 HRB400 钢筋的屈服强度大于或等于 400MPa，抗拉强度大于或等于 540MPa，伸长率大于或等于 16%。该钢筋的屈服强度为 415MPa，大于 400MPa；抗拉强度分为 580MPa 和 565MPa，大于 540MPa；伸长率分别为 32%和 30%，大于 16%；抗拉性能合格。通过表 6-20 力学性能试验报告，可知其弯曲性能合格。综合评价钢钢筋合格。

【工程实例 6-5】常见钢材质量问题

【现象】

（1）某宿舍工程使用的钢筋，根据材料仓库提供的材质证明，其屈服强度、抗拉强度、伸长率等指标均合格，施工人员未作检验就直接用于工程，导致该宿舍局部坍塌。

（2）某构件预制场进一批冷拉钢筋，在加工时发现钢筋弯钩附近有横向裂缝，取样作拉伸试验，又发现在试件的全长出现横向环状裂缝，裂缝的间距为 5mm。

（3）某钢结构施工现场，施工单位使用的钢材发生脆断。

【分析】

（1）在钢筋混凝土工程中，所用的钢筋材质证明与材料不配套，进场钢筋未按照施工规范的规定进行检验后就使用，因此使不合格的钢筋被用到工程上。事后经过复验发现，有30%左右的试件的极限强度达不到标准要求，而且屈服强度与极限强度比较接近，是典型的不合格钢筋。

（2）钢材出现裂缝，不仅有材质本身的问题，还有加工质量问题。施工规范明确规定有冷弯裂缝的钢筋不予验收，对于出现裂缝的钢筋应作降级使用。

（3）钢材发生脆断是一种严重的质量事故，其原因既有材质的问题，也有施工不当的问题。工程实践证明，使用低质钢和沸腾钢，很容易发生钢材的脆断，钢材的脆断经常发生在粗钢筋电弧点焊后。

第五节 建筑钢材的腐蚀和防火保护

建筑钢材易发生腐蚀且耐火性差，所以防止钢材腐蚀和对钢材进行防火保护十分重要。

一、钢材的腐蚀

钢材的腐蚀是指钢材表面与周围介质发生作用而引起破坏的现象。腐蚀不仅使钢材截面减小，降低其承载力，而且由于局部腐蚀造成应力集中，易导致结构破坏。如果受到冲击荷载或循环交变荷载的作用，将产生腐蚀疲劳现象，使钢材疲劳强度大为降低，甚至出现脆性断裂。

1. 钢材腐蚀的原因

根据钢材与环境介质作用的机理，腐蚀可分为化学腐蚀和电化学腐蚀。

1）化学腐蚀

化学腐蚀是指钢材与周围介质（如氧气、二氧化碳、二氧化硫和水等）发生化学反应，生成疏松的氧化物而产生的腐蚀。在干燥环境中化学腐蚀的速度缓慢，但在干湿交替的情况下，腐蚀速度大大加快。

2）电化学腐蚀

电化学腐蚀是指钢材与电解质溶液接触而产生电流，形成微电池从而引起的腐蚀。潮湿环境中钢材表面会被一层电解质水膜覆盖，钢材本身含有铁、碳等多种成分，由于这些成分的电极电位不同，而形成许多微电池，钢中的铁元素失去电子成为Fe^{2+}离子进入介质溶液，与溶液中的OH^-离子结合生成$Fe(OH)_2$，并进一步氧化成疏松易剥落的红棕色铁锈$Fe(OH)_3$，使钢材遭到腐蚀。

实际上，钢材在大气中的腐蚀是化学腐蚀和电化学腐蚀共同作用的结果。

影响钢材腐蚀的主要因素有环境中的水蒸气和氧气，介质中的酸、盐，钢材的化学成分及表面状况等。一些卤素离子，特别是氯离子能破坏保护膜，促进腐蚀反应，使腐蚀迅速发展。

钢材腐蚀时，伴随体积增大，最严重的可达原体积的6倍，在钢筋混凝土中会使周围的混凝土胀裂。埋入混凝土中的钢材，由于混凝土的碱性介质（新浇混凝土的pH值为12左右），在钢材表面形成碱性保护膜，阻止腐蚀继续发展，故混凝土中的钢材一般不易腐蚀。

2. 钢材腐蚀的防止

1）保护膜法

利用保护膜使钢材与周围介质隔离，从而避免或减缓外界腐蚀性介质对钢材的破坏作用。例如，在钢材表面刷漆、喷涂料、搪瓷、塑料涂层；或以金属镀层为保护膜，如镀锌、镀锡、镀铬等。

2）采用耐候钢

耐候钢即耐大气腐蚀钢。耐候钢是在碳素钢和低合金钢中加入少量的铜、铬、镍、钼等合金元素而制成。耐候钢既有致密的表面防腐保护，又有良好的焊接性能，其强度级别与常用碳素钢和低合金钢一致，技术指标接近。

混凝土中钢筋的防腐方法虽然可以采用以上两种方法，但最经济有效的方法是提高混凝土的密实度和碱度。因为提高混凝土的密实度可以阻止或延缓外部有害介质的侵入，而提高混凝土的碱度是由于其中的$Ca(OH)_2$可在钢筋表面形成碱性氧化膜（pH＞12时）对钢筋起保护作用。如果空气中CO_2浓度增加使混凝土不断碳化，则pH＜12，起保护作用的碱性氧化膜可能遭到破坏，从而使钢筋锈蚀。

Cl^-离子也会破坏保护膜，所以在配制钢筋混凝土时应该限制氯盐的使用量。在预应力混凝土中应禁止含氯盐的骨料及外加剂的作用。

二、钢材的防火保护

钢材虽遇火不燃，但钢材受火作用后会迅速软化，并不能抵抗火灾。以失去支持能力为标准，无保护层时钢柱和钢屋架的耐火极限只有15min，而裸露钢梁的耐火极限仅为9min。温度在200℃以内，可以认为钢材的性能基本不变；超过300℃以后，弹性模量、屈服点和极限强度均显著下降，应变急剧增大；达到600℃时已失去承载能力。而且，破坏后的钢结构无法修复再用。

1. 钢结构的防火保护

在钢材表面包裹或覆盖绝热或吸热材料阻隔火焰和热量，推迟钢结构的升温速度，可对钢材有效地起到防火保护作用。防火方法以包裹为主，用防火涂料、不燃板材（如石膏板、硅酸钙板、蛭石板、珍珠岩板、矿棉板、岩棉板等）、混凝土和砂浆等将钢结构构件包裹起来。

（1）钢结构防火涂料。钢结构防火涂料施涂于建筑物及构筑物的钢结构表面，能形成耐火隔热保护层，以提高钢结构耐火极限。其具有重量轻、施工较简便等特点，适用于隐蔽结构和裸露的钢梁、斜撑等钢构件。

（2）浇筑混凝土法。用现浇混凝土作外包层时，可以在钢结构上现浇成型，也可采用喷涂法（喷射工艺）。现浇的实体混凝土外包层通常可用钢丝网或钢筋来加强，以限制收缩裂缝并保证外壳的强度。这种方法保护层强度高、耐冲击，占用空间较大，适用于容易碰撞、无保护面板的钢柱防火保护。

（3）轻质防火厚板包覆法。此方法采用无机防火板材对大型钢构件进行箱式包裹，如石膏板、蛭石板、无石棉硅酸钙隔热板等，包板的厚度根据耐火极限要求而定。这种方法具有施工方便、装修面平整光滑、成本低、损耗小、无环境污染、施工周期短、耐老化等优点，推广前景好，是钢结构防火保护的新发展方向。

2. 钢筋的防火保护

钢筋混凝土结构中的钢筋虽然被混凝土包裹，但在火灾作用下，仍会造成构件力学性能的丧失，使结构破坏。由于钢材的导热系数比混凝土大，且钢筋的热膨胀率是混凝土的 1.5 倍，因此受热钢筋的伸长变形比混凝土大。在结构设计允许的范围内适当增加保护层厚度，可以减小或延缓钢筋的伸长变形和预应力值损失。若结构不允许增厚保护层，可在受拉区混凝土表面涂刷防火涂料，使结构得到保护。

【工程实例 6-6】钢结构防火措施

【现象】某仓储物流中心仓库为大跨度钢结构仓储库房，顶部为彩钢板，总占地面积约 17 000m^2，分 A、B、C 三个区，建筑高度 10m。各区内部无有效的防火分隔，A 区有部分 4m 高的砖混实体隔墙，其余各区内主要采用彩钢夹芯板、钢构件挂石膏板等作为隔墙。

某年 3 月 8 日 2 时 42 分，该仓储物流中心仓库发生火灾，消防支队接到报警后，迅速赶赴现场扑救。5 时许，火灾得到控制；11 时 20 分，大火基本被扑灭。此次火灾面积约 7000m^2，由于实施分隔阻截成功，有效控制了火势，保护了约 9000m^2 仓储库房以及与物流中心一墙之隔的某体育学校宿舍楼的安全。

【分析】钢结构的防火措施主要有以下几项。

（1）合理设置防火分隔。有效的防火分隔能在一定时间内防止火灾向同一建筑物的其他部位或相邻建筑蔓延，对阻止火势蔓延、降低火灾损失、赢得消防救援时间起着至关重要的作用，可利用防火墙、防火卷帘进行分隔。

（2）钢结构的防火保护，主要采取喷涂法和包敷法。喷涂法施工简便，但防火涂料施工质量可控性差，其对基材除锈、防火涂料涂层厚度、施工环境湿度等不易控制，且涂料长期暴露在空气中特别是潮湿环境中，会出现析出、分解、降解的现象，导致涂层开裂、脱落等老化问题。包敷法目前采用一种硬硅钙板，具有质轻、高强、隔热性能好、易现场加工等特点。厚15～20mm的板耐火极限为2.0h；厚30mm的板耐火极限为4.0h，可以耐1000℃的高温。

（3）自动喷水灭火系统选用快速响应喷头，可缩短喷头响应时间，抑制和消灭初期火灾。同时，针对建筑内可燃物的分布情况，在可燃物集中、火灾危险性大的部位，设置快速响应早期抑制喷头，进一步缩短喷头响应时间；在靠近裸露钢构件的部位，加密喷头，以利于对钢构件进行冷却保护。

习 题

一、单项选择题

1. 钢筋试件的原始标距为50mm，拉断后标距为60mm，该钢筋的伸长率为（ ）。

A．10%　　B．20%　　C．30%　　D．40%

2.（ ）是钢材取值的依据。

A．屈服强度　　B．抗拉强度　　C．伸长率　　D．弹性极限

3. 热轧钢筋级别越高，其（ ）。

A．屈服强度、抗拉强度下降，伸长率下降

B．屈服强度、抗拉强度下降，伸长率提高

C．屈服强度、抗拉强度提高，伸长率下降

D．屈服强度、抗拉强度提高，伸长率提高

4. HPB300属于（ ）。

A．热处理钢筋　　B．热轧光圆钢筋　　C．热轧带肋钢筋　　D．钢绞线

5. 建筑钢材拉伸试验测得的各项指标中不包括（ ）。

A．屈服强度　　B．疲劳强度　　C．抗拉强度　　D．伸长率

6. 在工程应用中，通常用于表示钢材塑性指标的是（ ）。

A．伸长率　　B．抗拉强度　　C．屈服强度　　D．疲劳性能

7.（ ）是决定钢材性能最重要的元素，影响至钢材的强度、塑性、韧性等机械力学性能。

A．碳　　B．硅　　C．锰　　D．磷和硫

8. 钢材的强屈比越大，钢筋在超过屈服点工作时（ ）。

A．结构安全性高　　B．结构安全性低　　C．结构破坏　　D．无法判断

9. 在低碳钢的应力-应变图中，有线性关系的是（ ）阶段。

A．弹性　　B．屈服　　C．强化　　D．颈缩

10.（ ）是钢材最重要的性质。

A．冷弯性能　　B．抗拉性能　　C．耐疲劳性能　　D．焊接性能

二、多项选择题

1．普通混凝土制作的钢筋混凝土发生钢筋锈蚀现象的主要原因有（　　）。

A．混凝土不密实，环境中的水和空气能进入混凝土内部

B．混凝土保护层厚度小或发生了严重的碳化，使混凝土失去了保护

C．混凝土内 Cl^- 离子含量过大，使钢筋被锈蚀

D．预应力钢筋存在微裂缝等缺陷，引起预应力钢筋锈蚀

E．混凝土中的氧含量过大，使钢筋表面的保护膜被氧化

2．钢筋在储存时应注意的问题包括（　　）。

A．钢筋入库时要验收，认真检查钢筋的规格、强度等级和牌号

B．在仓库、料棚或场地周围，应有一定的排水设施，以利排水

C．钢筋垛下要垫以枕木，使钢筋离地 10cm 以上

D．钢筋不得和酸、盐、油等类物品存放在一起

E．钢筋存储量应和当地钢材供应情况、钢筋加工能力及使用量相适应

3．钢筋的主要性能包括力学性能和工艺性能，力学性能表征钢筋本身的特点，工艺性能表征对钢筋进行加工时钢筋表现出的特点。其中力学性能包括（　　）。

A．冲击韧性　　B．硬度　　C．抗拉强度　　D．焊接性能

E．疲劳强度

4．钢筋是指钢筋混凝土用和预应力钢筋混凝土用钢材，根据其横截面可以分为（　　）。

A．光圆钢筋　　B．带肋钢筋　　C．扭转钢筋　　D．拉伸钢筋

E．抗剪钢筋

5．在钢筋混凝土结构设计规范中，对国产建筑用钢筋，按其产品种类不同分别给予不同的符号，供标注及识别之用。以下属于非热轧带肋钢筋的有（　　）。

A．HPB300　　B．HRB335　　C．HRB400　　D．RRB400

E．RRB500

6．钢筋主要机械性能的各项指标是通过（　　）来获得的。

A．静力挤压　　B．静力拉伸试验　　C．冷弯试验　　D．冷拉试验

E．热轧试验

7．钢筋的机械性能通过试验来测定，钢筋质量标准的机械性能有（　　）等指标。

A．屈服点　　B．抗拉强度　　C．伸长率　　D．冷弯性能

E．可焊性

8．钢筋拉伸试验能够测定的指标包括（　　）。

A．伸长率　　B．抗拉强度　　C．韧性　　D．弯曲性能

E．屈服强度

三、判断题

1．HRB400 钢筋中 400 表示钢筋的抗拉强度为 400MPa。（　）

2．低碳钢受外力作用，由受拉至拉断过程可分为弹性阶段、塑形阶段、强化阶段和颈缩阶段。（　）

3．屈强比越大，材料受力超过屈服强度工作时的可靠性越大，结构的安全性越高。（　）

4．钢筋混凝土结构主要是利用混凝土受压、钢筋受拉的特点。（　）

5．热轧钢筋是工程上用量最大的钢材品种之一，主要用于钢筋混凝土和预应力钢筋混凝土的配筋。（　）

6．钢材的伸长率是一定值，与标距无关。（　）

7．钢材的伸长率越大，塑性越好。（　）

8．从热学性质来看，钢筋的线膨胀系数与混凝土的线膨胀系数应基本相同，这样钢筋与混凝土才能协同工作。（　）

9．抗拉强度是钢筋在承受静力荷载的极限能力，可以表示钢筋在达到屈服点以后还有多少强度储备，是抵抗弹性破坏的重要指标。（　）

10．伸长率的计算是钢筋在拉力作用下断裂时，被拉长的那部分长度占原长的百分比。把试件断裂的两段拼起来，可量得断裂后标距段长 L_1，减去标距原长 L_0 就是塑性变形值，此值与原长的比率用δ表示，即伸长率。（　）

四、简答题

1．描述钢筋冷弯试验的试验过程及试验结果评价。

2．什么是钢筋的疲劳破坏？提高钢筋疲劳强度的措施有哪些？

3．碳素钢牌号的组成是什么？

4．如何判断施工现场使用的 HRB400 钢筋是否合格？

5．防止钢材锈蚀的措施有哪些？

五、计算题

某施工现场对进场的钢筋进行检验，截取一根钢筋进行拉伸试验，试验结果如下：屈服点荷载为 42.0kN，拉断时的荷载为 65.0kN，钢筋的公称直径为 10mm，标距为 60mm，拉断后的长度为 70.5mm。根据该背景资料回答下列问题。

1．该钢筋的屈服强度和抗拉强度分别是多少？

2．该钢筋的伸长率为多少？

3．绘制该钢筋受拉的应力-应变曲线。

第七章

其他常用建筑材料

常用的建筑材料还有墙体材料、防水材料、有机高分子材料、建筑装饰材料、木材及其制品等。

第一节 墙 体 材 料

墙体材料是指用来砌筑、拼装或用其他方法构成承重墙、非承重墙的材料，如图 7-1 所示。

在建筑工程中，墙体材料具有承重、围护和分隔作用，墙体材料的重量占建筑物自重的 1/2，用工量及造价均约占 1/3。因此，合理选用墙体材料对建筑物的结构形式、高度、跨度、安全、使用功能及工程造价等均有重要意义。

（a）黏土砖墙（烧结砖）

（b）石砌墙（毛石）

图 7-1　墙体材料

（c）砌块墙（轻质混凝土砌块）

（d）轻质隔声墙（GRC 成品）

（e）剪力墙（钢筋混凝土）

（f）幕墙（明框玻璃幕墙）

图 7-1（续）

一、墙体材料的特点

墙体材料的特点如下。

（1）黏土砖作为曾经广泛使用的墙体材料，具有材料丰富、成本低的优点，但同时具有对耕地破坏巨大、生产能耗低、整体抗震性能差、自重大、生产效率低等缺点。

（2）砌块是利用混凝土、工业废料（炉渣、粉煤灰等）制成的人造墙体块材，规格比实心黏土砖大，具有自重轻、施工快等优点。

（3）轻质隔墙板具有质量轻、强度高、多重环保、隔热隔声性能良好、防火能力好、机械化施工快、施工成本低等优点。

（4）剪力墙的优点是侧向刚度大，在水平荷载作用下侧移小，既承担水平构件传来的竖向荷载，又承担风力或地震作用传来的水平作用。其缺点是间距有一定限制，建筑平面布置不灵活，不适合要求大空间的公共建筑，另外结构自重也较大，灵活性差。

（5）幕墙是现代轻质高强墙体的代表，具有自重轻、施工方便快捷、便于维修更换、外形美观时尚、抗震效果好等优点。

二、墙体材料的分类

（一）砌墙砖

凡是用黏土、工业废料或其他地方资源为主要原料，以不同工艺制成的在建筑工程中用于砌筑墙体的砖统称为砌墙砖，简称砖。砖的种类有很多，按所用原材料可分为黏土砖、粉煤灰砖、页岩砖、煤矸石砖、灰岩砖和炉渣砖等（见图 7-2～图 7-5）；按生产工艺可分为烧结砖和非烧结砖，其中非烧结砖又分为压制砖、蒸养砖和蒸压砖等；按有无孔洞分为实心砖和多孔砖。

图 7-2　烧结黏土砖（黏土为主）

图 7-3　烧结粉煤灰砖（粉煤灰为主）

图 7-4　烧结页岩砖（页岩为主）

图 7-5　烧结煤矸石空心砖（煤矸石）

1. 烧结普通砖

以黏土、页岩、煤矸石、粉煤灰、建筑渣土、淤泥（江河湖淤泥）、污泥等为主要原料，经焙烧而成主要用于建筑物承重部位的普通砖，称为烧结普通砖。其根据原料不同分为烧结黏土砖、烧结粉煤灰砖、烧结页岩砖、烧结煤矸石砖、烧结建筑渣土砖、烧结淤泥砖、烧结污泥砖和烧结固体废弃物砖。

烧结黏土实心砖，目前已被限制或淘汰使用，但由于我国已有建筑中的墙体材料绝大部分为此类砖，是一段不能割裂的历史。而且，烧结多孔砖可以认为是从实心砖演变而来的。另外，烧结粉煤灰砖、烧结页岩砖和烧结煤矸石砖等的规格尺寸和基本要求均与烧结黏土实心砖相似。

1）主要技术性质

烧结普通砖的技术要求包括形状、尺寸、外观质量、强度等级和耐久性等方面。

烧结普通砖为长方体，其标准尺寸为240mm×115mm×53mm，加上砌筑用灰缝的厚度10mm，则4块砖长、8块砖宽、16块砖厚恰好都为1m，故1m^{3}砖砌体需用砖512块。

烧结普通砖的尺寸允许偏差如表7-1所示。

表7-1　烧结普通砖的尺寸允许偏差　（单位：mm）

公称尺寸	指标	
	样本平均偏差	样本极差
240	±2.0	≤6.0
115	±1.5	≤5.0
53	±1.5	≤4.0

烧结普通砖的外观质量要求如表7-2所示。

表7-2　烧结普通砖的外观质量　（单位：mm）

项目	指标
两条面高度差	≤2
弯曲	≤2
杂质凸出高度	≤2
缺棱掉角的三个破坏尺寸	不得同时大于5
裂纹长度 （1）大面上宽度方向及其延伸至条面的长度 （2）大面上长度方向及其延伸至顶面的长度或条顶面上水平裂纹的长度	 ≤30 ≤50
完整面①	不得少于一条面和一顶面

注：为砌筑挂浆而施加的凹凸纹、槽、压花等不算作缺陷。

① 凡有下列缺陷之一者，不得称为完整面。

缺损在条面或顶面上造成的破坏面尺寸同时大于10mm×10mm。

条面或顶面上裂纹宽度大于1mm,其长度超过30mm。

压陷、粘底、焦花在条面或顶面上的凹陷或凸出超过2mm，区域尺寸同时大于10mm×10mm。

烧结普通砖的强度等级分为MU10、MU15、MU20、MU25、MU30五个等级，具体要求如表7-3所示。

表 7-3　烧结普通砖的强度等级　　（单位：MPa）

强度等级	抗压强度平均值 $\overline{f}$	强度标准值 f_k
MU30	≥30.0	≥22.0
MU25	≥25.0	≥18.0
MU20	≥20.0	≥14.0
MU15	≥15.0	≥10.0
MU10	≥10.0	≥6.5

烧结页岩砖以页岩为主要原料，经破碎、粉磨、成型、制坯、干燥和焙烧等工艺制成，其焙烧温度一般在 1000℃左右。生产这种砖可完全不用黏土，配料时所需水分较少，有利于砖坯的干燥，且制品收缩小。砖的颜色与黏土砖相似，但表观密度较大，为 1500～2750kg/m^3，抗压强度为 7.5～15MPa，吸水率为 20%左右，可代替实心黏土砖应用于建筑工程。为减轻自重，可制成烧结页岩多孔砖。页岩砖的质量标准与检验方法及应用范围均与烧结普通砖相同。

烧结煤矸石砖以煤矸石为原料，经配料、粉碎、磨细、成型、焙烧而制得。焙烧时基本不需外投煤，因此生产煤矸石砖不仅节省大量的黏土原料和减少废渣的占地，也节省了大量燃料。烧结煤矸石砖的表观密度一般为 1500kg/m^3 左右，比实心黏土砖小，抗压强度一般为 10～20MPa，吸水率为 15%左右，抗风化性能优良。煤矸石砖的质量标准与检验方法及应用范围均与烧结普通砖相同。

烧结粉煤灰砖以粉煤灰为主要原料，掺入适量黏土（二者体积比为 1∶(1～1.25)）或膨润土等无机复合掺合料，经均化配料、成型、制坯、干燥、焙烧而制成。由于粉煤灰中存在部分未燃烧的碳，能耗降低，也称为半内燃砖。其表观密度为 1400kg/m^3 左右，抗压强度为 10～15MPa，吸水率为 20%左右，颜色从淡红至深红。烧结粉煤灰砖的质量标准与检验方法及应用范围均与烧结普通砖相同。

2）烧结普通砖泛霜、石灰爆裂规定

（1）泛霜。泛霜是指黏土原料中的可溶性盐类（如硫酸钠等）随着砖内水分蒸发而在砖表面产生的盐析现象，一般为白色粉末（白霜）。这些结晶的白色粉状物不仅有损于建筑物的外观，而且结晶的体积膨胀也会引起砖表层的酥松，同时破坏砖与砂浆之间的黏结。每块砖不准许出现严重泛霜。

（2）石灰爆裂。当原料土或掺入的内燃料中夹杂有石灰质成分，则在烧砖时被烧成过火石灰留在砖中。这些过火石灰在砖体内吸收水分消化时产生体积膨胀，导致砖发生胀裂破坏，这种现象称为石灰爆裂。烧结普通砖石灰爆裂指标应符合下列规定。

① 破坏尺寸大于 2mm 且小于或等于 15mm 的爆裂区域，每组样砖不得多于 15 处。其中大于 10mm 的不得多于 7 处。

② 不准许出现最大破坏尺寸大于 15mm 的爆裂区域。

③ 试验后抗压强度损失不得大于 5MPa。

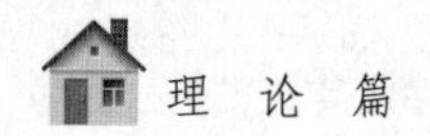

3）抗风化性能

抗风化性能是指在干湿变化、温度变化、冻融变化等物理因素作用下，材料不破坏并长期保持其原有性质的能力。

风化指数是指日气温从正温降至负温升至正温的每年平均天数与每年从霜冻之日起至消失霜冻之日止这一期间降雨总量（以 mm 计）的平均值的乘积。当风化指数大于或等于 12 700 时为严重风化区，风化指数小于 12 700 时为非严重风化区。风化区的划分见表 7-4。砖的抗风化性能见表 7-5。

表 7-4 风化区的划分

严重风化区		非严重风化区	
黑龙江省	山西省	山东省	湖南省
吉林省	河北省	河南省	福建省
辽宁省	北京市	安徽省	台湾省
内蒙古自治区	天津市	江苏省	广东省
新疆维吾尔自治区	西藏自治区	湖北省	广西壮族自治区
宁夏回族自治区		江西省	海南省
甘肃省		浙江省	云南省
青海省		四川省	上海市
陕西省		贵州省	重庆市

表 7-5 砖的抗风化性能

砖种类	严重风化区				非严重风化区			
	5h 沸煮吸水率/%		饱和系数		5h 沸煮吸水率/%		饱和系数	
	平均值	单块最大值	平均值	单块最大值	平均值	单块最大值	平均值	单块最大值
黏土砖、建筑渣土砖	≤18	≤20	≤0.85	≤0.87	≤19	≤20	≤0.88	≤0.90
粉煤灰砖	≤21	≤23			≤23	≤25		
页岩砖 煤矸石砖	≤16	≤18	≤0.74	≤0.77	≤18	≤20	≤0.78	≤0.80

注：粉煤灰掺入量（体积比）小于 30%时，抗风化性能按黏土砖规定。

严重风化区中 1、2、3、4、5 地区的砖，必须进行冻融试验，其他地区的砖的抗风化性能符合表 7-5 规定时可不做冻融试验，否则，必须进行冻融试验。淤泥砖、污泥砖、固体废弃物砖应进行冻融试验。15 次冻融试验后，每块砖样不允许出现分层、掉皮、缺棱、掉角等冻坏现象，冻后裂纹长度不得大于表 7-2 中第 5 项裂纹长度的规定。

4）烧结普通砖的应用

在建筑工程中，烧结普通砖是使用时间较久的一种传统的墙体材料，由于它具有较高的强度、较好的耐久性和绝热性能等优点而被广泛应用于砌筑建筑物的内墙、外墙、柱、拱、烟囱、沟道等其他构筑物。

虽然烧结普通砖具有很多优点，但其中的烧结普通黏土砖，由于毁田取土、块体小、施工效率低、砌体自重大、抗震性差等缺点，国家已在主要大中城市及地区禁止使用。随着我国墙体材料发展，一些新型墙体材料将逐步取代普通黏土砖。

2. 烧结多孔砖和烧结空心砖（图 7-6）

烧结多孔砖的孔洞率要求大于 16%，一般超过 25%，孔洞尺寸小而多，且为竖向孔。多孔砖使用时孔洞方向平行于受力方向。多孔砖主要用于六层及以下的承重砌体。烧结空心砖的孔洞率大于 35%，孔洞尺寸大而少，且为水平孔。空心砖使用时的孔洞通常垂直于受力方向。空心砖主要用于非承重砌体。

图 7-6　烧结多孔砖和烧结空心砖

多孔砖的技术性能应满足国家标准《烧结多孔砖和多孔砌块》（GB 13544—2011）的要求。根据其尺寸规格分为 M 型和 P 型两类，如表 7-6 所示。圆孔直径必须不大于 22mm，非圆孔内切圆直径不大于 15mm，手抓孔一般为（30～40）mm×（75～85）mm。

表 7-6　烧结多孔砖规格尺寸　（单位：mm）

代号	长度	宽度	厚度
M	190	190	90
P	240	115	90

烧结多孔砖的外观质量应符合表 7-7 的要求。

表 7-7　烧结多孔砖的外观质量　（单位：mm）

项目	指标
1. 完整面	不得少于一条面和一顶面
2. 缺棱掉角的三个破坏尺寸	不得同时大于 30
3. 裂纹长度	
（1）大面（有孔面）上深入孔壁 15 mm 以上宽度方向及其延伸到条面的长度	≤80
（2）大面（有孔面）上深入孔壁 15 mm 以上长度方向及其延伸到顶面的长度	≤100
（3）条顶面上的水平裂纹	≤100
4. 杂质在砖或砌块面上造成的凸出高度	≤5

注：凡有下列缺陷之一者，不能称为完整面。
（1）缺损在条面或顶面上造成的破坏面尺寸同时大于 20mm×30mm。
（2）条面或顶面上裂纹宽度大于 1mm，其长度超过 70mm。
（3）压陷、焦花、粘底在条面或顶面上的凹陷或凸出超过 2mm，区域最大投影尺寸同时大于 20mm×30mm。

烧结多孔砖按抗压强度分为 MU10、MU15、MU20、MU25、MU30 五个强度等级，见表 7-8。

表 7-8 烧结多孔砖的强度等级（GB 13544—2011） （单位：MPa）

强度等级	抗压强度平均值 $\overline{f}$	强度标准值 f_k
MU30	≥30.0	≥22.0
MU25	≥25.0	≥180
MU20	≥20.0	≥14.0
MU15	≥15.0	≥10.0
MU10	≥10.0	≥6.5

利用烧结多孔砖可代替烧结普通砖，一般用于砌筑 6 层以下建筑物的承重墙，并具有自重较强、节约黏土、降低能耗，提高施工效率，改善砖的隔热隔声性能等优点。但在有冻胀环境和条件的地区，地面以下或防潮层以下的砌体，不宜采用烧结多孔砖，否则多孔砖的耐久性会下降较大。另外，多孔砖在使用时孔洞应垂直于受压面，这样可有较大的有效受压面积，有利于砂浆结合层进入上下砖块的孔洞中产生“销键”作用，提高砌体的抗剪强度和砌体的整体性。

烧结空心砖根据其抗压强度分为 MU3.5、MU5.0、MU7.5、MU10.0 四个等级，按体积密度分为 800 级、900 级、1000 级、1100 级四个密度等级。其强度等级指标要求见表 7-9。

表 7-9 烧结空心砖强度等级（GB/T 13545—2014）

强度等级	抗压强度/MPa		
	抗压强度平均值 $\overline{f}$	变异系数 $\delta \leqslant 0.21$	变异系数 $\delta > 0.21$
		强度标准值 f_k	单块最小抗压强度值 f_{min}
MU10.0	≥10.0	≥7.0	≥8.0
MU7.5	≥7.5	≥5.0	≥5.8
MU5.0	≥5.0	≥3.5	≥4.0
MU3.5	≥3.5	≥2.5	≥2.8

3. 非烧结砖

非烧结砖是通过配料中掺入一定量胶凝材料或在生产过程中形成定量的胶凝物质而制得，是替代烧结普通砖的新型墙体材料之一。非烧结砖的主要缺点是干燥收缩较大和压制成型产品的表面过于光洁，干缩值一般在 0.50mm/m 以上，容易导致墙体开裂和粉刷层剥落。非烧结砖如蒸压（养）砖，属硅酸盐制品，是以砂、粉煤灰、煤矸石、炉渣、页岩和石灰加水拌和成型，经蒸压（养）而制得的砖。非烧结砖根据选用的原材料的不同分为灰砂砖、粉煤灰砖和煤渣砖等。

1）蒸压灰砂砖（灰砂砖）

蒸压灰砂砖是以石灰和砂为主要原料，经坯料制备、压制成型、蒸压养护而成的实心砖，如图 7-7 所示。一般石灰占 10%～20%，砂占 80%～90%。蒸压养护的压力为 0.8～1.0MPa、温度 175℃左右，经 6h 左右的湿热养护，使原来在常温常压下几乎不与 $Ca(OH)_2$ 反应的砂（晶态二氧化硅），产生具有胶凝能力的水化硅酸钙凝胶，水化硅酸钙凝胶与 $Ca(OH)_2$ 晶体共同将未反应的砂粒黏结起来，从而使砖具有强度。灰砂砖不宜在温度高于 200℃以及承受急冷、急热或有酸性介质侵蚀的建筑部位长期使用。

图 7-7　蒸压灰砂砖（石灰和石英砂）

根据国家标准《蒸压灰砂实心砖和实心砌块》（GB/T 11945—2019）规定，蒸压灰砂砖根据灰砂砖的颜色分为彩色（C）和本色（N）两类，根据抗压强度分为 MU10、MU15、MU20、MU25、MU30 五级，强度等级 MU15 及以上的砖可用于基础及其他建筑部位，MU10 砖可用于砌筑防潮层以上的墙体。规格尺寸为 240mm×115mm×53mm，砖的产品标记按产品代号、颜色、强度级别、规格尺寸、标准编号的顺序编写，如 LSSB C MU20 240×115×53 GB/T 11945—2019 表示规格尺寸为 240mm×115mm×53mm，强度等级为 MU20 的彩色灰砂砖。

灰砂砖的技术性质如下。

（1）外观质量。弯曲，允许范围不大于 2mm；缺棱掉角，三个方向最大投影尺寸不大于 10mm；裂纹延伸的投影尺寸累计不大于 20mm。

（2）尺寸偏差。尺寸允许偏差为长度±2mm，宽度±2mm，高度±1mm；同一批次产品，其长度、宽度、高度的极值差均应不超过 2mm；产品上有贯穿孔洞时，其外壁厚应不小于 35mm。

（3）抗压强度。抗压强度应符合表 7-10 的规定。

表 7-10　灰砂砖的强度等级　　（单位：MPa）

强度等级	抗压强度	
	平均值	单个最小值
MU10	≥10.0	≥8.5
MU15	≥15.0	≥12.8
MU20	≥20.0	≥17.0
MU25	≥25.0	≥21.2
MU30	≥30.0	≥25.5

（4）抗冻性。抗冻性应符合表 7-11 的规定。

表 7-11 灰砂砖的抗冻性能指标

使用地区[①]	抗冻指标	干质量损失率[②]/%	抗压强度损失率/%
夏热冬暖地区	D15	平均值不大于 3.0 单个最大值不大于 4.0	平均值不大于 15 单个最大值不大于 20
温和与夏热冬冷地区	D25		
寒冷地区[③]	D35		
严寒地区[③]	D50		

① 区域划分执行《民用建筑热工设计规范》（GB 50176—2016）的规定。

② 当某个试件的试验结果出现负值时，按 0.0 计。

③ 当产品明确用于室内环境等，供需双方有约定时，可降低抗冻指标要求，但不应低于 D25。

2）蒸压粉煤灰砖

蒸压粉煤灰砖是以粉煤灰和生石灰为主要原料，掺加适量石膏等外加剂和其他集料，经坯料制备、压制成型、高压蒸汽养护而制成的砖。其尺寸规格与烧结普通砖相同（见图 7-8）。

图 7-8 粉煤灰砖

（1）技术性质。根据建材行业标准《蒸压粉煤灰砖》（JC/T 239—2014）规定，粉煤灰砖按抗压强度和抗折强度分为 MU30、MU25、MU20、MU15 和 MU10 五个强度等级。其尺寸偏差、外观质量、强度等级要求、抗冻性、线性干燥收缩值、碳化系数、吸水率、放射性核素限量均应符合上述规范要求。

（2）粉煤灰砖的应用。

① 粉煤灰砖一般用于建筑物的基础和墙体，但用于干湿交替作用和易受冻融部位的砖，其强度等级必须大于 MU15。

② 粉煤灰砖不准用于长期受热200℃以上，受急冷、急热和有酸性侵蚀的建筑部位。

③ 用粉煤灰砖砌筑的建筑物，应适当增设圈梁及伸缩缝或采取其他措施，以避免或减少收缩裂缝的产生。

（二）建筑砌块

建筑砌块的尺寸大于砖，并且为多孔或轻质材料。其主要品种有混凝土空心砌块（包括小型砌块和中型砌块两类）、蒸压加气混凝土砌块、轻集料混凝土砌块、粉煤灰砌块、煤矸石空心砌块、石膏砌块、菱镁砌块、大孔混凝土砌块等。其中目前应用较多的是混凝土小型空心砌块、蒸压加气混凝土砌块、粉煤灰硅酸盐砌块和石膏砌块。

1. 混凝土小型空心砌块

混凝土小型空心砌块主要以水泥、砂、石和外加剂为原材料，经搅拌成型和自然养护制成，空心率为25%～50%（见图7-9），采用专用设备进行工业化生产。

图7-9　混凝土小型空心砌块

混凝土小型空心砌块于19世纪末期起源于美国，目前在各发达国家已经十分普及。它具有强度高、自重轻、耐久性好等优点，部分砌块还具有美观的饰面及良好的保温隔热性能，适合于建造各种类型的建筑物，包括高层和大跨度建筑，以及围墙、挡土墙、花坛等设施，应用范围十分广泛。砌块建筑还具有使用面积增大、施工速度较快、建筑造价和维护费用较低等优点。但混凝土小型空心砌块的收缩较大，易产生收缩变形、不便砍削施工和管线布置等。

混凝土小型空心砌块主要技术性能指标如下。

（1）形状、规格（见图7-10）。混凝土小型空心砌块主规格尺寸为390mm×190mm×190mm，其他规格尺寸可由供需双方协商。空心率不小于25%。

为了改善单排孔砌块对管线布置和砌筑效果带来的不利影响，近年来对孔洞结构做了大量的改进。目前实际生产和应用较多的为双排孔、三排孔和多排孔结构。另外，为了确保肋与肋之间的砌筑灰缝饱满和布浆施工方便，砌块的底部均采用半封底结构。

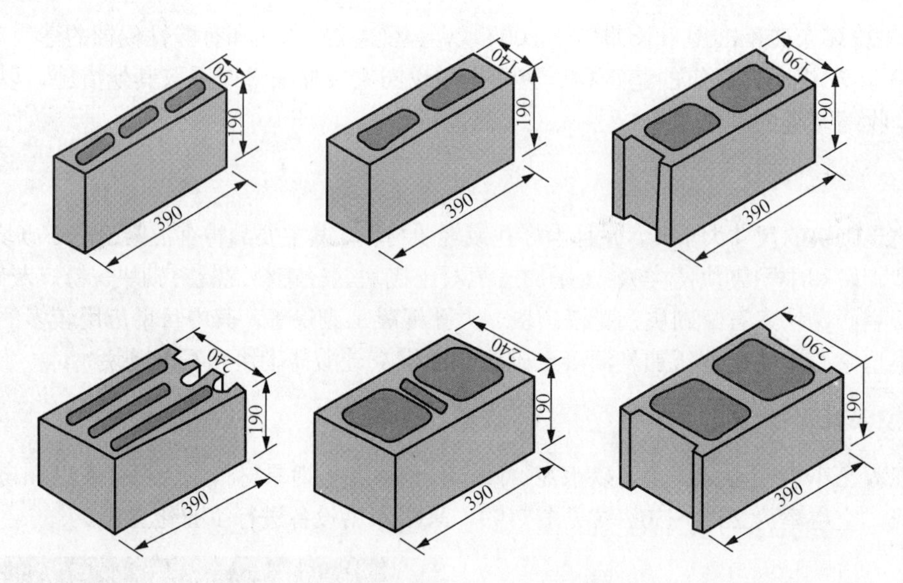

图 7-10 空心砌块规格（单位：mm）

（2）强度等级。混凝土小型空心砌块按抗压强度分为 MU5.0、MU7.5、MU10.0、MU15.0、MU20.0、MU25.0、MU30.0、MU35.0、MU40.0 九个强度等级，见表 7-12。

表 7-12 普通混凝土小型空心砌块的强度等级 （单位：MPa）

强度等级	抗压强度	
	平均值	单块最小值
MU5.0	≥5.0	≥4.0
MU7.5	≥7.5	≥6.0
MU10	≥10.0	≥8.0
MU15	≥15.0	≥12.0
MU20	≥20.0	≥16.0
MU25	≥25.0	≥20.0
MU30	≥30.0	≥24.0
MU35	≥35.0	≥28.0
MU40	≥40.0	≥32.0

（3）相对含水率。相对含水率指混凝土砌块出厂含水率与砌块的吸水率之比值，是控制收缩变形的重要指标。对年平均相对湿度 RH>75%的潮湿地区，相对含水率要求不大于 45%；对年平均相对湿度 RH 在 50%～75%的地区，相对含水率要求不大于 40%；对年平均相对湿度 RH<50%的地区，相对含水率要求不大于 35%。

（4）抗渗性。用于外墙面或有防渗要求的砌块，尚应满足抗渗性要求。它以 3 块砌块中任一块水面下降高度不大于 10mm 为合格。此外，混凝土砌块的技术性质尚有抗冻性、干燥收缩值、软化系数和抗碳化性能等。

由于混凝土砌块的收缩较大，特别是肋厚较小，砌体的黏结面较小，黏结强度较低，砌体容易开裂，因此应采用专用砌筑砂浆和粉刷砂浆，以提高砌体的抗剪强度和抗裂性能，同时应增加构造措施。

2. 蒸压加气混凝土砌块

蒸压加气混凝土砌块（简称加气混凝土砌块）是以钙质材料（水泥、石灰等）和硅质材料（矿渣、砂、粉煤灰等）以及加气剂（铝粉），经配料、搅拌、浇注、发气、切割和蒸压养护等工艺制成的一种轻质、多孔墙体材料，如图 7-11 所示。按尺寸偏差与外观质量、干密度，砌块抗压强度和抗冻性分为优等品（A）和合格品（B）两个等级。

图 7-11　蒸压加气混凝土砌块

（1）规格尺寸。根据《蒸压加气混凝土砌块》（GB 11968—2006），加气混凝土砌块的长度一般为 600mm，宽度有 100mm、120mm、125mm、150mm、180mm、200mm、240mm、250mm、300mm 九种规格，高度有 200mm、240mm、250mm、300mm 四种规格。在实际应用中，尺寸可根据需要进行生产。因此，可适应不同砌体的需要。

（2）尺寸允许偏差和外观质量。砌块的尺寸允许偏差和外观质量应符合表 7-13 的规定。

表 7-13　尺寸偏差和外观

<table>
<tr><th colspan="4" rowspan="2">项目</th><th colspan="2">指标</th></tr>
<tr><th>优等品（A）</th><th>合格品（B）</th></tr>
<tr><td colspan="2" rowspan="3">尺寸允许偏差/mm</td><td>长度</td><td>L</td><td>±3</td><td>±4</td></tr>
<tr><td>宽度</td><td>B</td><td>±1</td><td>±2</td></tr>
<tr><td>高度</td><td>H</td><td>±1</td><td>±2</td></tr>
<tr><td rowspan="3">缺棱掉角</td><td colspan="3">最小尺寸不得大于/mm</td><td>0</td><td>30</td></tr>
<tr><td colspan="3">最大尺寸不得大于/mm</td><td>0</td><td>70</td></tr>
<tr><td colspan="3">大于以上尺寸的缺棱掉角个数，不多于/个</td><td>0</td><td>2</td></tr>
</table>

续表

项目		指标	
		优等品（A）	合格品（B）
裂纹长度	贯穿一棱二面的裂纹长度不得大于裂纹所在面的裂纹方向尺寸总和的	0	1/3
	任一面上的裂纹长度不得大于裂纹方向尺寸的	0	1/2
	大于以上尺寸的裂纹条数，不多于/条	0	2
爆裂、粘模和损坏深度不得大于/mm		10	30
平面弯曲		不允许	
表面疏松、层裂		不允许	
表面油污		不允许	

（3）强度等级。抗压强度是加气混凝土砌块的主要指标，以 100mm×100mm×100mm 的立方体试件强度表示，一组三块，根据平均抗压强度划分为 A1.0、A2.0、A2.5、A3.5、A5.0、A7.5、A10.0 七个等级。砌块的抗压强度应符合表 7-14 的规定。砌块的强度级别应符合表 7-15 的规定。

表 7-14 砌块的立方体抗压强度 （单位：MPa）

强度等级	立方体抗压强度		强度等级	立方体抗压强度	
	平均值≥	单组最小值≥		平均值≥	单组最小值≥
A1.0	1.0	0.8	A5.0	5.0	4.0
A2.0	2.0	1.6	A7.5	7.5	6.0
A2.5	2.5	2.0	A10.0	10.0	8.0
A3.5	3.5	2.8			

表 7-15 砌块的强度级别

干密度级别		B03	B04	B05	B06	B07	B08
强度级别	优等品（A）	A1.0	A2.0	A3.5	A5.0	A7.5	A10.0
	合格品（B）			A2.5	A3.5	A5.0	A7.5

（4）干密度级别。加气混凝土砌块根据干密度划分为 B03、B04、B05、B06、B07、B08 六个级别。砌块的干密度应符合表 7-16 的规定。

表 7-16 砌块的干密度 （单位：kg/m^3）

干密度级别		B03	B04	B05	B06	B07	B08
干密度	优等品（A）≤	300	400	500	600	700	800
	合格品（B）≤	325	425	525	625	725	825

（5）干燥收缩。加气混凝土砌块的干燥收缩值一般较大，特别是粉煤灰加气混凝土砌块，由于没有粗细集料的抑制作用收缩率达 0.5mm/m。因此，砌筑和粉刷时宜采用专用砂浆，并增设拉结钢筋或钢筋网片。

（6）导热性能和隔声性能。加气混凝土中含有大量小气孔，导热系数为 0.10～0.20W/（m·K），因此具有良好的保温性能，既可用于屋面保温，也可用于墙体自保温。加气混凝土的多孔结构，使得其具有良好的吸声性能，平均吸声系数可达 0.15～0.20。

加气混凝土砌块具有体积密度小，保温及耐火性好，抗震性能强，易于加工、施工方便等特点。它适用于低层建筑的承重墙、多层建筑的隔墙及高层框架结构的填充墙，也可用于复合墙板和屋面结构中。但在无可靠的防护措施时，不得用于风中或高湿度及有侵蚀介质的环境中，也不得用于建筑物的基础和温度长期高于 80℃的建筑部位。

3. 轻集料混凝土小型空心砌块

轻集料混凝土小型空心砌块是以粉煤灰陶粒、黏土陶粒、页岩陶粒、膨胀珍珠岩等各种轻集料替代普通集料，再配以水泥、砂制作而成的砌块，其生产工艺与普通混凝土小型空心砌块类似。主规格尺寸为 390mm×190mm×190mm，密度等级有 700、800、900、1000、1100、1200、1300、1400 八个级别，强度等级有 MU2.5、MU3.5、MU5.0、MU7.5、MU10.0 五个级别。与普通混凝土小型空心砌块相比，轻集料混凝土小型空心砌块重量更轻，保温性能、隔声性能、抗冻性能更好。主要应用于非承重结构的围护和框架结构的填充墙。

4. 泡沫混凝土砌块

泡沫混凝土砌块可分为两种，一种是在水泥和填料中加入泡沫剂和水等经机械搅拌、成型、养护而成的多孔、轻质、保温隔热材料，又称为水泥泡沫混凝土砌块；另一种是以粉煤灰为主要材料，加入适量的石灰、石膏、泡沫剂和水经机械搅拌、成型、蒸压或蒸养而成的多孔、轻质、保温隔热材料，又称为硅酸盐泡沫混凝土砌块。泡沫混凝土砌块的外形、物理力学性质均类似于加气混凝土砌块，其表观密度为 300～1000kg/m^3，抗压强度为 0.7～3.5MPa，导热系数为 0.15～0.20W/（m·K），吸声性能和隔声性能均较好，干缩值为 0.6～1.0mm/m。

（三）墙体板材

建筑墙体板材主要有用于内墙或隔墙的轻质墙板以及用于外墙的挂板和承重墙板，如纸面石膏板、石膏纤维板、石膏空心板、石膏刨花板、GRC 轻质多孔条板、GRC 空心隔板、纤维水泥平板、水泥刨花板、轻质陶粒混凝土条板、固定式挤压成型混凝土多孔条板、轻集料混凝土配筋墙板、移动式挤压成型混凝土多孔条板、SP 墙板等（见图 7-12～图 7-17）。

图 7-12　纸面石膏板（普通型）

图 7-13　石膏纤维板（石膏加纤维）

图 7-14　石膏空心板（隔墙整板）

图 7-15　GRC 空心隔板

图 7-16　纤维水泥平板

图 7-17　轻质陶粒混凝土条板

1．建筑石膏板

建筑石膏板是以建筑石膏为主要原料，掺入纤维增强材料和外加剂，加水搅拌均匀，浇筑成型的板材的统称。其包括纸面石膏板、石膏空心条板、纤维石膏板、石膏刨花板等。

（1）纸面石膏板。纸面石膏板是指以建筑石膏为主要原料，掺入适量添加剂与纤维做板芯，以特制的板纸为护面，经加工制成的板材。其具有良好的柔韧性、阻燃性能。平整度好，可以根据需要任意裁切，可锯、可刨、可钉，施工速度快、工效高、劳动强度小，特殊的纸面石膏板还能防火、防水，主要用于吊顶、隔墙、内墙贴面等。

普通纸面石膏板的耐火极限一般为 5～15min。板材的耐水性差，受潮后轻度明显下降，且会产生较大变形或较大的挠度。

纸面石膏板规格有以下几种：3000mm×1200mm×9.5mm、3000mm×1200mm×12mm、2400mm×1200mm×9.5mm、2400mm×1200mm×12mm。

（2）耐水纸面石膏板（见图 7-18、图 7-19）。耐水纸面石膏板是以建筑石膏为主要原料，掺入适量纤维增强材料和耐水外加剂等构成耐水芯材，并与耐水护面纸牢固地黏结在一起的吸水率较低的建筑板材。

图 7-18　耐水纸面石膏板

图 7-19　耐水纸面石膏板成型（有防水要求处）

耐水纸面石膏板具有较高的耐水性，其他的性能与普通纸面石膏板相同。耐水纸面石膏板主要用于厨房、卫生间、厕所等潮湿场合的装饰。其表面也需进行饰面处理，以提高装饰性。

（3）耐火纸面石膏板。耐火纸面石膏板是以建筑石膏为主，掺入适量轻集料、无机耐火纤维增强材料和外加剂等构成耐火芯材，并与护面纸牢固地黏结在一起的改善高温下芯材结合力的建筑板材。

耐火纸面石膏板属难燃性建筑材料，具有较高的遇火稳定性，其遇火稳定时间大于 20～30min。耐火纸面石膏板主要用作防火等级要求高的建筑物的装饰材料，如影剧院、体育馆、幼儿园、展览馆、博物馆、售票厅、商场、娱乐场所及其通道、楼梯间等的吊顶、墙面、隔断等，如图 7-20、图 7-21 所示。

图 7-20 耐火纸面石膏板（单板）

图 7-21 耐火纸面石膏板成型（有防火要求处）

（4）石膏空心条板。石膏空心条板是以熟石膏为胶凝材料，掺入适量的水、粉煤灰或水泥和少量的纤维，同时掺入膨胀珍珠岩为轻质集料，经搅拌、成型、抽芯、干燥等工序制成的空心条板。其包括石膏空心条板、石膏珍珠岩空心条板、石膏粉煤灰硅酸盐空心条板等。

2. 纤维复合板

纤维复合板的基本形式有三类。第一类是在黏结料中掺加各种纤维质材料经“松散”搅拌复合在长纤维网上制成的纤维复合板；第二类是在两层刚性胶结材料之间填充一层柔性或半硬质纤维复合材料，通过钢筋网片、连接件和胶结作用构成复合板材；第三类是以短纤维复合板作为面板，再用轻钢龙骨等复合岩棉保温层和纸面石膏板构成复合墙板。复合纤维板材集轻质、高强、高韧性和耐水性于一体，可以按要求制成任意规格的形状和尺寸，适用于外墙及内墙承重或非承重结构。

根据所用纤维材料的品种和胶结材料的种类，目前主要品种有玻璃纤维增强水泥复合内隔墙平板和复合板（GRC 外墙板）、纤维增强水泥平板（TK 板）、纤维增强硅酸钙板、混凝土岩棉复合外墙板（包括薄壁混凝土岩棉复合外墙板）、石棉水泥复合外墙板、钢丝网岩棉夹芯板（GY 板）等十几种。

1）GRC 板材（玻璃纤维增强水泥复合墙板）

GRC 板材按照其形状可分为 GRC 平板和 GRC 轻质多孔条板。

GRC 复合外墙板是以低碱度水泥砂浆为基材，耐碱玻璃纤维（见图 7-22）作增强材料，制成板材面层，内置钢筋混凝土肋，并填充绝热材料内芯，以台座法一次制成的新型轻质复合墙板。GRC 板材质量轻，防水、防火性能好，同时具有较高的抗折、抗冲击性能和良好的热工性能。其生产工艺主要有两种，即喷射-抽吸法和布浆-脱水-辊压法，前者生产的板材称为 S-GRC 板，后者生产的板材称为雷诺平板。以上两种板材的主要技术性质如下。密度不大于 1200kg/m^3，抗弯强度不小于 8MPa，抗冲击强度不小于 3kJ/m^2，干湿变形不大于 0.15%，含水率不大于 10%，吸水率不大于 35%，导热系数

不大于 0.22 W/（m·K），隔声系数不小于 22dB 等。GRC 平板可以作为建筑物的内隔墙（见图 7-23）和吊顶板，经过表面压花、覆涂之后也可作为建筑物的外墙（见图 7-24）。

图 7-22　玻璃纤维丝

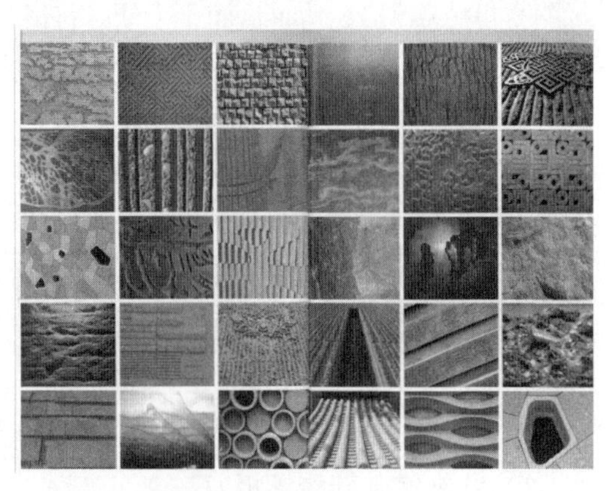

图 7-23　GRC 内墙装饰

图 7-24　GRC 外墙

2）纤维增强水泥平板（TK 板）

纤维增强水泥平板是以低碱水泥、中碱玻璃纤维或短石棉纤维为原料生产的建筑用水泥平板。其耐火极限为 9.3～9.8min，导热系数为 0.58W/（m·K），常用规格为：长 1220mm、1550mm、1800mm，宽 820mm，厚 40mm、50mm、60mm、80mm，适用于框架结构的复合外墙板和内墙板。

纤维增强水泥平板分为无压板和压力板。中低密度（低密度 0.9～1.2g/cm^3，中密度 1.2～1.5g/cm^3）的纤维水泥板都是无压板，一般用于低档建筑吊顶隔墙等部位、中档的建筑隔墙吊顶等部位。高密度（1.5～2.0g/cm^3）的纤维水泥板是压力板（见图 7-25、图 7-26），一般用于高档建筑的钢结构外墙、钢结构楼板等。

纤维增强水泥具有良好的防火绝缘性能，防火等级达到 A 级；还有较好的防水、防潮性能，可以在露天和高湿度环境下使用而不变形；还具有较好的隔热、隔声、耐酸碱、耐腐蚀、施工简便、加工性能好、干作业等优点。

图 7-25 水泥加压板外墙图

图 7-26 水泥加压板（钢结构楼板）

3）纤维增强硅酸钙板

纤维增强硅酸钙板通常称为硅钙板（见图 7-27），是由钙质材料、硅质材料和纤维作为主要原料，经制浆、成坯、蒸压养护，发生水热合成反应，形成晶体结构稳定的托贝莫来石，再经表面磨光等处理而制成的轻质板材。其中建筑用板材厚度一般为 5～12mm。制造纤维增强硅酸钙板的钙质原料为消石灰或普通硅酸盐水泥，硅质原料为磨细石英砂、硅藻土或粉煤灰，纤维可用石棉或纤维素纤维。同时为进一步降低板的密度并提高其绝热性，可掺入膨胀珍珠岩；为进一步提高板的耐火极限温度并降低其在高温下的收缩率，也可加入云母片等材料。硅酸钙板按其抗折强度、外观质量和尺寸偏差可分为优等品、一等品和合格品三个等级。导热系数为 0.15～0.29W/（m·K）。

此种板材具有密度低、比强度高、湿胀率小、防火、防潮、防霉蛀、加工性良好等优点，缺点是吸水性强，施工中采用传统的水泥砂浆抹面较为困难，表面容易开裂，抹面材料与基材不易黏合，须使用专门的抹面材料。主要用作高层、多层建筑或工业厂房的内隔墙（见图 7-28）和吊顶，经表面防水处理后可用作建筑物的外墙板。由于该板材具有很好的防火性，特别适用于高层、超高层建筑。

图 7-27 纤维增强硅酸钙板（原板）

图 7-28 纤维增强硅酸钙隔墙（室内）

第二节　防 水 材 料

防水材料是指具有防止雨水、地下水与其他水侵蚀渗透的建筑材料。防水是建筑物的一项重要功能，防水材料是实现这一功能的基础。防水材料的主要作用是防潮、防渗漏，避免水和盐分对建筑物的侵蚀，保护建筑结构。由于基础的不均匀沉降、结构的变形、建筑材料的热胀冷缩和施工质量等原因，建筑物的外围护结构在使用中会产生许多裂缝，防水材料能否与之适应是衡量其性能优劣的重要标志。防水材料质量的好坏直接影响到建筑物的使用寿命、安全等级和人们的居住环境等。

建筑防水材料品种繁多，按其原材料组成可划分为无机类、有机类和复合类防水材料。按照防水材料的柔韧性和延伸能力，防水材料分为柔性防水材料和刚性防水材料两大类。柔性防水材料是指具有一定柔韧性和较大延伸率的防水材料，如沥青防水卷材、有机涂料等；刚性防水材料是指具有较高强度和无延伸能力的防水材料，如防水砂浆、防水混凝土等。按防水工程或部位可分为屋面防水材料、地下防水材料、室内防水材料及防水构筑物防水材料等。按其生产工艺和使用功能特性，防水材料可分为防水卷材、防水涂料、密封材料、堵漏材料四类。本节主要介绍防水卷材、防水涂料、建筑密封材料等材料的组成、性能特点及应用。

一、防水卷材

防水卷材是使用量最大的柔性防水材料。其主要有沥青防水卷材、高聚物改性沥青防水卷材和合成高分子防水卷材等三大类。不同的防水卷材有其不同的性能指标，但是为了满足建筑工程防水的质量要求，防水卷材均需具备表 7-17 所示性能。

表 7-17　防水卷材的性能要求

名称	性能要求	表征指标
耐水性	在水的作用下或被水浸润后其性能基本不变，在压力水作用下具有不透水性	不透水性、吸水率
温度稳定性	高温不流淌、不起泡、不滑动，低温不脆裂	耐热度
抗裂性能	能承受一定荷载和应力，在一定变形条件下不断裂	拉伸强度、断裂伸长率
柔韧性	在使用过程中，尤其在低温度条件下能保持一定的柔韧度	柔度、低温弯折性
大气稳定性	在阳光、日照、臭氧以及其他化学侵蚀等因素长期作用下，能保持其性能	抗老化性、热老化保持率

1. 沥青防水卷材

1）概念

沥青防水卷材根据有无基胎增强材料分为有胎沥青防水卷材和无胎沥青防水卷材。

图 7-29 石油沥青油毡（纸胎）

有胎沥青防水卷材是指用原纸、纤维织物、纤维毡等胎体浸涂石油沥青，表面撒布粉状、粒状或片状材料制成可卷曲的片状防水材料，又称浸渍卷材（见图 7-29）；无胎沥青防水卷材是指将橡胶粉、石棉粉等与沥青混炼再压延而成的防水材料，也称辊压卷材。沥青类防水卷材价格低廉、结构致密、防水性能良好、耐腐蚀、黏附性好，是目前建筑工程中最常用的柔性防水材料。广泛用于工业与民用建筑、地下工程、桥梁道路、隧道涵洞及水工建筑等很多领域。但由于沥青材料的低温柔性差、温度敏感性强、耐大气化性差，故属于低档防水卷材。

2）适用范围及施工工艺

石油沥青防水卷材的特点、适用范围及施工工艺如表 7-18 所示。

表 7-18 石油沥青防水卷材的特点、适用范围及施工工艺

卷材名称	特点	适用范围	施工工艺
石油沥青纸胎油毡	传统防水材料，价格低廉，抗拉强度低，低温柔性差，温度敏感性大，使用寿命短	三毡四油、二毡三油叠层铺设的屋面防水工程	热玛琋脂、冷玛琋脂粘贴施工
石油沥青玻璃布油毡	抗拉强度高，胎体不易腐烂，柔韧性好，耐久性比纸胎油毡提高 1 倍以上	多用作纸胎油毡的增强附加层和突出部位的防水层	热玛琋脂、冷玛琋脂粘贴施工
石油沥青玻纤胎油毡	耐腐蚀性和耐久性好，柔韧性和抗拉性能优于纸胎油毡	常用作屋面和地下防水工程	热玛琋脂、冷玛琋脂粘贴施工
石油沥青麻布胎油毡	抗拉强度高，耐久性和柔韧性好，但胎体易腐烂	常用作屋面增强附加层	热玛琋脂、冷玛琋脂粘贴施工
石油沥青铝箔胎油毡	耐水、隔热和隔水汽性能好，柔韧性较好，具有一定的抗拉强度	与带孔玻纤毡配合或单独使用，宜用于隔汽层	热玛琋脂粘贴施工

2. 高聚物改性沥青防水卷材

高聚物改性沥青防水卷材是指以高分子聚合物改性沥青为涂盖层，纤维织物或纤维毡为胎体，粉状、粒状、片状或薄膜材料为覆面材料制成的可卷曲片状防水材料。常见的改性沥青卷材有 SBS 改性沥青防水卷材、APP 改性沥青防水卷材及其他改性沥青防水卷材。

1）SBS 改性沥青防水卷材

SBS（苯乙烯-丁二烯-苯乙烯）改性沥青防水卷材（见图 7-30、图 7-31）是以聚酯毡、玻纤毡等增强材料为胎体，以 SBS 改性沥青为浸渍涂盖层，以塑料薄膜为防黏隔离层，经过选材、配料、共熔、浸渍、复合成型、收卷曲等工序加工而成的一种柔性防水卷材。

SBS 改性沥青防水卷材具有优良的耐高温性能，可形成高强度防水层，耐穿刺、耐硌伤、耐撕裂、耐疲劳，具有优良的延伸性和较强的抗基层变形能力，耐低温性能优异。

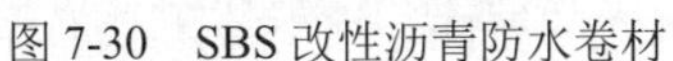
图 7-30　SBS 改性沥青防水卷材

图 7-31　SBS 改性沥青防水卷材（热熔施工）

SBS 改性沥青防水卷材除用于一般工业与民用建筑防水外，尤其适应于高级和高层建筑物的屋面、地下室、卫生间等的防水防潮，以及桥梁、停车场、屋顶花园、游泳池、蓄水池、隧道等建筑的防水。SBS 改性沥青防水卷材具有良好的低温柔韧性和极高的弹性延伸性，更适合于北方寒冷地区和结构易变形的建筑物的防水。

2）APP 改性沥青防水卷材

石油沥青中加入 25%～35%的 APP（无规聚丙烯）可以大幅度提高沥青的软化点，并能明显改善其低温柔韧性。

APP 改性沥青防水卷材是以聚酯毡或玻纤毡为胎体，以 APP 改性沥青为预浸涂层，然后上层撒上隔离材料，下层覆盖聚乙烯薄膜或撒布细砂而成的沥青防水卷材（见图 7-32）。APP 改性沥青防水卷材的特点是不仅具有良好的防水性能，还具有优良的耐高温性能和较好的柔韧性，可形成高强度、耐撕裂、耐穿刺的防水层，此外还有耐紫外线照射、寿命长、热熔法粘贴可靠性强等特点。

图 7-32　APP 改性沥青防水卷材

与 SBS 改性沥青防水卷材相比，除在一般工程中使用外，APP 改性沥青防水卷材由于耐热度更好而且有着良好的耐老化性能，故更加适用于高温或有太阳辐射地区的建筑物的防水。

3）其他改性沥青防水卷材

氧化沥青防水卷材造价低，属于中低档产品。优质氧化沥青油毡具有很好的低温柔韧性，适合于北方寒冷地区建筑物的防水。丁苯橡胶改性沥青防水卷材适应于一般建筑物的防水、防潮，具有施工温度范围广的特点，在−15℃以上均可施工。再生胶改性沥青防水卷材具有延伸率大、低温柔韧性好、耐腐蚀性强、耐水性好及热稳定性好等特点，适用于一般建筑物的防水层，尤其适用于有保护层的屋面或基层沉降较大的建筑物变形缝处的防水。自黏性改性沥青防水卷材具有良好的低温柔韧性和施工方便等特点，除一般工程外更适合于北方寒冷地区建筑物的防水。

3. 合成高分子防水卷材

合成高分子防水卷材是以合成橡胶、合成树脂或两者的共混体为基础，加入适量的助剂和填充料等，经过混炼、塑炼、压延或挤出成型、硫化、定型等加工工艺制成的片状可卷曲的防水材料。

合成高分子防水卷材具有强度高、断裂伸长率大、抗撕裂强度高、耐热性能好、低温柔性好、耐腐蚀、耐老化及可以冷施工等一系列优异性能，而且彻底改变了沥青基防水卷材施工条件差、污染环境等缺点，是值得大力推广的新型高档防水卷材。目前多用于高级宾馆、大厦、游泳池、厂房等要求有良好防水性的屋面、地下等防水工程。根据组成材料的不同，合成高分子防水卷材一般可分为橡胶型、树脂型和橡塑共混型防水材料三大类，各类又分别有若干品种。下面介绍一些常用的合成高分子防水卷材。

1）三元乙丙橡胶防水卷材

三元乙丙橡胶防水卷材是以三元乙丙橡胶为主要原料，掺入适量的丁基橡胶、硫化剂、促进剂、补强剂、稳定剂、填充剂和软化剂等，经过密炼、塑炼、过滤、拉片、挤出（或压延）成型、硫化等工序制成的高强高弹性防水材料。

目前，国内三元乙丙橡胶防水卷材的类型按工艺分为硫化型和非硫化型两种，其中硫化型占主导。

三元乙丙橡胶卷材是目前耐老化性能最好的一种卷材，使用寿命可达30年以上。它具有防水性好、重量轻、耐候性好、耐臭氧性好、弹性和抗拉强度大、抗裂性强、耐酸碱腐蚀等特点，而且耐高低温性能好，并可以冷施工，目前在国内属高档防水材料。三元乙丙橡胶防水卷材最适用于工业与民用建筑的屋面工程的外露防水层，并适用于受震动、易变形建筑工程的防水，也适用于刚性保护层或倒置式屋面以及地下室、水渠、贮水池、隧道、地铁等建筑工程防水。

2）聚氯乙烯防水卷材

聚氯乙烯防水卷材是以聚氯乙烯树脂为主要原料，掺加填充料和适量的改性剂、增塑剂、抗氧剂、紫外线吸收剂和其他加工助剂等，经过混合、造粒、挤出或压延、定型、压花、冷却卷曲等工序加工而成的防水卷材。

聚氯乙烯防水卷材的特点是价格便宜、抗拉强度和断裂伸长率较高，对基层伸缩、开裂、变形的适应性强；低温柔韧性好，可在较低的温度下施工和应用；卷材的搭接除了可用黏结剂外，还可以用热空气焊接的方法，接缝处严密。

与三元乙丙橡胶防水卷材相比，除在一般工程中使用外，聚氯乙烯防水卷材更适应于刚性层下的防水层及旧建筑混凝土构件屋面的修缮工程，以及有一定耐腐蚀要求的室内地面工程的防水、防渗工程等。

3）氯化聚乙烯防水卷材

氯化聚乙烯防水卷材主要是以氯化聚乙烯树脂，掺入适量的化学助剂和填充料，采

用塑料或橡胶的加工工艺，经过捏合、塑炼、压延、卷曲、分卷、包装等工序，加工制成的弹塑性防水材料。

氯化聚乙烯防水卷材具有热塑性弹性体的优良性能，具有耐热、耐老化、耐腐蚀等性能，且原材料来源丰富，价格较低，生产工艺较简单，可冷施工操作，施工方便，故发展迅速，目前，在国内属中高档防水卷材。

氯化聚乙烯防水卷材适用于各种工业和民用建筑物屋面，各种地下室，地下工程以及浴室、卫生间和蓄水池、排水沟、堤坝等的防水工程。由于氯化聚乙烯呈塑料性能，耐磨性能强，故还可以作为室内装饰面的施工材料，兼有防水和装饰作用。

4）氯化聚乙烯-橡胶共混防水卷材

氯化聚乙烯-橡胶共混防水卷材是以氯化聚乙烯树脂和合成橡胶为主体，掺入适量硫化剂等添加剂及填充料，经混炼、压延或挤出等工艺制成的高弹性防水卷材。

氯化聚乙烯-橡胶共混防水卷材兼有塑料和橡胶的特点，具有高强度、高延伸率和耐臭氧性能、耐低温性能，良好的耐老化性能和耐水、耐腐蚀性能。尤其该卷材是一种硫化型橡胶防水卷材，不但强度高，延伸率大且具有高弹性，受外力时可产生拉伸变形，且变形范围大。同时当外力消失后卷材可逐渐回弹到受力前状态，这样当卷材应用于建筑防水工程时，对基层变形有一定的适应能力。

氯化聚乙烯-橡胶共混防水卷材适用于屋面外露、非外露防水工程；地下室外防外贴法或外防内贴法施工的防水工程，以及水池等防水工程。

5）其他合成高分子防水卷材

合成高分子防水卷材除以上四种典型品种外，还有再生胶防水卷材、三元乙丁橡胶防水卷材、氯化聚乙烯防水卷材、三元乙丙橡胶-聚乙烯共混防水卷材等，这些卷材原则上都是塑料经过改性，或橡胶经过改性，或两者复合以及多种复合，制成的能满足建筑防水要求的制品。它们因所用的基材不同而性能差异较大，使用时应根据其性能的特点合理选择。

按国家标准《屋面工程技术规范》（GB 50345—2012）的规定，在Ⅰ级屋面防水工程中必须至少有一道厚度不小于 1.2mm 的合成高分子防水卷材；在Ⅱ级屋面防水工程中，可采用一道或两道厚度不小于 1.5mm 的合成高分子防水卷材。常见合成高分子防水卷材的特点和使用范围见表 7-19。

表 7-19　常见合成高分子防水卷材的特点和使用范围

卷材名称	特点	适用范围	施工工艺
再生胶防水卷材	有良好的延伸性、耐热性、耐寒性和耐腐蚀性，价格低廉	单层非外露部位及地下防水工程，或加盖保护层的外露防水工程	冷粘法施工
氯化聚乙烯防水卷材	具有良好的耐候、耐臭氧、耐热老化、耐油、耐化学腐蚀及抗撕裂性能	单层或复合使用，宜用于紫外线强的炎热地区	冷粘法或自粘法施工
聚氯乙烯防水卷材	具有较高的抗拉和抗撕裂强度，伸长率较大，耐老化性能好，原材料丰富，价格便宜，容易粘贴	单层或复合使用于外露或有保护层的防水工程	冷粘法或热风焊接法施工

续表

卷材名称	特点	适用范围	施工工艺
三元乙丙橡胶防水卷材	防水性能优异，耐候性好，耐臭氧性、耐化学腐蚀性、弹性和抗拉强度大，对基层变形开裂的适用性强，重量轻，使用温度范围宽，寿命长，但价格高，黏结材料尚需配套完善	防水要求高，防水层耐用年限长的工业与民用建筑，单层或复合使用	冷粘法或自粘法施工
三元乙丁橡胶防水卷材	有较好的耐候性、耐油性、抗拉强度和伸长率，耐低温性能稍低于三元乙丙橡胶防水卷材	单层或复合使用于要求较高的防水工程	冷粘法施工
氯化聚乙烯-橡胶共混防水卷材	不但具有氯化聚乙烯特有的高强度和优异的耐臭氧、耐老化性能，而且具有橡胶所特有的高弹性、高延性以及良好的低温柔性	单层或复合使用，尤其适用寒冷地区或变形较大的防水工程	冷粘法施工

二、防水涂料

防水涂料是一种流态或半流态物质，经刷、喷等工艺涂布在基体表面，形成具有一定弹性和一定厚度的连续薄膜，使基层表面与水隔绝，并能抵抗一定的水压力，从而起到防水和防潮作用。防水涂料根据成膜物质的不同可分为沥青基防水涂料、高聚物改性沥青防水材料和合成高分子材料防水涂料三类。如按涂料的分散介质不同，又可分为溶剂型防水涂料和水乳型防水涂料两类。防水涂料的性能特点如表 7-20 所示。

表 7-20 防水涂料的性能特点

性能特点	性能特点描述
多功能性	防水涂料在发挥自身防水功能的同时，还起着胶黏剂的作用，涂料既是防水层的主体，又是胶黏剂
适用性强	防水涂料在固化前呈黏稠状液态，特别适宜在立面、阴阳角、穿结构层管道、不规则屋面、节点等细部构造处进行防水施工，固化后能在这些复杂表面处形成完整的防水膜，温度适应性强，防水涂层在-30℃～80℃条件下均可使用
施工工艺性好	防水涂料施工属于冷施工，可刷涂，也可喷涂，操作简便，施工速度快，环境污染小，同时也减小了劳动强度，容易修补，发生渗漏可在原防水涂层的基础上修补

1. 沥青基防水涂料

沥青基防水涂料的成膜物质是石油沥青，一般分为溶剂型和水乳型两种。溶剂型沥青基防水涂料是将石油沥青直接溶解于汽油等有机溶剂后制得的溶液。沥青溶液施工后所形成的涂膜很薄，一般不单独作防水涂料使用，只用作沥青类油毡施工时的基层处理剂。水乳型沥青基防水涂料是将石油沥青分散于水中所形成的稳定的水分散体。目前，常用的沥青基防水涂料有水乳无机矿物厚质沥青涂料、水性石棉沥青防水涂料、石灰乳化沥青防水涂料、水性铝粉屋面反光涂料、溶剂型屋面反光隔热涂料、膨润土-石棉乳化沥青防水涂料、阳离子乳化高蜡石油沥青防水涂料等。这类涂料属于中低档防水涂料，具有沥青类防水卷材的基本性质，价格低廉，施工简单。

2. 高聚物改性沥青防水涂料

高聚物改性沥青防水涂料是指以沥青为基料，用再生橡胶、合成橡胶或 SBS 等对沥青进行改性而制成的水乳型或溶剂型防水涂料。

1）氯丁橡胶沥青防水涂料

氯丁橡胶沥青防水涂料分为溶剂型和水乳型两种。其中水乳型氯丁橡胶沥青防水涂料的特点是涂膜强度大、延伸性好，能充分适应基层的变化，耐热性和低温柔韧性优良，耐臭氧、耐老化、抗腐蚀、阻燃性好，不透水，是一种安全无毒的防水涂料，已经成为我国防水涂料的主要品种之一。适用于工业和民用建筑物的屋面防水、墙身防水和楼面防水、地下室和设备管道的防水、旧屋面的维修和补漏，还可用于沼气池、油库等密闭工程混凝土以提高其抗渗性和气密性。

2）水乳型再生橡胶改性沥青防水涂料

水乳型再生橡胶改性沥青防水涂料是由阴离子型再生乳胶和阴离子型沥青乳胶混合均匀构成，再生橡胶和石油沥青的微粒借助于阴离子表面活性剂的作用稳定分散在水中而形成的乳状液。该涂料以水为分散剂，具有无毒、无味、不燃的优点，可在常温下冷施工作业，并可在稍潮湿无积水的表面施工，涂膜有一定的柔韧性和耐久性，材料来源广，价格低。它属于薄型涂料，一次涂刷涂膜较薄，需多次涂刷才能达到规定厚度，需要加衬玻璃纤维布或合成纤维加筋毡构成防水层。该涂料适用于工业与民用建筑混凝土基层屋面防水；以沥青珍珠岩为保温层的保温屋面防水；地下混凝土建筑防潮以及旧油毡屋面翻修和刚性自防水屋面的维修等。

3）SBS 改性沥青防水涂料

SBS 改性沥青防水涂料是以沥青、橡胶、合成树脂、SBS 及表面活性剂等高分子材料组成的一种水乳型弹性沥青防水涂料。该涂料柔韧性好、抗裂性强、黏结性能优良、耐老化性能好，与玻纤布等增强胎体复合，能用于任何复杂的基层，防水性能好，可冷施工作业，是较为理想的中档防水涂料（见图 7-33、图 7-34）。SBS 改性沥青防水涂料适用于复杂基层的防水防潮施工，如厕浴间、地下室、厨房、水池等，特别适合于寒冷地区的防水施工。

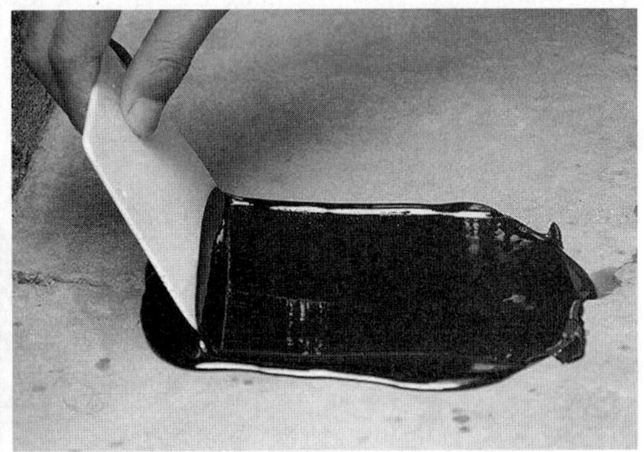

图 7-33　改性沥青防水涂料

图 7-34　改性沥青防水涂料施工

3. 合成高分子防水涂料

合成高分子防水涂料是以合成橡胶或合成树脂为主要成膜物质，加入其他辅料而配制成的单组分或多组分防水涂料。常见的有硅酮防水涂料、氯丁橡胶防水涂料、聚氯乙烯防水涂料、聚氨酯防水涂料、丙烯酸酯防水涂料、丁基橡胶防水涂料、氯磺化聚乙烯防水涂料、偏二氯乙烯防水涂料等。该涂料具有高弹性、高耐久性、耐高低温性等优点，适用于高防水等级的屋面、地下室及卫生间防水。

1）聚氨酯防水涂料

聚氨酯防水涂料（见图 7-35、图 7-36）是异氰酸酯基与多元醇、多元胺及其他含活泼氢的化合物进行加成聚合而成的，生成的产物含氨基甲酸酯基为氨酯键，故称为聚氨酯。聚氨酯防水涂料是防水涂料中最重要的一类涂料，无论是双组分还是单组分都属于以聚氨酯为成膜物质的反应型防水涂料。聚氨酯防水涂料涂膜固化时无体积收缩，具有较大的弹性和延伸率，较好的抗裂性、耐候性、耐酸碱性、耐老化性，适当的强度和硬度，几乎满足作为防水材料的全部特性。当涂膜厚度为 1.5～2.0mm 时，使用年限可在 10 年以上，而且对各种基材如混凝土、石、砖、木材、金属等均有良好的附着力。聚氨酯防水涂料属于高档的合成高分子防水涂料。

图 7-35　聚氨酯防水涂料

图 7-36　聚氨酯防水涂料施工

双组分聚氨酯防水涂料广泛应用于屋面、地下工程、卫生间、游泳池等的防水，也可用于室内隔水层及接缝密封，还可用作金属管道、防腐地坪、防腐池的防腐处理等。单组分聚氨酯防水涂料则多数用于建筑的砖石结构、金属结构部分及聚氨酯屋面防水层的修补。

2）水性丙烯酸酯防水涂料

丙烯酸酯防水涂料是以纯丙烯酸共聚物、改性丙烯酸或纯丙烯酸酯乳液为主要成分，加入适量填料和助剂配制而成的水性单组分防水涂料。这类防水涂料由于其介质为水，不含任何有机溶剂，因此属于良好的环保型涂料。

这类涂料的优点是具有优良的防水性、耐候性、耐热性和耐紫外线性；涂膜延伸性好，弹性好，伸长率可达 250%，能适应基层一定幅度的变形开裂；温度适应性强，在 −30～80℃范围内性能无大的变化；可以调制成各种色彩，兼有装饰和隔热效果。这类涂料适用于各类建筑防水工程，如钢筋混凝土、轻质混凝土、沥青和油毡、金属表面、外墙、卫生间、地下室、冷库等；也可用作防水层的维修和保护层等。

3）硅橡胶防水涂料

硅橡胶防水涂料是以硅橡胶乳胶及其他乳液的复合物为主要基料，掺入无机填料及各种助剂配制而成的乳液型防水涂料。该类涂料通常由 1 号和 2 号组成，1 号涂布于底层和面层，2 号涂布于中间加强层。

该类涂料兼有涂膜防水材料和渗透防水材料的优良特性，具有良好的防水性、抗渗透性、成膜性、弹性、黏结性、延伸性和耐高低温特性，而且适应基层变形的能力强。可渗入基底，与基底牢固黏结，成膜速度快，可在潮湿底基层上施工，可刷涂、喷涂或辊涂。特别是它是无毒级产品，这是其他高分子防水材料所不能比拟的。因此，硅橡胶防水涂料适用于各类工程尤其是地下工程的防水、防渗和维修工程，对水质不造成污染。

4）聚氯乙烯防水涂料

聚氯乙烯防水涂料是以聚氯乙烯和煤焦油为基料，加入适量的防老化剂、增塑剂、稳定剂、乳化剂，以水为分散介质所制成的水乳型防水涂料。施工时一般要铺设玻纤布、聚酯无纺布等胎体进行增强处理。

该类防水涂料弹塑性好，耐寒、耐化学腐蚀、耐老化和成品稳定性好，可在潮湿的基层上冷施工，防水层的总造价低。聚氯乙烯防水涂料可用于各种一般工程的防水、防渗及金属管道的防腐工程。

三、建筑密封材料

建筑密封材料又称为嵌缝材料，是指为达到水密或气密目的而嵌入各种工程结构或构件缝隙中的材料。通常要求建筑密封材料具有良好的黏结性、抗下垂性，不渗水透气，易于施工；还要求具有良好的弹塑性，能长期经受被粘构件的伸缩和产生的振动，在接缝发生变化时不断裂、剥落；并要有良好的耐老化性能，不受热和紫外线的影响，长期保持密封所需要的黏结性和内聚力等。建筑密封材料按形态不同一般可分为不定型密封材料和定型密封材料两大类（见表 7-21）。不定型密封材料常温下呈膏体状态。定型密封材料是将密封材料按密封工程特殊部位的不同要求制成带、条、方、圆、垫片等形状。定型密封材料按密封机理不同可分为遇水膨胀型和非遇水膨胀型两类。

表 7-21 建筑密封材料的分类及主要品种

分类	类型		主要品种
不定型密封材料	非弹性密封材料	油性密封材料	普通油膏
		沥青基密封材料	橡胶改性沥青油膏、桐油橡胶改性沥青油膏、桐油改性沥青油膏、石棉沥青腻子、沥青鱼油油膏、苯乙烯焦油油膏
		热塑性密封材料	聚氯乙烯胶泥、改性聚氯乙烯胶泥、塑料油膏、改性塑料油膏
	弹性密封材料	溶剂型弹性密封材料	丁基橡胶密封胶、氯丁橡胶密封胶、氯磺化聚乙烯橡胶密封胶、丁基氯丁再生胶密封胶、橡胶改性聚酯密封胶
		水乳型弹性密封材料	水乳丙烯酸密封胶、水乳氯丁橡胶密封胶、改性 EVA 密封胶、丁苯胶密封胶
		反应型弹性密封材料	聚氨酯密封胶、聚硫密封胶、硅酮密封胶
定型密封材料	密封条带		铝合金门窗橡胶密封条、丁腈胶-PVC 门窗密封条、自黏性橡胶、水膨胀橡胶、PVC 胶泥墙板防水带
	止水带		橡胶止水带、嵌缝止水密封胶带、无机材料基止水带、塑料止水带

1. 沥青嵌缝油膏

沥青嵌缝油膏是指以石油沥青为基料，加入改性材料、稀释剂及填充料混合制成的密封材料。它具有防水防潮性能好，黏结性好，延伸率高，耐高低温性能好，老化缓慢等优点，适用于各种混凝土屋面、墙板及地下工程的接缝密封等，是一种较好的密封材料。

2. 聚氯乙烯密封胶

聚氯乙烯密封胶的主要特点是生产工艺简单，原材料来源广，施工方便，具有良好

的耐热性、黏结性、弹塑性、防水性及较好的耐寒性、耐腐蚀性和耐老化性。其适用于各种工业厂房和民用建筑的屋面防水嵌缝，受酸碱腐蚀的屋面防水修补，也可用于地下管道和卫生间的密封等。

3. 硅酮密封胶

硅酮密封胶（见图 7-37）具有优良的耐热、耐寒、耐老化及耐紫外线等耐候性能，与各种基材如混凝土、铝合金、不锈钢、塑料等有良好的黏结力，并且具有良好的伸缩耐疲劳性能，良好的防水、防潮、抗震、气密及水密性能。其适用于各类铝合金、玻璃、门窗、石材等的嵌缝。

图 7-37　硅酮密封胶

4. 聚硫橡胶密封材料

聚硫橡胶密封材料的特点是弹性特别高，能适应各种变形和震动，黏结强度好、抗拉强度高、延伸率大、直角撕裂强度大，并且它还具有优异的耐候性，极佳的气密性和水密性，良好的耐油、耐溶剂、耐氧化、耐湿热和耐低温性能，使用温度范围广，对各种基材如混凝土、陶瓷、木材、玻璃、金属等均有良好的黏结性能。

聚硫橡胶密封材料适用于混凝土墙板、屋面板、楼板、地下室等部位的接缝密封及金属幕墙、金属门窗框四周、中空玻璃的防水、防尘密封等。

5. 聚氨酯弹性密封胶

聚氨酯弹性密封胶对金属、混凝土、玻璃、木材等均有良好的黏结性能，其具有弹性大、延伸率大、黏结性好、耐低温、耐水、耐油、耐酸碱、抗疲劳及使用年限长等优点。与聚硫、有机硅等反应型建筑密封胶相比，它价格较低。图 7-38 所示为双组分聚氨酯灌缝胶。

图 7-38　双组分聚氨酯灌缝胶

聚氨酯弹性密封胶广泛应用于墙板、屋面、伸缩缝等沟、缝部位的防水密封工程，以及给排水管道、蓄水池、游泳池、道路桥梁、机场跑道等工程的接缝密封与渗漏修补，也可用于玻璃、金属材料的嵌缝。

6. 水乳型丙烯酸密封胶

该类密封材料具有良好的黏结性能、弹性和低温柔韧性能，无溶剂污染、无毒、不燃，可在潮湿的基层上施工，操作方便，特别是具有优异的耐候性和耐紫外线老化性能，属于中档建筑密封材料。其使用范围广、价格便宜、施工方便，综合性能明显优于非弹性密封胶和热塑性密封胶，但要比聚氨酯、聚硫、有机硅等密封胶差。水乳型丙烯酸密封胶主要用于外墙伸缩缝、屋面板缝、石膏板缝、给排水管道与楼屋面接缝等处的密封。

第三节　有机高分子材料

一、有机高分子材料的基本知识

有机高分子材料是指以天然或人工合成的高分子化合物为基础所组成的材料。有机高分子材料有许多优良性能，如密度小，比强度高，弹性大，电绝缘性能、耐腐蚀性能和装饰性能好等。有机高分子材料分为天然高分子材料和合成高分子材料两大类。木材、天然橡胶、棉织品、沥青等都属于天然高分子材料，塑料、橡胶、化学纤维及涂料、胶黏剂等都属于合成高分子材料。本节主要介绍合成高分子材料。

1. 合成高分子化合物的定义及反应类型

1）定义

合成高分子化合物又称为高分子聚合物（简称高聚物），是组成单元相互多次重复连接而构成的物质。

合成高分子化合物分子量虽然很大，但化学组成比较简单，由许多低分子化合物聚合而成。例如，低分子化合物乙烯（$CH_2 = CH_2$）相互聚合成聚乙烯（$—[CH_2—CH_2]\,n—$）。

2）反应类型

经过不同方式聚合而成的合成高分子化合物性质有较大的差异，一般根据其聚合方式不同将合成反应分为加聚反应和缩聚反应。

（1）加聚反应。加聚反应是由许多相同或不同的低分子化合物，在加热或催化剂的作用下，相互结合成高聚物而不析出低分子副产物的反应。其生成物称为加聚物（也称为加聚树脂）。由一种单体加聚而得的称为均聚物，以“聚”加单体名称命名，如聚乙烯、聚丙烯、聚氯乙烯、聚苯乙烯等；由两种以上单体加聚而得的称为共聚物，以单体名称加“共聚物”命名。

（2）缩聚反应。缩聚反应是由许多相同或不同的低分子化合物，在加热或催化剂的作用下，相互结合成高聚物并析出水、氨、醇等低分子副产物的反应。其生成物称为缩聚物（也称为缩聚树脂），一般以原料名后附以“树脂”二字命名。例如，苯酚和甲醛两种单体经缩聚反应得到酚醛树脂。

$$(n+1)C_6H_5OH+n\ CH_2O \longrightarrow H\ [C_6H_3CH_2OH]\ nC_6H_4OH+n\ H_2O$$

2. 合成高分子化合物的分类

合成高分子化合物的分类方法有很多，常见的有以下几种。

（1）按分子链的几何形状分类。合成高分子化合物按其链节在空间排列的几何形状，可分为线型结构、支链型结构和体型结构（或称网状型结构）三种。

（2）按合成方法分类。合成高分子化合物按其制备方法，可分为加聚树脂和缩聚树脂两类。

（3）按受热时的性质分类。合成高分子化合物按其在受热作用下所表现出来的性质不同，可分为热塑性树脂和热固性树脂两种。

热塑性树脂一般为线型或支链型结构，在加热时分子活动能力增加，可以软化到具有一定流动性或可塑性，在压力作用下可加工成各种形状的制品。冷却后分子重新“冻结”，成为一定形状的制品。这一过程可以反复进行。这类聚合物的密度、熔点都较低，耐热性较低，刚度较小，抗冲击韧性较好。

热固性树脂在成型前分子量较低且为线型或支链型结构，具有可溶性和可熔性，在成型时因受热或在催化剂、固化剂作用下，分子发生交联成为体型结构而固化。这一过程是不可逆的，并成为不溶且不熔的物质，因而固化后的热固性树脂不能重新再加工。这类聚合物的密度、熔点都较高，耐热性较高，刚度较大，质地硬而脆。

3. 合成高分子化合物的结构和性质

1）合成高分子化合物的结构

合成高分子化合物的结构有线型结构和体型结构两种。

（1）线型结构。合成高分子化合物的几何形状为线状大分子，有时带有支链，并且线状大分子间以分子间力结合在一起。结合力比较弱，在高温下，链与链之间可以发生相对滑动和转动，所以这类聚合物均为热塑性树脂。一般来说，具有此类结构的聚合物，强度较低，弹性模量较小，变形能力较强，耐热性、耐腐蚀性较差且可溶可熔。

（2）体型结构。线型分子间以化学键交联而形成的具有三维结构的高聚物，称为体型结构。由于化学键结合强，并且交联形成一个“巨大分子”，故一般来说此类聚合物的强度较高，弹性模量较大，变形较小，较脆硬，并且大多没有塑性，耐热性较好，耐腐蚀性较高且不溶。

2）合成高分子化合物的结晶

合成高分子化合物的结晶为部分结晶，结晶部分所占的百分比称为结晶度。结晶度影响着合成高分子化合物的很多性能，结晶度越高，合成高分子化合物的密度、弹性模量、强度、硬度、耐热性、折光系数等越高，而冲击韧性、黏附力、断裂伸长率、溶解度等越小。结晶态的合成高分子化合物一般为不透明或半透明的，而非结晶态的合成高分子化合物一般为透明的。

3）合成高分子化合物的变形与温度

非结晶态线型合成高分子化合物的变形能力与温度的关系如图 7-39 所示。

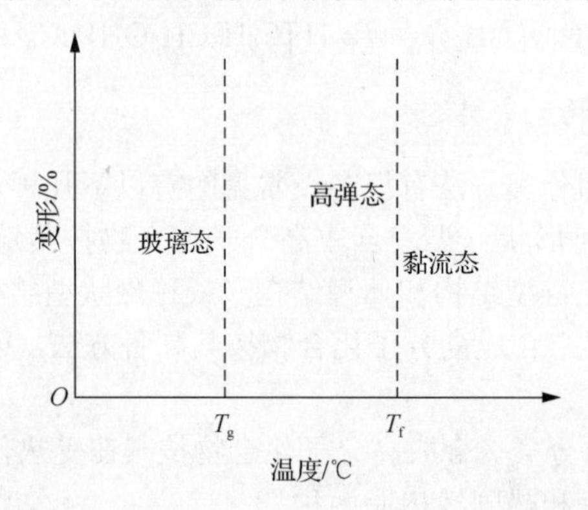

图 7-39 非结晶态线型合成高分子化合物的变形能力与温度的关系

当温度低于玻璃化温度 T_g 时，由于分子链段及大分子链均不能自由运动而成为硬脆的玻璃体。当温度高于 T_g 时，由于分子链段可以发生运动（大分子链仍不可运动），使合成树脂产生变形，即进入高弹态。当温度高于黏流温度 T_f 时，由于分子链段及大分子链均发生运动，使合成树脂产生塑性变形，即进入黏流态。热塑性树脂及热固性树脂在成型时均处于黏流态。

玻璃化温度 T_g 低于室温的合成高分子化合物称为橡胶，高于室温的合成高分子化合物称为塑料。玻璃化温度 T_g 是塑料的最高使用温度，但却是橡胶的最低使用温度。

体型高分子化合物一般仅有玻璃态，当交联或固化程度较低时也会出现一定的高弹态。

4）合成高分子化合物的主要性质

合成高分子化合物的主要性质包括物理力学性质、化学性质及物理化学性质。

（1）物理力学性质。合成树脂的密度小，一般为 0.8～2.2g/cm^3，只有钢材的 1/8～1/4，混凝土的 1/3，铝的 1/2。它的比强度高，多大于钢材和混凝土制品，是极好的轻质高强材料，但力学性质受温度变化的影响很大。它的导热性很小，是一种很好的轻质保温隔热材料。它的电绝缘性好，是极好的绝缘材料。由于它的减震、消声性好，一般可制成隔热、隔声和抗震材料。

（2）化学性质及物理化学性质。

① 老化。在光、热、大气作用下，高分子化合物的组成和结构发生变化，致使其性质变化，如失去弹性，出现裂纹，变硬、脆或软，发黏失去原有的使用功能，这种现象称为老化。

② 耐腐蚀性。一般的高分子化合物对侵蚀性化学物质及蒸汽的作用具有较高的稳定性。但有些聚合物在有机溶液中会溶解或溶胀，使几何形状和尺寸改变，性能恶化，使用时应注意。

③ 可燃性及毒性。高分子化合物一般属于可燃材料，但不同材料的可燃性受其组

成和结构的影响有很大差别。例如，聚苯乙烯遇明火会很快燃烧起来，而聚氯乙烯则有自熄性，离开火焰会自动熄灭。一般液态的高分子化合物几乎都有不同程度的毒性，而固化后的高分子化合物多半是无毒的。

二、建筑塑料

塑料是以天然或合成高分子化合物为基体材料，加入适量的填料和添加剂，在高温、高压下塑化成型，且在常温、常压下保持制品形状不变的材料。建筑塑料如图 7-40 所示。常用的合成高分子化合物是各种合成树脂。建筑上常用的塑料按照受热时的变化特点，分为热塑性塑料和热固性塑料两种。

图 7-40　建筑塑料

1. 塑料的组成

1）合成树脂

合成树脂为塑料的主要成分之一，在塑料中的含量约为 30%～60%。合成树脂在塑料中起胶黏剂的作用，它不仅能自身胶结，还能将塑料中的其他组分牢固地胶结在一起成为一个整体，使材料具有加工成型的性能。塑料的主要性质取决于所用的合成树脂的性质。

2）填料

填料又称填充剂，是绝大多数塑料不可缺少的原料，通常占塑料组成材料的 40%～70%。其作用是提高塑料的强度、硬度、韧性、耐热性、耐老化性、抗冲击性等，同时也可以降低塑料的成本。常使用粉状或纤维状填料，有滑石粉、硅藻土、石灰石粉、云母、木粉、各类玻璃纤维材料、纸屑等。

3）增塑剂

掺入增塑剂的目的是为了提高塑料加工时的可塑性、流动性，塑料制品在使用时的弹性和柔软性以及改善塑料的低温脆性等，但掺入增塑剂会降低塑料的强度与耐热性。对增塑剂的要求是要与树脂的混溶性好，无色、无毒、挥发性小。增塑剂通常为一些不易挥发的高沸点的液体有机化合物，或为低熔点的固体。常用的增塑剂有邻苯二甲酸二甲酯、邻苯二甲酸二丁酯、邻苯二甲酸二辛酯、磷酸三苯酯等。

4）固化剂

固化剂又称硬化剂，主要用于热固性树脂中，其作用是使线型高聚物交联成体型高聚物，从而制得坚硬的塑料制品。例如，环氧树脂常用的胺类（乙二胺、二乙烯三胺等），某些酚醛树脂常用的六亚甲基四胺（乌洛托品）、酸酐类及高分子类。

5）着色剂

着色剂又称色料，其作用是使塑料制品具有鲜艳的色彩和光泽。按其在着色介质中或水中的溶解性分为染料和颜料两大类。

（1）染料。染料是指溶解在溶液中，靠离子或化学反应作用产生着色的化学物质。染料按产源分为天然和人工合成两类，都是有机物，可溶于被着色树脂或水中。其着色力强，透明性好，色泽鲜艳，但耐碱、耐热性、光稳定性差。主要用于透明的塑料制品。

（2）颜料。颜料是基本易溶的微细粉末状物质，通过自身高分子散于被染介质中吸收一部分光谱并反射特定的光谱而显色。塑料中所用的颜料，除具有优良的着色作用外，还可作为稳定剂和填充料来提高塑料的性能，起到一剂多能的作用。在塑料制品中，常用的是无机颜料。

6）其他助剂

为了改善和调节塑料的某些性能，以适应使用和加工的特殊要求，可在塑料中掺加各种不同的助剂。例如，稳定剂可提高塑料在热、氧、光等作用下的稳定性，阻燃剂可提高塑料的耐燃性和自熄性，润滑剂能改善塑料在加工成型时的流动性和脱模性等。此外，还有抗静电剂、发泡剂、防霉剂、偶联剂等。

由于各种助剂的化学组成、物质结构不同，对塑料的作用机理及作用效果各异，因而由同种型号树脂制成的塑料，其性能会因加入助剂的不同而不同。

2. 塑料的主要性质

塑料是具有质轻、绝缘、耐腐、耐磨、绝热、隔声等优良性能的材料。在建筑上可作为装饰材料、绝热材料、吸声材料、防火材料、墙体材料、管道及卫生洁具等。它与传统材料相比，具有以下性能。

（1）质量轻、比强度高。塑料的密度在 0.9～2.2g/cm^3 之间，约为铝的 1/2，钢材的 1/5，混凝土的 1/3，而其比强度却远远超过混凝土，接近或超过钢材，是一种优良的轻质高强材料。

（2）加工性能好。可采用各种方法将塑料制成不同形状的产品，如塑料薄膜、薄板、管材、门窗型材等，并可采用机械化大规模生产，生产效率高。

（3）绝热性好。塑料制品的导热系数小，其导热能力为金属的 1/600～1/500，混凝土的 1/40，砖的 1/20，是理想的绝热材料。

（4）装饰性好。塑料制品可完全透明，也可以着色，而且色彩绚丽持久，图案清晰；可通过照相、制版、印刷模仿天然材料的纹理，达到逼真的效果；还可以通过电镀、热压、烫金制成各种图案和花型，使其表面具有立体感和金属质感。

（5）具有多功能性。塑料的品种多样，功能各异，而且可通过改变配方和生产工艺，在相当大的范围内制成具有各种特殊性能的工程材料，如防水性、隔热性、隔声性、耐化学腐蚀性等，有些性能是传统材料难以具有的。

（6）经济性。塑料建材无论是从生产时所消耗的能量，还是在使用过程中的效果来看都有节能效果。因此，广泛使用塑料建材有明显的经济效益和社会效益。

但塑料本身也存在很多缺点，具体如下。

（1）耐热性差、易燃。塑料的耐热性差，受到较高温度的作用时会产生热变形，甚至产生分解。建筑中常用的热塑性塑料的热变形温度为80～120℃，热固性塑料的热变形温度为150℃左右。因此，在使用中要注意塑料的限制温度。

塑料一般可燃，且燃烧时会产生大量的烟雾甚至有毒气体。所以在生产过程中一般掺入一定量的阻燃剂，以提高塑料的耐燃性。但在重要的建筑物场所或易产生火灾的部位，不宜采用塑料装饰制品。

（2）易老化。塑料在热、空气、阳光及环境介质中的酸、碱、盐等作用下，分子结构会产生递变，增塑剂等组分会挥发，使塑料性能变差，甚至产生硬脆、破坏等。塑料的耐老化性能可通过添加外加剂的方法得到很大的提高，如某些塑料制品的使用年限可达50年左右甚至更长。

（3）热膨胀性大。塑料的热膨胀系数较大，因此在温差变化较大的场所使用时，尤其是与其他材料结合时，应当考虑变形因素，以保证制品的正常使用。

（4）刚度小。塑料与钢铁等金属材料相比，强度和弹性模量较小，即刚度差，且在荷载长期作用下会产生蠕变，这给塑料的使用带来一定的局限，尤其是用作承重结构时应慎用。

总之，塑料及其制品的优点大于缺点，且塑料的缺点可以通过采取措施加以改进。随着塑料资源的不断发展，建筑塑料的发展前景非常广阔。

3. 常用建筑塑料及其制品

1）常用建筑塑料

建筑上常用的热塑性塑料有聚乙烯（PE）、聚氯乙烯（PVC）、聚苯乙烯（PS）、聚丙烯（PP）、聚甲基丙烯酸甲酯（即有机玻璃，PMMA）、聚偏二氯乙烯（PVDC）、聚醋酸乙烯酯（PVAC）、丙烯腈-丁二烯-苯乙烯共聚物（ABS）、聚碳酸酯（PC）等。建筑上常用的热固性塑料有酚醛树脂（PF）、环氧树脂（EP）、不饱和聚酯树脂（UP）、聚氨酯（PUP）、有机硅树脂（SI）、脲醛树脂（UF）、聚酰胺（即尼龙，PA）、三聚氰胺甲醛树脂（MF）等。常用建筑塑料的性能及主要用途见表7-22。

表 7-22 常用建筑塑料的性能与用途

名称	性能	用途
聚乙烯	柔软性好，耐低温性好，耐化学腐蚀和介电性能优良，成型工艺好，但刚性差，耐热性差（使用温度<50℃），耐老化性差	主要用于防水材料、给排水管和绝缘材料等
聚氯乙烯	耐化学腐蚀性和电绝缘性优良，力学性能较好，具有难燃性，但耐热性较差，升高温度时易发生降解	有软质、硬质、轻质发泡制品。广泛用于建筑各部位，是应用最多的一种塑料
聚苯乙烯	树脂透明，有一定机械强度，电绝缘性好，耐辐射，成型工艺好，但脆性大，耐冲击和耐热性差	主要以泡沫塑料形式作为隔热材料，也用来制造灯具、平顶板等
聚丙烯	耐腐蚀性能优良，力学性能和刚性超过聚乙烯，耐疲劳和耐应力开裂性好，但收缩较大，低温脆性大	用于生产管材、卫生洁具、模板等
ABS 塑料	具有韧、硬、刚相均衡的优良力学特性，电绝缘性与耐化学腐蚀性好，尺寸稳定性好，表面光泽，易涂装和着色，但耐热性不太好，耐候性较差	用于生产建筑五金和各种管材、模板、异型板等
酚醛树脂	电绝缘性能和力学性能良好，耐水性、耐酸性和耐腐蚀性能优良。酚醛塑料坚固耐用，尺寸稳定，不易变形	用于生产各种层压板、玻璃钢制品、涂料和胶黏剂等
环氧树脂	黏结性和力学性能优良，耐化学腐蚀性（尤其是耐碱性）良好，电绝缘性能好，固化收缩率低，可在室温、接触压力下固化成型	主要用于生产玻璃钢、胶黏剂和涂料等产品
不饱和聚酯树脂	可在低压下固化成型，用玻璃纤维增强后具有优良的力学性能，具有良好的耐化学腐蚀性和电绝缘性能，但固化收缩率较大	适用于玻璃钢、涂料和聚酯装饰板等
聚氨酯	强度高，耐化学腐蚀性优良，耐热、耐油、耐溶剂性好，黏结性和弹性优良	主要以泡沫塑料形式作为隔热材料及优质涂料、胶黏剂、防水涂料和弹性嵌缝材料等
脲醛树脂	电绝缘性好，耐弱酸、碱，无色、无味、无毒，着色力好，不易燃烧，但耐热性差，耐水性差，不利于复杂造型	用于胶合板和纤维板、泡沫塑料、绝缘材料和装饰品等
有机硅塑料	耐高温、耐腐蚀、电绝缘性好，耐水、耐光、耐热，但固化后的强度不高	用于防水材料、胶黏剂、电工器材、涂料等

2）常用建筑塑料制品

常用建筑塑料制品主要有塑料型材和塑料管材，如图 7-41 所示。

（1）塑料型材。

① 塑料地板。塑料地板是以高分子合成树脂为主要材料，加入其他辅助材料，经一定的制作工艺制成的地面材料。塑料地板具有许多优良性能：种类花色繁多，具有良好的装饰性能；功能多变，适用面广；质轻、耐磨、脚感舒适；施工、维修、保养方便。塑料地板按其外形可分为块材地板和卷材地板，按其组成和结构特点可分为单色地板、透底花纹地板、印花压花地板，按其材质的软硬程度可分为硬质地板、半硬质地板和软质地板，按所采用的树脂类型可分为聚氯乙烯地板、聚丙烯地板和聚乙烯-醋酸乙烯地板等。

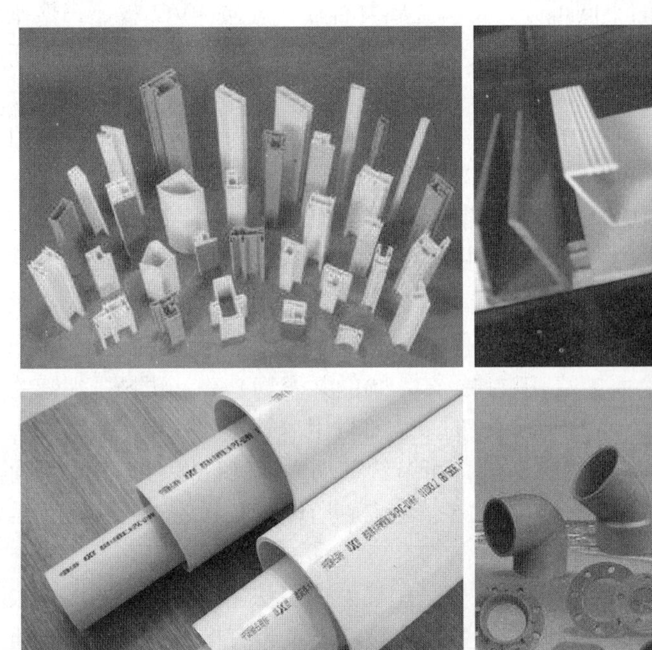

图 7-41　常用建筑塑料制品

② 塑料壁纸。塑料壁纸是以一定材料为基材，以聚氯乙烯塑料为面层，经压延或涂塑及印刷、轧花、发泡等工艺而制成的一种装饰材料。因所用树脂均为聚氯乙烯，所以也称聚氯乙烯壁纸。其特点包括具有一定的伸缩性和耐裂强度，装饰效果好，性能优越，粘贴方便，使用寿命长，易维修保养等。塑料壁纸一般分为三类，即普通壁纸、发泡壁纸和特种壁纸。

③ 塑钢门窗。塑钢门窗是以聚氯乙烯（PVC）树脂为主要原料，加上一定比例的稳定剂、改性剂、填充剂、紫外线吸收剂等助剂，经挤出加工成型材，然后通过切割、焊接的方式制成门窗框、扇，配装上橡胶密封条、五金配件等附件而成。为增加型材的刚性，在型材空腔内添加钢衬，所以称之为塑钢门窗。塑钢门窗具有外形美观、尺寸稳定、抗老化、不褪色、耐腐蚀、耐冲击、气密和水密性能优良、使用寿命长等优点。

作为门窗材料，除木材、钢、铝、塑料之后的第五代产品——高分子复合材料门窗得到了一定的应用。其特点是绿色环保、节能显著、降声抗噪、轻质高强、耐腐蚀、耐候性好、尺寸稳定、寿命长、电绝缘性好。

④ 塑料装饰板材。塑料装饰板材是指以树脂为浸渍材料或以树脂为基材，采用一定的生产工艺制成的具有装饰功能的普通或异型断面的板材。塑料装饰板材以其重量轻、装饰性强、生产工艺简单、施工简便、易于保养、适于与其他材料复合等特点在装饰工程中得到越来越广泛的应用。

塑料装饰板材按原材料的不同可分为塑料金属复合板、硬质 PVC 板、三聚氰胺层压板、玻璃钢板、塑铝板、聚碳酸酯采光板、有机玻璃装饰板等类型。按结构和断面形式可分为平板、波形板、实体异型断面板、中空异型断面板、格子板、夹芯板等类型。

⑤ 玻璃钢。玻璃钢（简称 GRP）是用玻璃纤维及其织物为增强材料，以热固性不饱和聚酯树脂（UP）或环氧树脂（EP）等为胶黏材料制成的一种复合材料。它的质量轻，强度接近钢材，因此人们把它称为玻璃钢。常见的玻璃钢建材制品有玻璃钢波型瓦、玻璃钢采光罩、玻璃钢卫生洁具、玻璃钢门窗等。

（2）塑料管材。用塑料制造的管材及接头管件已广泛应用于室内排水、自来水、化工及电线穿线管等管路工程中。常用的塑料有硬质聚氯乙烯（UPVC）、聚乙烯（PE）、聚丙烯（PP）以及 ABS 塑料（丙烯腈-丁二烯-苯乙烯的共聚物）等。塑料排水管的主要优点是耐腐蚀，流体摩擦阻力小；由于流过的杂物难以附着管壁，故排污效率高；塑料管的重量轻，仅为铸铁管重量的 1/12～1/6，可节约劳动力，其价格与施工费用均比铸铁管低。缺点是塑料的线膨胀系数比铸铁大 5 倍左右，所以在较长的塑料管路上需要设置柔性接头。

制造塑料管材多采用挤出成型法，管件多采用注射成型法。塑料管的连接方法除胶黏法之外，还有热熔接法、螺纹连接法、法兰盘连接法以及带有橡胶密封圈的承插式连接法。当聚氯乙烯管内通过有压力的液体时，液体温度不得超过 38℃。若为无压力管路（如室内排水管），连续通过的液体温度不得超过 66℃，间歇通过的液体温度不得超过 82℃。当聚氯乙烯塑料用于上水管路时，不允许使用有毒性的稳定剂等原料。

① 硬质聚氯乙烯（UPVC）塑料管。UPVC 管是使用最普遍的一种塑料管，约占全部塑料管的 80%，UPVC 管的特点是具有较高的硬度和刚度，许多应力在 10MPa 以上，价格比其他塑料管低，故在各种管材的产量中居第一位。UPVC 管分为Ⅰ型、Ⅱ型和Ⅲ型产品。Ⅰ型管是高强度聚氯乙烯管，具有较好的物理和化学性能，其热变形温度为 70℃，缺点是低温下较脆，冲击强度低。Ⅱ型管又称耐冲击聚氯乙烯管，其抗冲击性能比Ⅰ型高，热变形温度比Ⅰ型低，为 60℃。Ⅲ型管为氯化聚氯乙烯管，具有较高的耐热和耐化学性能，热变形温度为 100℃，故称为高温聚氯乙烯管，使用温度可达 100℃，可作为沸水管道用材。硬质聚氯乙烯塑料管的使用范围很广，可用作给水、排水、灌溉、供气、排气等管道，住宅生活用管道，工矿业工艺管道以及电线、电缆套管等。

② 聚乙烯（PE）塑料管。聚乙烯塑料管的特点是密度小，强度与重量比值高，脆化温度低（-80℃），优良的低温性能和韧性使其能抵抗车辆和机械振动、冰冻和解冻及操作压力突然变化的破坏。聚乙烯塑料管性能稳定，在低温下亦能经受搬运和使用中的冲击，不受输送介质中液态烃的化学腐蚀，管壁光滑，介质流动阻力小。

高密度聚乙烯（HDPE）管的耐热性能和力学性能均高于中密度和低密度聚乙烯管，是一种难透气、透湿，渗透性最低的管材；中密度（MDPE）管既有高密度管的刚性和强度，又有低密度管良好的柔性和抗蠕变性，比高密度管有更高的热熔连接性能，对管道安装有利，其综合性能高于高密度管；低密度聚乙烯（LDPE）管的特点是化学稳定性和高频绝缘性能优良，柔软性、伸长率、耐冲击和透明性比高、中密度管好，但

管材许用应力仅为高密度管的一半。聚乙烯管材中，中密度和高密度管材最适宜作为城市燃气和天然气管道，特别是中密度聚乙烯管材更受欢迎。低密度聚乙烯管材宜作为饮用水管、电缆导管、农业喷洒管道、泵站管道，特别适用于需要移动的管道。

③ 聚丙烯（PP）塑料管。聚丙烯塑料管与其他塑料管相比，具有较高的表面硬度和表面光洁度，流体阻力小，使用温度范围为 100℃以下，许用应力为 5MPa，弹性模量为 130MPa。聚丙烯塑料管多用作化学废料排放管、化验室废水管、盐水处理管道等。

④ 无规共聚聚丙烯（PPR）塑料管。PPR 由丙烯和少量其他单体共聚形成，PPR 管具有优良的韧性和抗温度变形性能，能耐 95℃以上的沸水，低温脆化温度可降至 −15℃，是制作热水管的优良材料，现已在建筑工程中广泛应用。

⑤ ABS 塑料管。ABS 塑料管使用温度为 90℃以下，许用应力在 7.6MPa 以上。由于 ABS 管具有比硬质聚氯乙烯管、聚乙烯管更高的冲击韧性和热稳定性，因此可用作工作温度较高的管道。在国外，ABS 管常用作卫生洁具下水管、输气管、污水管、地下电气导管、高腐蚀工业管道等。

⑥ 聚丁烯（PB）塑料管。聚丁烯管柔性与中密度聚乙烯管相似，强度特性介于聚乙烯和聚丙烯之间，具有独特的抗蠕变（冷变形）性能。其许用应力为 8MPa，弹性模量为 50MPa，使用温度范围为 95℃以下。聚丁烯管在化学性质上不活泼，能抗细菌、藻类或霉菌，因此，可用作地下埋设管道。聚丁烯管主要用作给水管、热水管、楼板采暖供热管、冷水管及燃气管道。

⑦ 玻璃钢（GRP）管。玻璃钢管具有强度高、重量轻、耐腐蚀、不结垢、阻力小、耗能低、运输方便、拆装简便、检修容易等优点。玻璃钢管主要用作石油化工管道和大口径给排水管。

三、建筑胶黏剂

胶黏剂是指具有良好的黏结性能，能在两个物体表面间形成薄膜并把它们牢固地黏结在一起的材料。与焊接、铆接、螺纹连接等连接方式相比，胶结具有很多突出的优越性，如黏结为面际连接，应力分布均匀，耐疲劳性好；不受胶结物的形状、材质等限制；胶结后具有良好的密封性能；几乎不增加黏结物的重量；胶结方法简单等。因此，胶黏剂在建筑工程中的应用越来越广泛，成为工程上不可缺少的重要配套材料。

1. 胶黏剂的组成与分类

1）胶黏剂的组成

胶黏剂的主要组成成分有黏结物质、固化剂、增韧剂、填料、稀释剂、改性剂等。

（1）黏结物质。黏结物质也称黏料，它是胶黏剂中的基本组分，起黏结作用，其性质决定了胶黏剂的性能、用途和使用条件。一般多用各种树脂、橡胶类及天然高分子化合物作为黏结物质。

（2）固化剂。固化剂是促使黏结物质通过化学反应加快固化的组分，可以增加胶层的内聚强度。有的胶黏剂中的树脂（如环氧树脂）若不加固化剂，本身不能变成坚硬的固体。固化剂也是胶黏剂的主要组成成分之一，其性质和用量对胶黏剂的性能起着重要的作用。

（3）增韧剂。增韧剂用于提高胶黏剂硬化后黏结层的韧性，是提高胶黏剂抗冲击强度的组分。常用的增韧剂有邻苯二甲酸二丁酯和邻苯二甲酸二辛酯等。

（4）填料。填料一般在胶黏剂中不发生化学反应，它能使胶黏剂的稠度增加，降低热膨胀系数，减少收缩性，提高胶黏剂的抗冲击韧性和机械强度。填料常用的品种有滑石粉、石棉粉、铝粉等。

（5）稀释剂。稀释剂又称溶剂，主要是起降低胶黏剂黏度的作用，以便于操作，提高胶黏剂的湿润性和流动性。稀释剂常用的有机溶剂有丙酮、苯、甲苯等。

（6）改性剂。改性剂是为了改善胶黏剂的某一方面性能，以满足特殊要求而加入的一些组分。例如，为增加胶结强度，可加入偶联剂，还可分别加入防老化剂、防霉剂、防腐剂、阻燃剂、稳定剂等。

2）胶黏剂的分类

胶黏剂的品种繁多，组成各异，分类方法也各不相同，一般可按黏结物质的性质、胶黏剂的强度特性及固化条件来划分。

（1）按黏结物质的性质分类。按黏结物质的性质分类，胶黏剂分为有机类和无机类两种。

① 有机类包括天然类（葡萄糖衍生物、氨基酸衍生物、天然树脂、沥青）和合成类（树脂型、橡胶型、混合型）。

② 无机类包括硅酸盐类、磷酸盐类、硼酸盐、硫黄胶、硅溶胶等。

胶黏剂按黏结物质的性质分类见表 7-23。

表 7-23 胶黏剂按黏结物质的性质分类

<table>
<tr><td rowspan="9">胶黏剂</td><td rowspan="8">有机类</td><td rowspan="4">合成类</td><td rowspan="2">树脂型</td><td>热固性：酚醛树脂、环氧树脂、不饱和聚酯、聚氨酯、脲醛树脂等</td></tr>
<tr><td>热塑性：聚醋酸乙烯酯、聚氯乙烯-醋酸乙烯酯、聚丙烯酸酯、聚苯乙烯、聚酰胺、醇酸树脂、纤维素、饱和聚酯等</td></tr>
<tr><td>橡胶型</td><td>再生橡胶、丁苯橡胶、丁基橡胶、氯丁橡胶、聚硫橡胶等</td></tr>
<tr><td>混合型</td><td>酚醛-聚乙烯醇缩醛、酚醛-氯丁橡胶、环氧-酚醛、环氧-聚硫橡胶等</td></tr>
<tr><td rowspan="4">天然类</td><td>葡萄糖衍生物</td><td>淀粉、可溶性淀粉、糊精、阿拉伯树胶、海藻酸钠等</td></tr>
<tr><td>氨基酸衍生物</td><td>植物蛋白、血蛋白、骨胶、鱼胶等</td></tr>
<tr><td>天然树脂</td><td>木质素、单宁、松香、虫胶、生漆等</td></tr>
<tr><td>沥青</td><td>沥青胶</td></tr>
<tr><td colspan="2">无机类</td><td colspan="2">硅酸盐类、磷酸盐类、硼酸盐、硫黄胶、硅溶胶</td></tr>
</table>

（2）按强度特性分类。按强度特性分类，胶黏剂分为结构胶黏剂、非结构胶黏剂和次结构胶黏剂三种。

① 结构胶黏剂。结构胶黏剂的胶结强度较高（至少与被胶结物本身的材料强度相当），同时对耐油、耐热和耐水性等都有较高的要求。

② 非结构胶黏剂。非结构胶黏剂要求有一定的强度，但不承受较大的力，只起定位作用。

③ 次结构胶黏剂。次结构胶黏剂又称准结构胶黏剂，其物理力学性能介于结构与非结构胶黏剂之间。

（3）按固化条件分类。按固化条件的不同，胶黏剂可分为溶剂型、反应型和热熔型三种。

① 溶剂型胶黏剂。其中的溶剂从黏合端面挥发或者被吸收，形成黏合膜而发挥黏合力。这类胶黏剂常用的有聚苯乙烯、丁苯橡胶等。

② 反应型胶黏剂。其固化是由不可逆的化学变化而引起的。按配方及固化条件，其可分为单组分、双组分甚至三组分的室温固化型、加热固化型等多种形式。这类胶黏剂有环氧树脂、酚醛、聚氨酯、硅橡胶等。

③ 热熔型胶黏剂。其以热塑性的高聚物为主要成分，是不含水或溶剂的固体聚合物，通过加热熔融黏合，随后冷却、固化，发挥黏合力。这类胶黏剂常用的有醋酸乙烯、丁基橡胶、松香、虫胶、石蜡等。

2. 常用建筑胶黏剂

1）常用胶黏剂类型

热塑性合成树脂胶黏剂为非结构用胶，主要有聚乙烯醇缩甲醛类胶黏剂、聚醋酸乙烯酯类胶黏剂和聚乙烯醇胶黏剂等。热固性树脂胶黏剂为结构用胶，主要有环氧树脂类胶黏剂、酚醛树脂类胶黏剂和聚氨酯类胶黏剂等。合成橡胶胶黏剂主要有氯丁橡胶胶黏剂、丁基橡胶胶黏剂等。

建筑上常用胶黏剂的性能及用途见表 7-24。

表 7-24　建筑上常用胶黏剂的性能及用途

种类		性能	主要用途
热塑性合成树脂胶黏剂	聚乙烯醇缩甲醛类胶黏剂	黏结强度较高，耐水性、耐油性、耐磨性及抗老化性较好	用于粘贴壁纸、墙布、瓷砖等，可用于涂料的主要成膜物质，或用于拌制水泥砂浆以增强砂浆层的黏结力
	聚醋酸乙烯酯类胶黏剂	常温固化快，黏结强度高，黏结层的韧性和耐久性好，不易老化，无毒、无味、不易燃爆，价格低，但耐水性差	广泛用于粘贴壁纸、玻璃、瓷砖、塑料、纤维织物、石材、混凝土、石膏等各种非金属材料，也可作为水泥增强剂
	聚乙烯醇胶黏剂（胶水）	水溶性胶黏剂，无毒，使用方便，黏结强度不高	可用于胶合板、壁纸、纸张等的胶结
热固性合成树脂胶黏剂	环氧树脂类胶黏剂	黏结强度高，收缩率小，耐腐蚀，电绝缘性好，耐水、耐油	用于黏结金属制品、玻璃、陶瓷、塑料和其他非金属材料制品
	酚醛树脂类胶黏剂	黏结强度高，耐疲劳，耐热，耐老化	用于黏结金属、玻璃、陶瓷、塑料和其他非金属材料制品
	聚氨酯类胶黏剂	黏附性好，耐疲劳、耐油、耐水、耐酸，韧性好，耐低温性能优异，可在室温固化，但耐热性差	用于胶结塑料、木材、皮革等，特别适用于防水、耐酸、耐碱等工程

续表

种类		性能	主要用途
合成橡胶胶黏剂	丁基橡胶胶黏剂	弹性及耐候性良好，耐疲劳、耐油、耐溶剂性好，耐热，有良好的混溶性，但黏着性差，成膜缓慢	适用于耐油部件中橡胶与橡胶、橡胶与金属、织物等的胶结，尤其适用于黏结软质聚氯乙烯材料
	氯丁橡胶胶黏剂	黏附力、内聚强度高，耐燃、耐油、耐溶剂性好，储存稳定性差	用于结构黏结或不同材料的黏结，如橡胶、木材、陶瓷、石棉等不同材料的黏结
	聚硫橡胶胶黏剂	具有良好的弹性、黏附性，耐油、耐候性好，对气体和蒸汽不渗透，耐老化性好	用作密封胶及用于路面、地坪、混凝土的修补、表面密封和防滑。用于海港、码头及水下建筑的密封
	硅橡胶胶黏剂	良好的耐紫外线、耐老化性，耐热、耐腐蚀性，黏附性好，防水防震	用于金属、陶瓷、混凝土、部分塑料的黏结，尤其适用于门窗玻璃的安装以及隧道、地铁等地下建筑中瓷砖、岩石接缝间的密封

2）选择胶黏剂的基本原则

选择胶黏剂的基本原则有以下几方面。

（1）了解黏结材料的品种和特性。根据被黏材料的物理性质和化学性质选择合适的胶黏剂。

（2）了解黏结材料的使用要求和应用环境。即黏结部位的受力情况、使用温度、耐介质及耐老化性、耐酸碱性等。

（3）了解黏结工艺性。即根据黏结结构的类型采用适宜的黏结工艺。

（4）了解胶黏剂组分的毒性。

（5）了解胶黏剂的价格和来源难易。在满足使用性能要求的条件下，尽可能选用价廉、来源容易、通用性强的胶黏剂。

3）使用胶黏剂的注意事项

为了提高胶黏剂在工程中的黏结强度，满足工程需要，使用胶黏剂黏结时应注意以下几个方面。

（1）黏结界面要清洗干净。彻底清除被黏结物表面上的水分、油污、锈蚀和漆皮等附着物。

（2）胶层要匀薄。大多数胶黏剂的胶结强度随胶层厚度增加而降低。胶层薄，胶面上的黏附力起主要作用，而黏附力往往大于内聚力，同时胶层产生裂纹和缺陷的概率变小，胶结强度就高。但胶层过薄，易产生缺胶，更影响胶结强度。

（3）晾置时间要充分。对含有稀释剂的胶黏剂，胶结前一定要晾置，使稀释剂充分挥发，否则在胶层内会产生气孔和疏松现象，影响胶结强度。

（4）固化要完全。胶黏剂的固化一般需要一定压力、温度和时间。加一定的压力有利于胶液的流动和湿润，保证胶层的均匀和致密，使气泡从胶层中挤出。温度是固化的主要条件，适当提高固化温度有利于分子间的渗透和扩散，有助于气泡的逸出和增加胶液的流动性，温度越高固化越快，但温度过高会使胶黏剂发生分解，影响黏结强度。

四、建筑涂料

建筑涂料简称涂料，是指涂覆于物体表面，能与基体材料牢固黏结并形成连续完整而坚韧的保护膜，具有防护、装饰及其他特殊功能的物质。建筑涂料能以其丰富的色彩和质感装饰美化建筑物，并能以其某些特殊功能改善建筑物的使用条件，延长建筑物的使用寿命。同时，建筑涂料具有涂饰作业方法简单，施工效率高，自重小，便于维护更新，造价低等优点。因此，建筑涂料已成为应用十分广泛的装饰材料。

1. 建筑涂料的功能和分类

1）建筑涂料的功能

建筑涂料对建筑物的功能性体现在以下几方面。

（1）装饰功能。建筑涂料的涂层具有不同的色彩和光泽，它可以带有各种填料，可通过不同的涂饰方法形成各种纹理、图案和不同程度的质感，以满足各种类型建筑物的不同装饰艺术要求，起到美化环境及装饰建筑物的作用。

（2）保护功能。建筑物在使用中，结构材料会受到环境介质（空气、水分、阳光、腐蚀性介质等）的破坏。建筑涂料涂覆于建筑物表面形成涂膜后，使结构材料与环境中的介质隔开，可减缓各种破坏作用，延长建筑物的使用功能；同时涂膜有一定的硬度、强度，良好的耐磨、耐候、耐蚀等性能，可以提高建筑物的耐久性。

（3）其他特殊功能。建筑涂料除了具有装饰、保护功能外，一些涂料还具有各自的特殊功能，进一步适应各种特殊使用的需要，如防火、防水、吸声隔声、隔热保温、防辐射等。

2）建筑涂料的分类

建筑涂料的种类繁多，其分类方法常依据习惯划分。

（1）按主要成膜物质的化学成分分为有机涂料、无机涂料、有机-无机复合涂料。

（2）按建筑涂料的使用部位分为外墙涂料、内墙涂料、顶棚涂料、地面涂料和屋面防水涂料等。

（3）按使用分散介质和主要成膜物质的溶解状况分为溶剂型涂料、水溶型涂料和乳液型涂料等。

2. 建筑涂料的组成材料

各种不同的物质经混合、溶解、分散而组成涂料。按涂料中各种材料在涂料的生产、施工和使用中所起作用的不同，可将这些组成材料分为主要成膜物质、次要成膜物质、溶剂（稀释剂）和助剂等。

1）主要成膜物质

主要成膜物质的作用是将涂料中其他组分黏结在一起，并能牢固附着在基层表面形成连续均匀、坚韧的保护膜。主要成膜物质具有独立成膜的能力，它决定着涂料的使用和所形成涂膜的主要性能。

建筑涂料所用主要成膜物质有树脂和油料两类。常用的树脂类成膜物质有虫胶、大漆等天然树脂，松香甘油酯、硝化纤维等人造树脂以及醇酸树脂、聚丙烯酸酯、环氧树脂、聚氨酯、聚磺化聚乙烯、聚乙烯醇聚物、聚醋酸乙烯及其共聚物等合成树脂。常用的油料有桐油、亚麻子油等植物油。

2）次要成膜物质

次要成膜物质是指涂料中的各种颜料，是构成涂料的组成成分之一。但次要成膜物质本身不具备单独成膜的能力，需依靠主要成膜物质的黏结而成为涂膜的组成部分。其作用是使涂膜着色并赋予涂膜遮盖力，增加涂膜质感，改善涂膜性能，增加涂料品种，降低涂料成本等。

常用的无机颜料有铅铬黄、铁红、铬绿、钛白、炭黑等，常用的有机颜料有耐晒黄、甲苯胺红、酞菁蓝、苯胺黑、酞菁绿等。

3）溶剂（稀释剂）

溶剂在涂料生产过程中，是溶解、分散、乳化成膜物质的原料；在涂饰施工中，使涂料具有一定的稠度、黏性和流动性，还可以增强成膜物质向基层渗透的能力，改善黏结性能；在涂膜的形成过程中，溶剂中少部分被基层吸收，大部分逸入大气中，不保留在涂膜内。

涂料所用溶剂有两大类：一类是有机溶剂，如松香水、酒精、汽油、苯、二甲苯、丙酮等；另一类是水。

4）助剂

助剂是为改善涂料的性能、提高涂膜的质量而加入的辅助材料。助剂的加入量很少，种类很多，对改善涂料的性能作用显著。

涂料中常用的助剂按其功能可分为催干剂、增塑剂、固化剂、流变剂、分散剂、增稠剂、消泡剂、防冻剂、紫外线吸收剂、抗氧化剂、防老化剂、防霉剂、阻燃剂等。

3. 常用建筑涂料

1）合成树脂乳液砂壁状建筑涂料

这种涂料是以合成树脂乳液为主要黏结料，彩色砂粒和石粉为集料，采用喷涂方法施涂于建筑物外墙，形成粗面涂层的厚质涂料。这种涂料质感丰富，色彩鲜艳且不易褪色变色，而且耐水性、耐气候性优良。所用合成树脂乳液主要为苯乙烯-丙烯酸酯共聚乳液。这种涂料是一种性能优异的建筑外墙用中高档涂料。

2）复层涂料

复层涂料是以水泥系、硅酸盐系和合成树脂系等黏结料和集料为主要原料，用刷涂、辊涂或喷涂等方法，在建筑物表面上涂布 2～3 层，厚度为 1～5mm 的凹凸成平状复层建筑涂料。根据所用原料的不同，这种涂料可用于建筑的内外墙面和顶棚的装饰，属中高档建筑装饰材料。复层涂料一般包括三层，即封底涂料（主要用以封闭基层毛细孔，提高基层与主层涂料的黏结力）、主层涂料（增强涂层的质感和强度）、罩面涂料（使涂层具有不同色调和光泽，提高涂层的耐久性和耐沾污性）。

3）合成树脂乳液内墙涂料

这种涂料是以合成树脂乳液为黏结料，加入颜料、填料及各种助剂，经研磨而成的薄型内墙涂料。这类涂料是目前主要的内墙涂料。由于所用的合成树脂乳液不同，具体品种涂料的性能、档次也就有差异。常用的合成树脂乳液有丙烯酸酯乳液、苯乙烯-丙烯酸酯共聚乳液、醋酸乙烯-丙乙烯酸酯乳液、氯乙烯-偏氯乙烯乳液等。

4）合成树脂乳液外墙涂料

合成树脂乳液外墙涂料是以合成树脂乳液为黏结料，加入颜料、填料及各种助剂经研磨而成的水乳型外墙涂料。

5）溶剂型外墙涂料

这种涂料是以合成树脂为基料，加入颜料、填料、有机溶剂等经研磨配制而成的外墙涂料。它的应用没有合成树脂乳液外墙涂料广泛，但这种涂料的涂层硬度、光泽、耐水性、耐沾污性、耐污蚀性都很好，使用年限多在 10 年以上，所以也是一种颇为实用的涂料。溶剂型外墙涂料不能在潮湿基层上施涂且有机溶剂易燃，有的还有毒。

6）无机建筑涂料

无机建筑涂料是以碱金属硅酸盐或硅溶胶为主要黏结料，加入颜料、填料及助剂配制而成的在建筑物上形成薄质涂层的涂料。这种涂料性能优异，生产工艺简单，原料丰富，成本较低，主要用于外墙装饰；主要是喷涂施工，也可用刷涂或辊涂。这种涂料为中档及中低档类涂料。

7）聚乙烯酸水玻璃内墙涂料

聚乙烯酸水玻璃内墙涂料是以聚乙烯醇树脂水溶液和水玻璃为黏结料，混合一定量的填料、颜料和助剂，经过混合研磨、分散而成的水溶性涂料。这种涂料属于较低档的内墙涂料，适用于民用建筑室内墙面装饰。

第四节　建筑装饰材料

一、建筑装饰材料的基本知识

建筑装饰材料，又称建筑饰面材料、装修材料，是指铺设或涂装在建筑物表面起装饰和美化环境作用的材料。建筑装饰材料是集材料、工艺、造型设计、美学于一身的材料，它是建筑装饰工程的重要物质基础。随着经济的发展、科学技术的进步和人们生活水平的提高，人们对自己的生存环境和空间的要求越来越高，不断追求着高品位、个性化、多样化、人性化以及美观、健康和舒适的室内、室外环境。因此，只有熟悉各种装饰材料的性能、特点，按照建筑物及使用环境条件，合理选用装饰材料，才能材尽其能、物尽其用，更好地表达设计意图，并与室内外其他配套产品和环境来体现建筑装饰性。

1. 建筑装饰材料的作用及装饰性能

1）建筑装饰材料的作用

建筑装饰材料的主要作用体现在以下几方面。

（1）装饰性。建筑装饰材料的主要作用是通过材料特有的装饰性能来提高建筑物的艺术效果。

（2）保护建筑物或构筑物。装饰材料用于建筑物表面，可以防止风吹、日晒、雨淋等外界侵蚀以及水蒸气和机械磨损等作用，从而提高建筑物的耐久性。

（3）改善建筑物的某些功能。某些装饰材料还兼有吸声、隔声、隔热、保温、采光、防火等部分功能。

2）材料的装饰性能

建筑装饰工程的总体效果及功能的实现，无不通过巧妙地运用建筑装饰材料，使之与周围环境、室内配套物品的形体、图案、线条、质感、色彩、功能等相匹配。材料的装饰性是很重要的性质。评价材料的装饰性能，主要通过材料的颜色、光泽、线型、图案和质感等来表现。

（1）颜色。颜色实质是材料对光谱的反射，光谱的组成不同可以让人感受到不同的颜色。利用装饰材料千变万化的色彩，可以创造人工环境。通过与周围环境背景的协调，装饰材料选择合适的颜色，可以使环境增色而变得更加优美和谐，同时更能体现建筑物的自身特点。

（2）光泽。光泽表示材料表面对有方向性光线的反射性质。材料表面情况不同，其反射光线的强弱不同，会呈现镜面反射和漫反射等不同效果。建筑装饰常做的虚实对比处理，主要利用这一性质。

（3）线型、图案。通过线条粗细、疏密和比例以及花饰，图案，材料的尺寸、规格等变化及施工处理手段，配合建筑的形体，可构造具有一定特色的建筑物造型。

（4）质感。质感主要指对材料质地的感觉，是通过材料表面疏密、光滑程度、线条变化以及对光线的吸收、反射强弱不等产生的观感（心理）上的不同效果，如硬软、粗细、明暗、冷暖、色彩等。它不仅取决于材质，还与材料加工和施工方法有关。例如，装饰砂浆经拉条处理和剁斧加工以后呈现的质感不同，前者似饰面砖，后者似花岗石。

2. 建筑装饰材料的分类及选用原则

1）建筑装饰材料的分类

建筑装饰材料种类繁多，其性能和用途也千差万别。按组成成分不同，建筑装饰材料分为有机装饰材料、无机装饰材料和复合装饰材料三大类。按材质不同，建筑装饰材料可分为塑料、金属、陶瓷、玻璃、木材、无机矿物、涂料、织物、石材等。按功能不同，建筑装饰材料可分为防水、防潮、防火、防霉、吸声、隔热、耐酸碱、耐污染等装饰材料。按来源不同，建筑装饰材料可分为天然、人造装饰材料两大类。按使用部位不同，建筑装饰材料可分为外墙、内墙、地面和顶棚饰面材料。表 7-25 为按部位分类的装饰材料主要种类。

表 7-25 建筑装饰材料的分类

按部位分类	装饰材料的种类
外墙	天然石材、外墙面砖、锦砖、玻璃、外墙涂料、装饰砂浆、装饰混凝土
内墙	天然及人造石材、釉面砖、玻璃、墙纸、墙布、织物、木贴面、金属饰面、塑料饰面
地面	天然及人造石材、地砖、木地板、塑料地板、地面涂料、地毯
顶棚	膨胀珍珠岩制品、矿棉、岩棉、玻璃棉板、地面涂料、地毯、壁纸、石膏板、塑料吊顶、铝合金及轻钢龙骨

此外，还有屋面装饰材料、卫生洁具、楼梯扶手与栏杆、装饰五金、灯具等。

2）建筑装饰材料的选用原则

选择建筑装饰材料，应根据不同装饰档次、使用环境及要求，合理配置、充分运用材料的装饰性，以体现地方特色、民族传统和现代新材料、新技术的魅力。因此，选择建筑装饰材料首先应使材料与周围环境、空间、气氛、建筑功能等相匹配；其次以满足装饰功能为主兼顾所要求的其他功能；再次满足适宜的耐久性要求；最后要求所选材料便于施工、造价合理、资源充足。

针对具体建筑物及不同使用部位和工程对材料不同的功能要求，还要注意以下几点。

（1）针对饰面处理的目的性，首先满足主要功能要求，兼顾其他功能。

（2）相同质量等级的建筑，但处于不同位置（如临街与背面等）和控制的造价不同，可以选用不同等级的装饰材料。

（3）合理要求耐久性。对于高层建筑外墙及处于重要位置的建筑，耐久性要求高；对于面大量广、易于维修的一般建筑可以按较短维修周期来选材。

（4）根据装修施工方法，充分考虑施工因素，选择与之相适应的装修材料。

需要指出的是，违背基本原则而盲目地追求高档、进口装饰材料，往往会适得其反。

3. 建筑装饰材料的发展趋势

随着科学技术的不断发展和人类生活水平的不断提高，建筑装饰向着环保化、多功能化、高强轻质化、成品化、安装标准化、控制智能化的方向发展。

1）环保化

随着人类环保意识的增强，装饰材料在生产和使用的过程中将更加注重对生态环境的保护，向营造更安全、更健康的居住环境的方向发展。现代建筑装饰材料中，天然的较少，人工合成的较多，大多数装饰材料或多或少含有一些对人体有害的物质，但那些能够达到国家质检环保标准的材料，其有害物质对人体的危害可以忽略不计。装饰材料含有的有害物质主要有以下几种。

（1）甲醛。甲醛是一种无色易溶解的刺激性气体，是世界卫生组织认定的高致癌物质。吸入过量的甲醛后，会引起慢性呼吸道疾病、过敏性鼻炎、免疫功能下降的问题。此外，甲醛还是鼻癌、咽喉癌、皮肤癌的主要诱因。甲醛污染主要来源于胶合板、细木工板（大芯板）、中密度板和刨花板等胶合板材和胶黏剂、化纤地毯、油漆涂料等材料。

（2）苯。苯可以抑制人体的造血机能，致使白红细胞和血小板减少，人吸入过量的苯，轻者出现头晕、恶心、乏力等问题，严重的可导致直接昏迷。过度吸入苯会使肝、肾等器官衰竭，甚至诱发血液病。苯污染的主要来源是合成纤维、塑料、燃料、橡胶以及其他合成材料等。

（3）氡。氡是一种天然放射性气体，无色无味。氡能够影响血细胞和神经系统，严重时还会导致肿瘤的发生。氡污染的主要来源是花岗岩等天然石材（放射性元素存在衰竭期，超过衰竭期可放心使用，运用先进的技术，可以提前完成衰竭期）。

（4）二甲苯。短时间内吸入高浓度的甲苯或二甲苯，会出现中枢神经麻醉的症状，轻者会导致头晕、恶心、胸闷、乏力，重者会导致昏迷，甚至会由此引发呼吸道系统的衰竭而导致人的死亡。二甲苯的污染主要来自油漆、各种涂料的添加剂以及各种胶黏剂、防水材料等。

因此，装修完成后需要待气味散发后再入住使用。装修完成后保持室内通风状态可以稀释室内的有害物质。另一方面室内可以摆放一些阔叶类植物，因为植物本身就有吸收甲醛、苯、一氧化碳等有害气体的功能，摆一些既美化环境又能吸取有害气体，一举两得。市场上也有一些诸如空气净化器、活性炭、甲醛吸附器等设备，可以放入室内净化环境。

2）多功能化

随着市场对装饰空间的要求不断升级，装饰材料的功能也由单一向多元化发展。

3）高强轻质化

随着人口居住的密集和土地资源的紧缺，建筑物日益向框架型的高层发展。高层建筑对材料的重量、强度等方面都有新的要求，为安全和便于施工，装饰材料的规格越来越大、质量越来越轻、强度越来越高。

4）成品化、安装标准化

随着住宅产业化（商品化）及人工费的急剧增加、装饰工程量的加大和对装饰工程质量的要求不断提高，为保证装饰工程的工作效率，装饰材料向着成品化、安装标准化方向发展。

5）控制智能化

随着计算机技术的发展和普及，装饰工程向智能化方向发展，装饰材料也向着与自动控制相适应的方向扩展，商场、银行、宾馆多已采用自动门、自动消防喷淋头、消防与出口大门的联动等设施。

二、建筑装饰材料的主要品种及其应用

前面已经讲过建筑装饰材料包括石材、陶瓷、玻璃、石膏制品、塑料及铝合金等，这里重点介绍其作为装饰材料的特性及主要用途，并按使用部位分类汇总。其中所列材

料品种及性能仅为比较有代表性的主要常用材料。外墙装饰材料如图 7-42 和表 7-26 所示，内墙装饰材料如图 7-43 和表 7-27 所示，地面装饰材料如图 7-44 和表 7-28 所示，顶棚装饰材料如图 7-45 和表 7-29 所示。

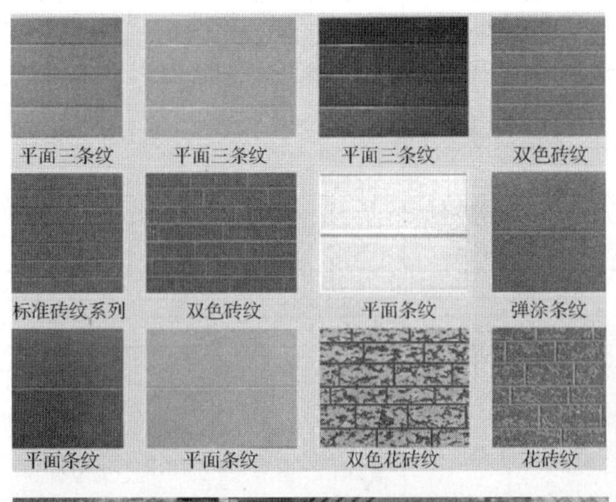

图 7-42　外墙装饰材料

表 7-26　外墙装饰材料

品种		主要特点	主要用途
贴面类	花岗岩（粗磨板、磨光板、机刨板、剁斧板）	多呈斑点状（粗、中、细晶粒）、质坚硬、致密、耐磨、耐蚀、耐久、吸水率低、颜色多样	外墙面、墙裙、基座、踏步、柱面、勒脚、纪念碑等
	陶瓷锦砖外墙面砖	色泽多样，质地坚实，经久耐用，能耐酸、耐碱、耐火、耐磨，抗压力强，吸水率小，不渗水，易清洗	高级建筑物的外墙饰面材料
	水磨石板	表面光洁、坚硬，造价低廉，可任意调色拼花、施工方便	柱面、墙裙等
抹面类	装饰抹灰砂浆（拉毛、甩毛、喷毛、扒拉石、假面砖、喷涂、滚涂、弹涂等）	通过改变水泥色彩、集料色彩和粒径，采取各种施工方法获得具有水泥砂浆性质的质感不同的饰面层	外墙饰面层
	石渣类饰面砂浆（假石、刷石、粘石）	分格抹灰，对装饰砂浆面层进行水冲或干粘、剁斧等处理	外墙、勒脚、台阶等

续表

品种		主要特点	主要用途
涂料类	丙烯醋酸系涂料	黏结牢固，色泽及保色性、耐候性优良，耐碱性好，耐水性好，耐污染，质感丰富，丙烯酸乳液黏结烧结彩色砂	高层建筑外墙；混凝土或水泥砂浆面层的外墙涂料
	聚氨酯系涂料	涂膜坚韧、柔性好、不易开裂、耐水、耐候、耐蚀、耐磨	适用于外墙，也可用于地面和内墙
	JN80-1 无机建筑涂料	色泽丰富多样，耐老化，抗紫外线能力强，成膜温度低	外墙涂料
	JN80-2 无机涂料	以硅溶胶为主要黏结剂。耐水、耐酸碱、耐冻、抗污染、遮盖力强、涂膜细腻	外墙涂料
	KS-82 无机高分子涂料	涂膜透气性好，耐候、抗污染、耐水、抗老化	外墙涂料
玻璃类	吸热玻璃	表面晶莹光洁、透光，隔声，保温，耐磨，耐气候变化，材质稳定	玻璃幕墙，炎热地区门、窗玻璃幕墙，建筑门、窗拼装外墙饰面，大厦橱窗、天窗等外墙饰面
	热反射玻璃		
	彩色玻璃		
	夹层玻璃		
	锦玻璃（玻璃马赛克）		
装饰混凝土	清水混凝土	性质同普通混凝土	适用于环境空旷、绿化好、建筑体型灵活，有较大的虚实对比，建筑立面色彩鲜艳的外墙
	制成图案及凹凸镜边的混凝土板	在成型混凝土表面压印花纹、图案及线条的装饰混凝土	用于高层住宅
	露石混凝土	用缓凝剂使面层水泥浆冲刷掉而露出集料。可消除表面龟裂、白霜，质感丰富	外墙混凝土板
金属装饰板	平板、波纹板、花纹板、压型板门、窗	轻质、高强、耐候性、耐酸性强、色彩柔和、线条明快、造型美观，门、窗防尘、隔声性好	铝合金外墙、门、窗
	彩色涂层钢板	钢板表面覆 0.2～0.4mm 塑料，绝缘、防锈、耐磨、耐酸碱	可做墙板和屋面板
塑料门窗		聚氯乙烯塑料，隔热、隔声、气密性、防水性好，适用于-20～60℃环境中	适用于-20℃以上环境建筑门、窗

图 7-43　内墙装饰材料

图 7-43（续）

表 7-27　内墙装饰材料

品种		主要特点	主要用途
贴面类	大理石	色彩斑斓、花纹美观、具有镜面一样的光泽、不变形、硬度高、使用寿命长、不磁化	室内高级装饰。质纯的汉白玉、艾叶青等可用于室外
	人造石（仿大理石、花岗岩、玛瑙、玉石）	质轻、韧性好、吸水率小、表面美观大方、光泽度高	主要用于室内，代替大理石使用
	内墙面砖（釉面砖）	色彩图案丰富、规格多、清洁方便、防渗，无缝拼接，韧度非常好，耐急冷急热	室内浴池，厨房、厕所墙面，医院、实验室等墙面、桌面，可镶成壁画
	塑料贴面板	表面光高、色调丰富、色泽鲜艳、可以仿石、仿木	内墙面、台面、桌面等
	微薄木贴面板	花纹美丽、真实、立体感强	室内装饰
	纸基涂塑壁纸（印花、压花、发泡等）	色彩、图案、花纹繁多，高低发泡的印花、压花壁纸弹性好	室内墙壁及天棚、耐水壁纸，可用于卫生间
	纸基织物壁纸	用一定排列方式获得各种花纹、绒面及金属丝等艺术效果	内墙面
	玻纤印花贴墙布	色彩鲜艳、不褪色、耐擦洗	疗养院、计算机房、宾馆、住宅等内墙面
	无纺贴墙布	有弹性、透气、可擦洗	高级宾馆、住宅
	装饰墙布	强度大、静电小、花色多	粘贴内墙或浮挂
	化纤装饰贴墙布	无毒、透气、防潮、耐磨	内墙贴面
	麻草壁纸	纸基、面层为麻草，阻燃、吸声、透气，自然、古朴、粗犷	会议室、接待室、影剧院、舞厅等装修
	高级墙面装饰织物	锦缎浮挂，墙面格调高雅、华贵，粗毛料、麻类、化纤等织物厚实、古朴、有温暖感	高级室内装修
涂料类	聚乙烯醇甲醛涂料	涂膜牢固、耐湿、好擦洗、耐水、耐热	住宅、剧院、医院、学校等
	乙丙内墙涂料	表面细腻，保色性好，耐水、耐久性好	高级内墙面装饰
	苯丙乳液涂料	保色性好、耐碱性好、花纹立体感强、色彩稳定	内墙涂料
	多彩内墙涂料	附着力强、耐碱性好，花纹立体感强、色彩稳定	内墙涂料

续表

品种		主要特点	主要用途
玻璃类	磨砂玻璃	透光不透视，光线柔和，漫反射	卫生间、浴室、走廊等门窗使用
	压花玻璃	装饰效果好，能阻挡一定的视线，同时又有良好的透光性	室内间隔，卫生间门窗及需要采光又需要阻断视线的各种场合
	钢化玻璃	抗风压，耐寒暑，具有安全性、高强度和热稳定性	高层建筑门窗、玻璃幕墙、室内隔断玻璃、采光顶棚、观光电梯通道、家具、玻璃护栏等
	装饰镜	增大室内高度，开阔室内视野，空间的放大效果好	商店、公共场所、居室、卫生间等
	压型玻璃	透光率 40%～70%，隔声、隔热好	非承重内墙、天窗等
	玻璃空心砖	透光率 50%～60%，导热系数小	楼梯、电梯间玻璃隔断

图 7-44　地面装饰材料

表 7-28　地面装饰材料

品种			主要特点	主要用途
贴面类	花岗岩、人造石		质地坚硬、致密、耐磨、耐蚀、耐久、吸水率低、颜色多样、质轻、韧性好、吸水率小、表面美观大方、光泽度高	室外及室内地面装饰
	陶瓷地砖、陶瓷锦砖（马赛克）		色泽多样，质地坚实，经久耐用，能耐酸、耐碱、耐火、耐磨，抗压力强，吸水率小，不渗水，易清洗	室内地面装饰，印花地砖用于高级建筑地面、卫生间、厨房等地面装饰
	塑料地砖（素砖、印花仿瓷、仿石、印花地面）		色泽多样、质软耐磨、防滑、防腐、不助燃	公共建筑、住宅等地面装饰
木地板	普通木地板		保温性能好，有弹性，自重轻、易燃	适用于高、中、低档地面装饰
	硬质纤维板			
	拼木地板			
卷材类	塑料卷材地板（革）		色泽多样、仿木、仿石等图案。耐磨、耐污染、弹性好	宾馆、办公楼、住宅等地面装饰
	地毯类	纯毛机织地毯、纯毛手工裁绒地毯	毯面平整光泽、有弹性、脚感柔软、耐磨；图案优美、色泽鲜艳、质地厚实、柔软舒适、装饰效果好	宾馆等室内铺设，高档或中档地面装饰
		化学纤维地毯（丙纶、腈纶、涤纶、锦纶）	质坚韧、耐磨、耐湿、抗污染。丙纶回弹、着色差；腈纶强度高，耐磨差，易吸尘；涤纶强度高，耐磨好，耐污强、着色好；锦纶性能优异、价格高	用于宾馆、餐厅、住宅、活动室等地面装饰

图 7-45　顶棚装饰材料

表 7-29 顶棚装饰材料

品种	主要特点	主要用途
矿棉装饰吸声板、玻璃棉装饰吸声板、膨胀珍珠岩吸声板	保温、隔热、吸声、防震、轻质	影剧院、音乐厅、播音室、录音室等高级顶棚材料和一般建筑用顶棚材料
聚氯乙烯装饰板、聚苯乙烯泡沫塑料装饰吸声板	质轻、色白、隔热、隔声、吸声	住宅、办公楼、影剧院、宾馆、商店、医院、展厅、餐厅、播音室等顶棚材料。高效防水石膏板用于浴室、卫生间
装饰石膏板（防潮板、普通板）	有孔板装饰、吸声、隔声、防潮	
轻质硅酸板	轻质、强度较高、防潮、耐火	
铝合金龙骨轻钢龙骨	装饰效果好，强度高，宜作大龙骨	工业、民用建筑吊顶。大龙骨适宜用钢龙骨，中、小边龙骨宜用铝合金龙骨
壁纸与涂料	与内墙用材料相同	顶棚材料

第五节 木材及其制品

一、木材的基本知识

建筑工程应用木材已有悠久的历史，举世称颂的古建筑之木构架、木制品等巧夺天工，为世界建筑独树一帜。岁月流逝，木质建筑历经千百年而不朽，依然显现当年的雄姿。时至今日，木材在建筑结构、装饰上的应用仍不失其高贵、显赫地位，并以质朴、典雅的特有性能和装饰效果，在现代建筑的新潮中创造了一个个自然美的生活空间。

木材具有很多优良的性能，如轻质高强，导电、导热性低，有较好的弹性和韧性，能承受冲击和振动，易于加工等。目前，木材较少用于外部结构材料，但由于它有美观的天然纹理，装饰效果较好，所以仍被广泛用作装饰与装修材料。由于木材构造不均匀、各向异性、易吸湿变形、易腐易燃等缺点，且树木生长周期缓慢、成材不易等原因，在应用上受到限制，所以对木材的节约使用和综合利用是十分重要的。

1. 木材的分类

由于气候条件的差异，树木的种类很多，总体从树叶的外观形状分为针叶树和阔叶树两大类。针叶树纹理直、木质较软、易加工、变形小。阔叶树纹理美观，质密、木质较硬，加工较难、易翘裂，适用于室内装修。

1）针叶树

针叶树树叶细长如针，多为常绿树，树干通直、高大，纹理平顺，材质均匀，有的含树脂，木质较软而易于加工，故又称为软木材，如红松、落叶松、云杉、冷杉、杉木、柏木、马尾松、落叶松等。针叶树木材强度较高，体积密度和膨胀变形较小，常含有较多的树脂，耐腐蚀性较强，是建筑工程中的主要用材。多用于承重构件和装修材料，如广泛用于门窗、地面用材及装饰用材等。

2）阔叶树

阔叶树树叶宽大，叶脉成网状，大都为落叶树，树干通直部分一般较短，大部分树种的体积密度大，材质较硬，较难加工，故又称为硬木材，如樟木、水曲柳、青冈柚木、山毛榉、色木等。也有少数质地稍软的，如桦木、椴木、山杨、青杨等。适用于室内装修、制作家具和胶合板等。

2. 木材的构造

作为一种生物材料，木材是由一个个的细胞构成的。这种生物细胞的集合体，在肉眼下，在放大镜下，在各种显微镜下，呈现出有序而又形态各异的变化。通常可以从木材宏观上和微观上来观察构造。

1）木材的宏观构造

木材的宏观构造是用肉眼或放大镜所观察到的木材特征（见图 7-46）。木材的宏观构造往往在木材的三切面上观察，即横切面、径切面和弦切面。横切面是指与树干主轴或木纹相垂直的切面，即树干的端面或横断面；径切面是指顺着树干轴向，通过髓心与木射线平行或与年轮垂直的切面；弦切面是没有通过髓心的纵切面，顺着木材的纹理。

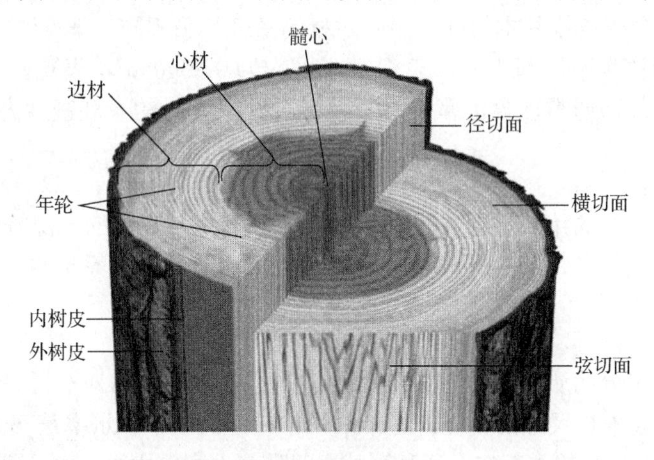

图 7-46　木材的宏观构造

木材的宏观特征包括木材的木质部、年轮和早材、晚材。木质部是木材的主要部分；年轮为树木在每个生长周期所形成的木材围绕着髓心构成的同心圆；早材指温带和寒带的树种通常生长季节早期所形成的木材；晚材指温带和寒带的树种，通常是生长季节晚期所形成的木材。髓心在树干中心。从髓心向外的辐射线，称为髓线。髓线与周围连接弱，木材干燥时易沿此线开裂。

2）木材的微观构造

用显微镜所能观察到的木材组织是木材的微观构造。针叶树木材的显微结构较简单而规则，它由管胞、髓线、树脂道组成，阔叶树木材的显微结构较为复杂，主要由导管、木纤维及髓线组成。导管和髓线是鉴别针叶树（见图 7-47）和阔叶树（见图 7-48）的主要标志。

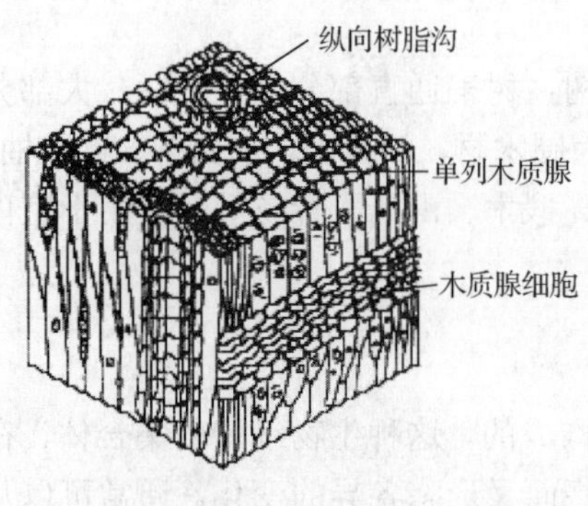

图 7-47 针叶树马尾松微观构造

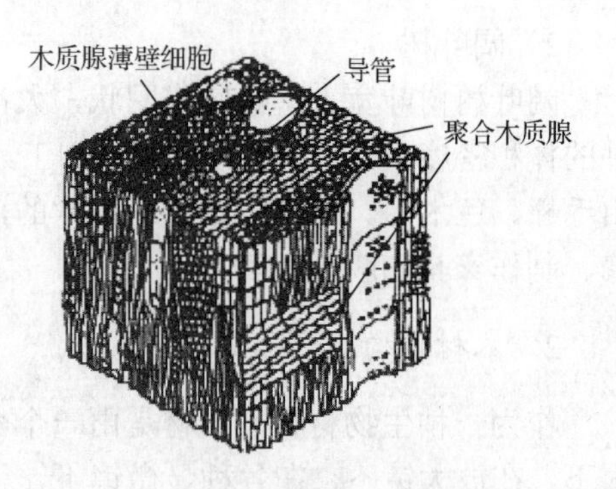

图 7-48 阔叶树柞木微观构造

二、木材的基本性能

木材的基本性能如下。

1. 密度和表观密度

由于木材的分子结构基本相同，因此木材的密度几乎相同，平均约为 1.55g/cm^3。木材的表观密度因树种不同而不同，表观密度平均为 0.50g/cm^3，表观密度的大小与木材种类及含水率有关，通常以含水率 15%（标准含水率）时的表观密度为准。

2. 导热性

木材是一种良好的绝热材料，具有较小的表观密度、较多的孔隙等优点。但木材的纹理不同，其性能各异，即各向异性，使得方向不同时，导热系数也有较大差异。

3. 含水率

木材中所含水分的质量与木材干燥后质量的百分比值，称为木材的含水率。木材含水率的变化会引起木材尺寸的变化。通常来说，新鲜的硬木含水率是 60%，而软木是硬木的两倍以上。木材中的水存在有两种形式，即吸着水和自由水。如果潮湿木材长时间处于一定温度和湿度的空气中，木材便会干燥，达到相对恒定的含水率，这时木材的含水率称为平衡含水率。平衡含水率随空气湿度的变大和温度的降低而增大，反之，则减少。

4. 吸湿性

木材具有较强的吸湿性。木材的吸湿性对木材的性能，特别是木材的干缩湿胀影响很大。因此，木材在使用时其含水率应接近平衡含水率或稍低于平衡含水率。

5. 湿胀与干缩

木材具有很显著的湿胀干缩性，对后期木材的使用有一定的影响。湿材因干燥而缩减其尺寸的现象称之为干缩；干材因吸收水分而增加其尺寸与体积的现象称之为湿胀。干缩和湿胀现象主要在木材含水率小于纤维饱和点的情况下发生，当木材含水率在纤维饱和点以上时，其尺寸、体积不会发生变化。木材干缩与木材湿胀发生在两个完全相反的方向上，二者均会引起木材尺寸与体积的变化。

6. 强度

建筑上通常利用的木材强度，主要有抗压强度、抗拉强度、抗弯强度和抗剪强度。质地不均匀、各方面强度不一致是木材的重要特点，也是其缺点。木材沿树干方向（顺纹）的强度较垂直树干横向（横纹）的强度大得多。实际上，木材常有木节、斜纹、裂缝等疵病，疵病会使木材抗拉强度降低很多，使强度值不稳定。所以一般木材多用作顺纹受压构件，如柱、桩、斜撑、屋架上弦等，疵病对顺纹抗压强度影响不是很大，强度值也较稳定。木材也用作受弯构件，如梁、板。对受弯构件的木材须严格挑选，避免疵病对它的影响。木材各种强度的大小见表 7-30。

表 7-30　木材各种强度的大小　（单位：MPa）

抗压强度		抗拉强度		抗弯强度	抗剪强度	
顺纹	横纹	顺纹	横纹		顺纹	横纹
100	10～20	200～300	6～20	150～200	15～20	50～100

三、常用木材及木材制品

木材根据其加工方式不同可分为实木板和人造板两类。木质人造板有胶合板、装饰胶合板、微薄板、纤维板、细木工板、刨花板、木丝板和木屑板。

1. 实木板

实木板（见图 7-49）是指采用完整的木材（原木）制成的木板材。实木板一般按照板材实质（原木材质）名称分类，没有统一的标准规格。一些特殊材质（如桦木）的实木板还是制造枪托、精密仪表的理想材料。实木板板材坚固耐用、纹路自然，大都具有天然木材特有的芳香，是制作高档家具、装修房屋的优质板材。实木板具有较好的吸湿性和透气性，有益于人体健康，不造成环境污染等优点。

图 7-49　实木板

2. 胶合板

胶合板（见图 7-50）是家具常用材料之一，是一种人造板。胶合板通常由一组单板按相邻层木纹方向互相垂直组坯胶合而成，其表板和内层板通常对称地配置在中心层或板芯的两侧。用涂胶后的单板按木纹方向纵横交错配成的板坯，在加热或不加热的条件下压制而成。层数一般为奇数，少数也有偶数。纵横方向的物理、机械性质差异较小。常用的胶合板有三合板、五合板等。胶合板提高了木材利用率，节约了木材。胶合板亦可供飞机、船舶、火车、汽车、建筑和包装箱等作用材。目前主要采用水曲柳、椴木、马尾松及部分进口原木制成。胶合板种类根据胶合强度又分为以下三类。

① Ⅰ类（NQF）——耐气候、耐沸水胶合板。这类胶合板具有耐久、耐煮沸或蒸汽处理等性能，能在室外使用。

② Ⅱ类（Ns）——耐水胶合板。它能经受冷水或短期热水浸渍，但不耐煮沸。

③ Ⅲ类（Nc）——不耐潮胶合板。

图 7-50 胶合板

以木材为主要原料生产的胶合板，由于其结构的合理性和生产过程中的精细加工，可大体上克服木材的缺陷，大大改善和提高木材的物理力学性能，胶合板生产是充分合理地利用木材、改善木材性能的一个重要方法。

3. 装饰胶合板

装饰胶合板（见图 7-51）是指两张面层单板或其中一张为装饰单板的胶合板。装饰胶合板的种类很多，主要有不饱和聚酯树脂胶合板、贴面胶合板、浮雕胶合板等。目前使用较多的为不饱和聚酯树脂装饰胶合板，俗称宝丽板。

不饱和聚酯树脂装饰胶合板是以多类胶合板为基材，复贴一层装饰纸，再在纸面涂饰不饱和聚酯树脂，经加压固化而成的一种胶合板。不饱和聚酯树脂装饰胶合板板面光亮、耐热、耐磨、耐擦洗、色泽稳定性好、耐污染性高、耐水性较高，并具有多种花纹图案和颜色，广泛应用于室内墙面、墙裙等装饰及隔断、家具等。

图 7-51　装饰胶合板

不饱和聚酯树脂装饰胶合板的幅面尺寸与普通胶合板相同。厚度有 2.8mm、3.1mm、3.6mm、4.1mm、5.1mm、6.1mm……（自 6.1mm 起，按 1mm 递增）。不饱和聚酯树脂装饰胶合板按面板外观质量分为一、二两个等级。

4. 微薄板

微薄板（见图 7-52）是采用柚木、橡木、花梨木、枫木、风眼水曲柳等树材经机械旋切加工而成的薄木片，制造厚度为 0.2～0.5mm 微薄板整体厚薄均匀、木纹清晰、材质优良，保持了天然木材的真实质感，其表面可着色或喷涂各种油漆，也可模仿木制品的涂饰工艺，做成清漆或蜡面等。目前国内供应的微薄板一般规格尺寸为 2100mm×1350mm×（0.2～0.5）mm。其纹理细腻、真实、立体感强、色泽美观，是板材表面精美装饰用材之一。

图 7-52　微薄板

若用先进的胶黏工艺和胶黏剂，将微薄板粘贴在胶合板基材上，可制成微薄木贴面板，用于高级建筑室内墙面的装饰，或用于门、家具等的装饰。微薄木贴面板幅面尺寸同胶合板。

5. 纤维板

纤维板（见图 7-53）又名密度板，是以木质纤维或其他植物素纤维为原料，施加脲醛树脂或其他适用的胶黏剂制成的人造板。制造过程中可以施加胶黏剂和（或）添加剂。纤维板具有材质均匀、纵横强度差小、不易开裂等优点，用途广泛。制造 $1m^3$ 纤维板需 $2.5\sim3m^3$ 的木材，可代替 $3m^3$ 锯材或 $5m^3$ 原木。发展纤维板生产是木材资源综合利用的有效途径。纤维板可按原料不同分为木质纤维板和非木质纤维板两种。木质纤维板是由木材加工废料经进一步加工制成的纤维板；非木质纤维板是由草本纤维或竹材纤维制成的纤维板。

图 7-53 纤维板

纤维板按密度分类通常分为软质纤维板、半硬质纤维板、硬质纤维板三类。

（1）软质纤维板。密度在 $0.4g/cm^3$ 以下的纤维板称为软质纤维板，又称低密度纤维板。软质纤维板质轻，孔隙率大，有良好的隔热性和吸声性，多用作公共建筑物内部的覆盖材料。经特殊处理可得到孔隙更多的轻质纤维板，具有吸附性能，可用于净化空气。

（2）半硬质纤维板。密度为 $0.4\sim0.8g/cm^3$ 的纤维板称为半硬质纤维板，又称中密度纤维板。半硬质纤维板结构均匀，密度和强度适中，有较好的再加工性。其产品厚度范围较宽，具有多种用途，如家具用材、电视机的壳体材料等。

（3）硬质纤维板。密度在 $0.8g/cm^3$ 以上的纤维板称为硬质纤维板，又称高密度纤维板。产品厚度范围较小，在 3～8mm 之间。强度较高，3～4mm 厚度的硬质纤维板可代替 9～12mm 的锯材薄板材使用。多用于建筑、船舶、车辆等。

6. 细木工板

细木工板（见图 7-54）俗称大芯板，是由两片单板中间胶压拼接木板而成。细木工板的两面胶黏单板的总厚度不得小于 3mm。各类细木工板的边角缺损，在 1cm 幅面以内的宽度不得超过 5mm，长度不得大于 20mm。由于细木工板是特殊的胶合板，所以在生产工艺中也要同时遵循对称原则，以避免板材翘曲变形。作为一种厚板材，细木工板具有普通厚胶合板的漂亮外观和相近的强度，但细木工板比厚胶合板质地轻，耗胶少，投资少，并且给人以实木感，满足消费者对实木家具的渴求。中间拼接木条芯板的主要作用是为板材提供一定的厚度和强度，上下中三层板的主要作用是使板材具有足够的横向强度，同时缓冲因木芯板的不平整给板面平整度带来的不良影响，最上面的面皮（薄

单板，一般不超过 1mm）。除了使板面美观以外，还可以增加板材的纵向强度。细木工板具有质坚、吸声、绝热等特点，适用于家具、车厢和建筑物内装修等。细木工板的尺寸规格和技术性能见表 7-31。

图 7-54　细木工板

表 7-31　细木工板的尺寸规格、技术性能

长度/mm						宽度/mm	厚度/mm	技术性能
915	—	—	1830	2135	—	915	16	含水率：10%±3%。 静曲强度： 厚度为 16mm，不低于 15MPa； 厚度<16mm，不低于 12MPa； 胶层剪切强度不低于 1MPa
							19	
—	1220	—	1830	2135	2440	1220	22	
							25	

7. 刨花板、木丝板、木屑板

刨花板、木丝板、木屑板（见图 7-55～图 7-57）分别是以木材加工中产生的大量刨花、木丝、木屑为原料，经干燥，与胶结料拌和制成的板材。所用胶结料有动植物胶（豆胶、血胶）、合成树脂胶（酚醛树脂、脲醛树脂等）、无机胶凝材料（水泥、菱苦土等）。

图 7-55　刨花板

图 7-56　木丝板

图 7-57　木屑板

这类板材表观密度小，强度较低，主要用作绝热和吸声材料。经饰面处理后，还可用作吊顶板材、隔断板材等。

四、木材的腐蚀与防腐

1. 木材的腐蚀

由于木腐菌的侵入，木材逐渐改变其颜色和结构，使细胞壁受到破坏，物理力学性质随之发生变化，最后变得松软易碎，呈筛孔状或粉末状等形态，这种状态即称为腐朽。侵害木材的真菌主要有霉菌、变色菌、腐朽菌等。此外，木材还易受到白蚁、天牛、蠹虫等昆虫的蛀蚀，使木材形成很多孔眼或沟道，甚至蛀穴，破坏木质结构的完整性而使其强度严重降低。

2. 木材的防腐

木材防腐基本原理在于破坏真菌及虫类生存和繁殖的条件，常用方法有以下两种：一是将木材干燥至含水率在20%以下，保证木结构处在干燥状态，对木结构物采取通风、防潮、表面涂刷涂料等措施；二是将化学防腐剂施加于木材上，使木材成为有毒物质，常用的方法有表面喷涂法、浸渍法、压力渗透法等。

水溶性防腐剂多用于内部木构件的防腐，常用的有氯化锌、氟化钠、铜铬合剂、硫酸铜等。油溶性防腐剂药力持久、毒性大、不易被水冲走、不吸湿，但有臭味，多用于室外、地下、水下，常用的有蒽油、煤焦油等。浆膏类防腐剂有恶臭，木材处理后呈黑褐色，不能使用油漆，如氟砷沥青等。

习　题

一、填空题

1．混凝土小型空心砌块进行抗压强度试验时以________的速度加荷。

2．烧结普通砖具有________、________、________、________等缺点。

3．混凝土小型空心砌块处理坐浆面和铺浆面的砂浆厚度为________。

4．砖按生产工艺分为________、________。

5．沥青基防水卷材根据有无基胎增强材料分为________和________。

6．常见的改性沥青卷材有________、________和________。

7．SBS（苯乙烯-丁二烯-苯乙烯）改性沥青防水卷材是以________、________等增强材料为________胎体，以________为浸渍涂盖层，以塑料薄膜为防黏隔离层，经过选材、配料、共熔、浸渍、复合成型、收卷曲等工序加工而成的一种柔性防水卷材。

8．有机高分子材料分为________和________两大类。

9．经过不同方式聚合而成的合成高分子化合物性质有较大的差异，一般根据其聚合方式不同将合成反应分为________和________。

10．建筑上常用的塑料按照受热时的变化特点，分为________和________两种。

11．天然石材是指________和________。

12．人造石材是指________和________。

13．玻璃用________、________、________、________等为主要原料。

14．普通玻璃的密度为________。

15．玻璃表面加工可分为________、________和________三大类。

16．安全玻璃的主要品种有________、________、________和________。

17．现代最先进的平板玻璃生产办法是________。

18．建筑涂料的施涂法一般分辊涂、________和________三大类。

二、选择题

1．下面哪些不是加气混凝土砌块的特点？（　　）

A．轻质　　B．保温隔热　　C．加工性能好　　D．韧性好

2．烧结普通砖的质量等级评价依据不包括（　　）。

A．尺寸偏差　　B．砖的外观质量　　C．泛霜　　D．自重

3．石材按使用工具不同，其加工分为（　　）。

A．形状加工、粗加工　　B．锯切加工、凿切加工

C．表面加工、精加工　　D．研磨、火焰烧毛

4．下列关于玻璃砖的说法中，不正确的是（　　）。

A．使用时不能切割

B．可以作为承重墙

C．透光不透视、化学稳定性好、装饰性好

D．保温绝热、不结露、防水、不燃、耐磨

5．下列不属于人造木板的是（　）。

A．实木地板　　B．胶合板　　C．细木工板　　D．纤维板

6．复合地板不宜用在（　　）。

A．客厅　　B．浴室　　C．书房　　D．卧室

7．下列哪种矿物质不属于天然花岗岩的组成部分？（　）

A．长石　　B．石灰岩　　C．石英石　　D．云母

8．厕浴间和有防水要求的建筑地面必须设置（　　）。

A．保温层　　B．隔离层　　C．防水层　　D．找坡层

9．复合地板不宜用在（　　）。

A．书房　　B．客厅　　C．卧室　　D．浴室

10．世界上最大的石材生产国是（　　）。

A．中国　　B．美国　　C．印度　　D．意大利

11．下列属于天然装饰石材的是（　　）。

A．人造板、石材　　B．天然石材、木材

C．动物皮毛、陶瓷　　D．人造石材、棉麻织物

12．大理石属于（　　）。

A．岩浆岩　　B．沉积岩　　C．火成岩　　D．变质岩

13．下列关于玻璃砖的说法中，不正确的是（　　）。

A．使用时不能切割

B．保温绝热、不结露、防水、不燃、耐磨

C．可以作为承重墙

D．透光不透视、化学稳定性好、装饰性好

14．下列哪种石材具有独特的装饰效果，外观常呈整体均匀粒状结构，具有色泽和深浅不同的斑点状花纹？（　　）

A．花岗岩　　B．大理石　　C．人造石材　　D．白云石

三、判断题

1．合成高分子化合物又称高分子聚合物（简称高聚物），是组成单元相互多次重复连接而构成的物质。（　　）

2．加聚反应是由许多相同或不同的低分子化合物，在加热或催化剂的作用下，相互结合成高聚物并析出水、氨、醇等低分子副产物的反应。（　　）

四、简答题

1．为何要限制烧结黏土砖，发展新型墙体材料？

2．多孔砖与空心砖有何异同点？

3．简述塑料的主要性质。

4．选择装饰材料从哪几个方面考虑？

5．大理石装饰板材主要用于哪些地方？

6．简述涂料的作用。

试 验 篇

试验一

水泥进场二次复试

一、一般规定

（一）试验前的准备及注意事项

（1）试验水泥从取样至试验要保持24h以上时，应把它贮存在基本装满和气密的容器里，这个容器应不与水泥起反应，并在容器上注明生产厂名称、品种、强度等级、出厂日期、送检日期等。

（2）试验室温度为（20±2）℃，相对湿度应不低于50%，养护箱的温度为（20±1）℃，相对湿度不低于90%。试体养护池水温度应在（20±1）℃范围内。

（3）检测前，一切检测用材料（水泥、标准砂、水等）均应与试验室温度相同，即达到（20±2）℃，试验室空气温度和相对温度及养护池水温在工作期间每天至少记录一次。

（4）养护箱或雾室的温度与相对湿度至少每4h记录一次，在自动控制的情况下记录次数可以酌减至一天记录两次。

（5）检测用水必须是洁净的饮用水，如有争议时应以蒸馏水为准。

（二）水泥现场取样方法

1. 散装水泥

对同一水泥厂生产的同期出厂的同品种、同强度等级的散袋水泥，以一次进场的同一出厂编号的水泥为一批，且总量不超过500t，随机从不少于3个罐车中取等量水泥，经混拌均匀后称取不少于12kg。取样工具如试图1-1所示。

2. 袋装水泥

对同一水泥厂生产的同期出厂的同品种、同强度等级的袋装水泥，以一次进场的同一出厂编号的水泥为一批，且总量不超过 100t。取样应有代表性，随机选取 20 袋，从袋中不同部位取等量样品水泥经混拌均匀后称取不少于 12kg。取样工具如试图 1-2 所示。

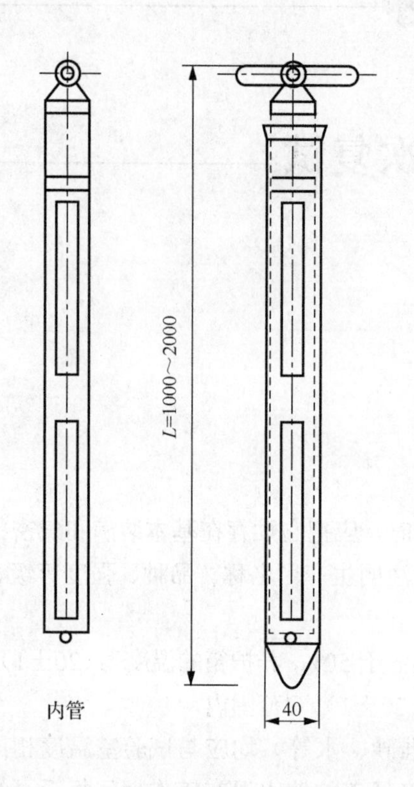

试图 1-1 散装水泥取样管（单位：mm）

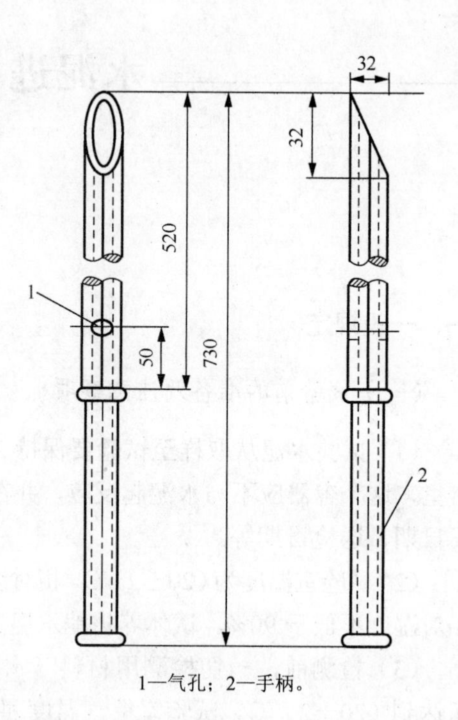

试图 1-2 袋装水泥取样管（单位：mm）

检测前，把上述方法取得的水泥样品，按标准规定将其分成两等份。一份用于标准检测，另一份密封保管三个月，以备有疑问时同时复验。

对水泥质量产生疑问需做仲裁检验时，应按仲裁检验的办法进行。

二、细度检测

水泥细度检测按国家标准《水泥细度检验方法 筛析法》（GB/T 1345—2005）进行。

（一）试验目的

通过筛析法测定水泥的细度，为判定水泥质量提供依据。

（二）试验原理

采用 45μm 方孔筛和 80μm 方孔筛对水泥试样进行筛析试验，用筛上筛余物的质量百分数来表示水泥样品的细度。

（三）主要仪器

（1）试验筛。试验筛分负压筛、水筛和手工筛三种，其结构尺寸分别如试图 1-3 和试图 1-4 所示。筛网应紧绷在筛框上，筛网和筛框接触处应用防水胶密封，防止水泥嵌入。

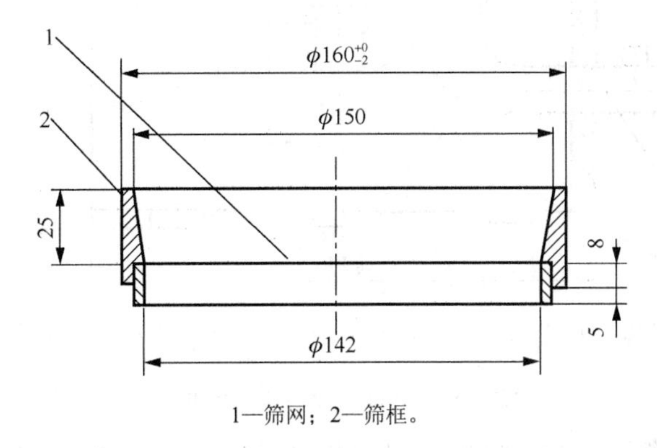

1—筛网；2—筛框。

试图 1-3　负压筛（单位：mm）

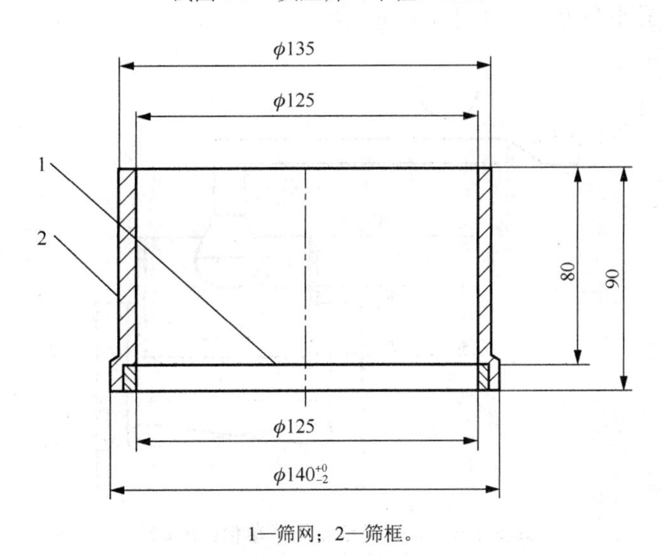

1—筛网；2—筛框。

试图 1-4　水筛（单位：mm）

（2）负压筛析仪。负压筛析仪由筛座、负压筛、负压源及吸尘器组成，其中筛座由转速为（30±2）r/min 的喷气嘴、负压表、控制板、微电机及壳体构成，如试图 1-5 所示。筛析仪负压可调范围为 4000～6000Pa。喷气嘴上口平面与筛网之间距离为 2～8mm。负压源和收尘器，由功率不小于 600W 的工业吸尘器和小型旋风收尘筒组成，或用其他具有相当功能的设备。

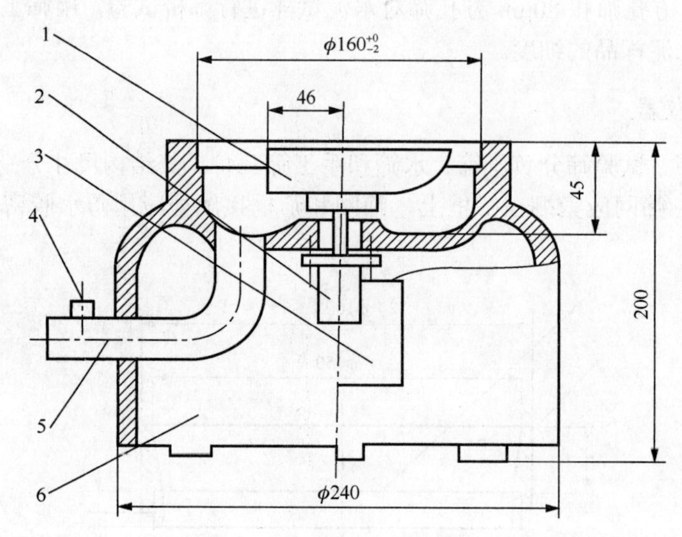

1—喷气嘴；2—微电机；3—控制板开口；4—负压表接口；5—负压源及收尘器接口；6—壳体。

试图 1-5 负压筛座（单位：mm）

（3）水筛架和喷头。水筛架和喷头的结构见试图 1-6。水筛架上筛座内径为140^{+0}_{-3} mm。

（4）天平。最小分度值不大于 0.01g。

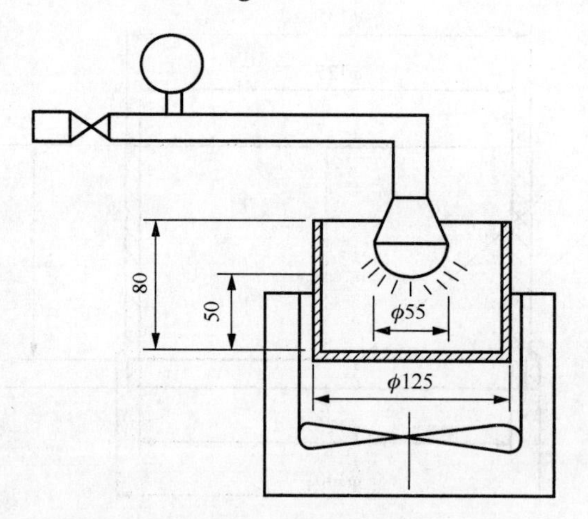

试图 1-6 水筛架和喷头（单位：mm）

（四）试验步骤

1）负压筛析法

（1）筛析试验前应把负压筛放在筛座上，盖上筛盖，接通电源，检查控制系统，调节负压至 4000～6000Pa 范围内。

（2）称取试样，80μm 筛析试验称取试样 25g，45μm 筛析试验称取试样 10g，置于洁净的负压筛中，放在筛座上，盖上筛盖，开动筛析仪连续筛析 2min，在此期间如有试样附着在筛盖上，可轻轻敲击，使试样落下。

（3）筛毕，用天平称取筛余物的质量。当工作负压小于 4000Pa 时，应清理吸尘器内水泥，使负压恢复正常。

2）水筛法

（1）筛析试验前，调整好水压及水筛架的位置，使其能正常运转，喷头底面和筛网之间距离为 35～75mm。

（2）称取试样，80μm 筛析试验称取试样 25g，45μm 筛析试验称取试样 10g，置于洁净的水筛中，立即用淡水冲洗至大部分细粉通过后，放在水筛架上，用水压为（0.05±0.02）MPa 的喷头连续冲洗 3min。

（3）筛毕，用少量水把筛余物冲至蒸发皿中，等水泥颗粒全部沉淀后，小心倒出清水，烘干并用天平称量筛余物，精确至 0.01g。

（4）试验筛必须经常保持洁净，筛孔通畅，使用 10 次后要进行清洗。金属框筛、铜丝筛网筛清洗时应用专门的清洗剂，不可用弱酸浸泡。

3）手工筛析法

在没有负压筛析仪和水筛的情况下，允许用手工筛析法测定。

（1）称取水泥试样，80μm 筛析试验称取试样 25g，45μm 筛析试验称取试样 10g，用一只手执筛往复摇动，另一只手轻轻拍打，拍打速度为每分钟约 120 次，每 40 次向同一方向转动 60°，使试样均匀分布在筛网上，直至每分钟通过的试样不超过 0.03g 为止。

（2）称量筛余物，称量精确至 0.01g。

（五）结果评定

（1）水泥试样筛余百分数按下式计算（结果精确至 0.1%）。

$$F=R_t/W\times 100\%$$

式中：F——水泥试样的筛余百分数；

R_t——水泥筛余物的质量（g）；

W——水泥试样的质量（g）。

（2）筛余结果修正。为使试验结果可比，应采用试验筛修正系数方法修正上述计算结果，修正系数的确定按《水泥细度检验方法　筛析法》（GB/T 1345—2005）中附录 A 进行。

（3）负压筛析法、水筛法和手工筛析法测定的结果发生争议时，以负压筛析法为准。

三、标准稠度用水量测定（标准法）

水泥标准稠度用水量测定（标准法）按国家标准《水泥标准稠度用水量、凝结时间、安定性检验方法》（GB/T 1346—2011）进行。

（一）试验目的

水泥标准稠度用水量是指水泥净浆达到标准稠度的用水量，以水占水泥质量的百分数表示。通过试验测定水泥的标准稠度用水量，拌制标准稠度的水泥净浆，为测定水泥的凝结时间和安定性提供依据。

（二）试验原理

水泥净浆对标准试杆的下沉具有一定的阻力。不同含水量的水泥净浆对试杆的阻力不同，通过试验确定达到水泥标准稠度时所需加入的水量。

（三）主要仪器

（1）水泥净浆搅拌机。符合《水泥净浆搅拌机》（JC/T 729—2005）的要求。

（2）标准法维卡仪，如试图 1-7 所示。标准稠度测定用试杆［见试图 1-7（c）］有效长度为（50±1）mm，由直径为ϕ10mm±0.05mm 的圆柱形耐腐蚀金属制成。滑动部分的总质量为（300±1）g。与试杆、试针联结的滑动杆表面应光滑，能靠重力自由下落，不得有紧涩和旷动现象。

盛装水泥净浆的试模［见试图 1-7（a）］应由耐腐蚀的、有足够硬度的金属制成。试模为深（40±0.2）mm、顶内径ϕ65mm±0.5mm、底内径ϕ75mm±0.5mm 的截顶圆锥体。每只试模应配备一个边长或直径约 100m、厚度 4～5mm 的平板玻璃底板或金属底板。

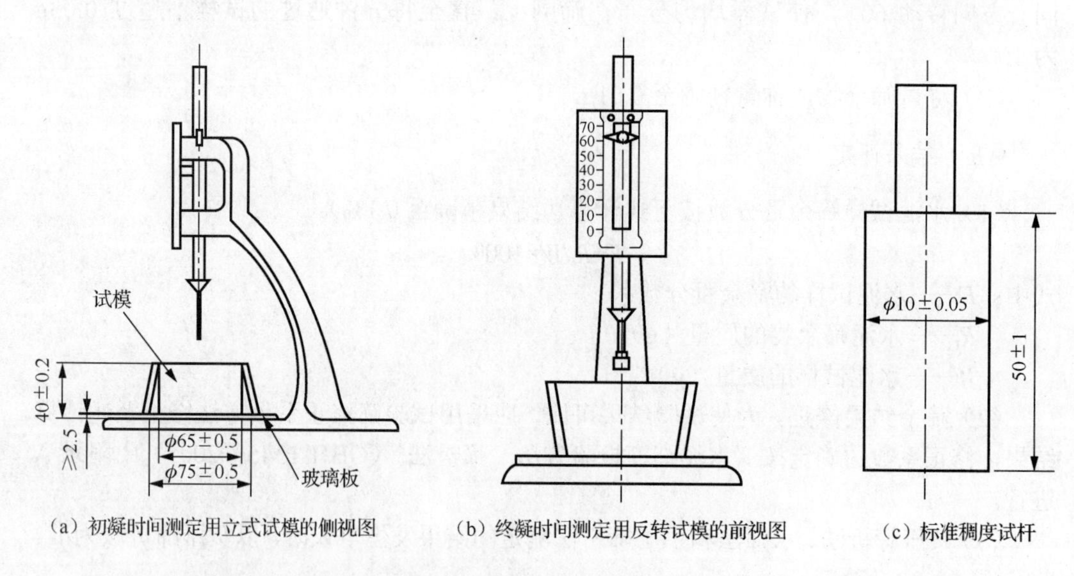

（a）初凝时间测定用立式试模的侧视图　（b）终凝时间测定用反转试模的前视图　（c）标准稠度试杆

试图 1-7　测定水泥标准稠度和凝结时间用的维卡仪（单位：mm）

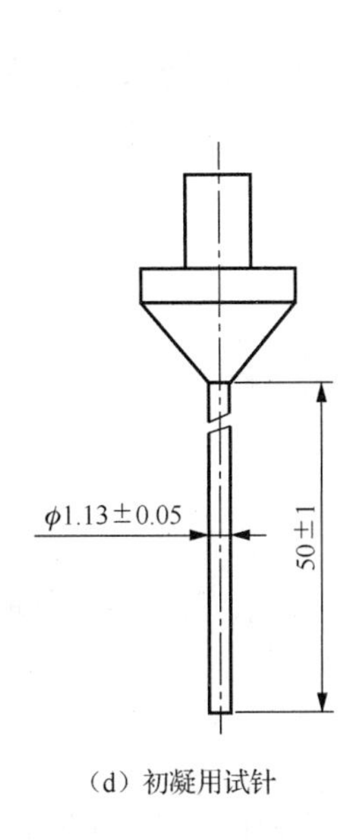

(d) 初凝用试针

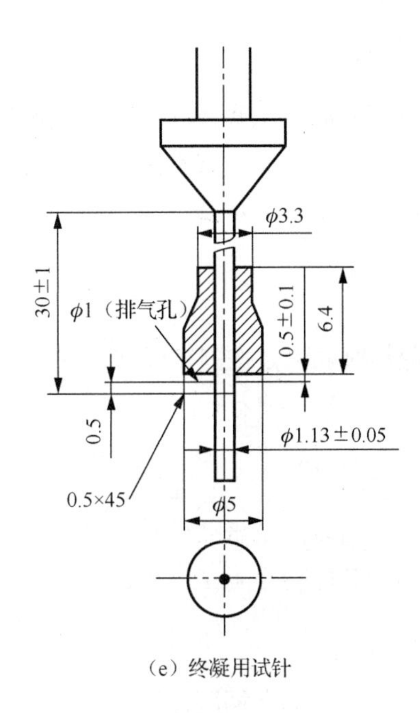

(e) 终凝用试针

试图 1-7（续）

（3）量筒或滴定管。精度±0.5mL。

（4）天平。最大称量不小于 1000g，分度值不大于 1g。

（四）试验步骤

（1）试验前必须做到维卡仪的滑动杆能自由滑动，调整至试杆接触玻璃板时指针对准零点，净浆搅拌机能正常运行。

（2）用净浆搅拌机搅拌水泥净浆。搅拌锅和搅拌叶片先用湿布擦过，将拌和水倒入搅拌锅内，然后在 5～10s 内小心将称好的 500g 水泥加入水中，防止水泥和水溅出；拌和时，先将锅放在搅拌机的锅座上，升至搅拌位置，启动搅拌机，低速搅拌 120s，停 15s，同时将叶片和锅壁上的水泥浆刮入锅中间，接着高速搅拌 120s 后停机。

（3）拌和结束后，立即取适量水泥净浆一次性将其装入已置于玻璃底板上的试模中，浆体超过试模上端，用宽约 25mm 的直边刀轻轻拍打超出试模部分的浆体 5 次以排除浆体中的孔隙，然后在试模上表面约 1/3 处，略倾斜于试模分别向外轻轻锯掉多余净浆，再从试模边沿轻抹顶部一次，使净浆表面光滑，在锯掉多余净浆和抹灰的过程中，注意不要压完净浆。抹平后迅速将试模和底板移到维卡仪上，并将其中心定在试杆下，降低试杆直至与水泥净浆表面接触，拧紧螺丝 1～2s 后，突然放松，使试杆垂直自由地沉入水泥净浆中；在试杆停止沉入或释放试杆 30s 时记录试杆距底板之间的距离，升起试杆后，立即擦净；整个操作应在搅拌后 1.5min 内完成。

（五）结果评定

以试杆沉入净浆距底板（6±1）mm 的水泥净浆为标准稠度净浆，其拌和水量为该水泥的标准稠度用水量，按水泥质量的百分比计。如测试结果不能达到标准稠度，应增减用水量，并重复以上步骤，直至达到标准稠度为止。

四、凝结时间测定

水泥凝结时间测定按国家标准《水泥标准稠度用水量、凝结时间、安定性检验方法》（GB/T 1346—2011）进行。

（一）试验目的

水泥的凝结时间是重要的技术性质之一。通过试验测定水泥的凝结时间，评定水泥的质量，确定其能否用于工程中。

（二）试验原理

通过试针沉入标准稠度净浆一定深度所需的时间来表示水泥初凝时间和终凝时间。

（三）主要仪器设备

（1）水泥净浆搅拌机。符合《水泥净浆搅拌机》（JC/T 729—2005）的要求。

（2）标准法维卡仪，如图 1-7 所示。测定凝结时间时取下试杆，用试针代替试杆。试针由钢制成，其有效长度初凝针为（50±1）mm、终凝针为（30±1）mm，直径为 ϕ1.13mm±0.05mm 的圆柱体。滑动部分的总质量为（300±1）g。与试杆、试针联结的滑动杆表面应光滑，能靠重力自由下落，不得有紧涩和旷动现象。

（3）盛装水泥净浆的试模［见试图 1-7（a）］，其要求见标准稠度用水量内容。

（4）量水器。精度±0.5mL。

（5）天平。最大称量不小于 1000g，分度值不大于 1g。

（四）试件制备

按标准稠度用水量制作方法制成标准稠度的净浆一次装满试模，振动数次刮平，立即放入湿气养护箱中。记录水泥全部加入水中的时间作为凝结时间的起始时间。

（五）试验步骤

（1）调整凝结时间测定仪的试针接触玻璃板时，指针对准零点。

（2）初凝时间的测定。试模在湿气养护箱中养护至加水后 30min 时进行第一次测定。测定时，从湿气养护箱中取出试模放到试针下，降低试针使之与水泥净浆表面接触。拧紧螺丝 1～2s 后，突然放松，试针垂直自由地沉入水泥净浆。观察试针停止下沉或释放

试针30s时指针的读数。临近初凝时间时每隔5min（或更短时间）测定一次，当试针沉至距底板（4±1）mm时，为水泥达到初凝状态。由水泥全部加入水中至初凝状态的时间为水泥的初凝时间，用min表示。

（3）终凝时间的测定。为了准确观测试针沉入的状况，在试针上安装了一个环形附件如试图1-7（e）所示。在完成初凝时间测定后，立即将试模连同浆体以平移的方式从玻璃板取下，翻转180°，直径大端向上，小端向下放在玻璃板上，再放入湿气养护箱中继续养护，临近终凝时间时，每隔15min测定一次，当试针沉入试体0.5mm时，即环形附件开始不能在试体上留下痕迹时，为水泥达到终凝状态。由水泥全部加入水中至终凝状态的时间为水泥的终凝时间，用min表示。

在最初测定的操作时应轻轻扶持金属柱，使其徐徐下降，以防试针撞弯，但结果以自由下落为准；在整个测试过程中试针沉入的位置至少要距试模内壁10mm。临近初凝时，每隔5min测定一次，临近终凝时，每隔15min测定一次，到达初凝时应立即重复测一次，当两次结论相同时才能定为到达初凝状态，到达终凝时，需要在试体另外两个不同点测试，确认结论相同才能确定到达终凝状态。每次测定不能让试针落入原针孔，每次测试完毕须将试针擦净并将试模放回湿气养护箱内，整个测试过程要防止试模受振。

五、安定性测定

水泥安定性测定按国家标准《水泥标准稠度用水量、凝结时间、安定性检验方法》（GB/T 1346—2011）进行。

（一）试验目的

水泥体积安定性是水泥重要的技术性质之一。通过试验测定水泥的体积安定性，评定水泥的质量，确定其能否用于工程中。安定性的测定可以采用雷氏法和试饼法，雷氏法为标准法，试饼法为代用法。

（二）试验原理

雷氏法是通过测定水泥标准稠度净浆在雷氏夹中沸煮后两个试针的相对位移来衡量标准稠度水泥试件的膨胀程度，以此评定水泥浆硬化后体积变化是否均匀。

试饼法是通过观测水泥标准稠度净浆试饼煮沸后外形的变化程度，评定水泥浆硬化后体积是否均匀变化。

当两种方法的测定发生争议时，以雷氏法测定结果为准。

（三）主要仪器设备

（1）水泥净浆搅拌机。符合《水泥净浆搅拌机》（JC/T 729—2005）的要求。

（2）沸煮箱。有效容积为 410mm×240mm×310mm，箅板结构应不影响试验结果，箅板与加热器之间的距离大于 50mm。箱的内层由不易锈蚀的金属材料制成，能在（30±5）min 内将箱内的试验用水由室温加热至沸腾并可保持沸腾状态 3h 以上，整个试验过程不需要补充水量。

（3）雷氏夹。由铜质材料制成，其结构如试图 1-8 所示。当一根指针的根部先悬挂在一根金属丝或尼龙丝上，另一根指针的根部再挂上 300g 质量的砝码时，两根针尖距离增加应在（17.5±2.5）mm 范围内，即 $2x$=（17.5±2.5）mm，如试图 1-9 所示。当去掉砝码后针尖的距离能恢复至挂砝码前的状态。每个雷氏夹需配备两个边长或直径约 80mm、厚度 4～5mm 的玻璃板。凡与水泥净浆接触的玻璃板和雷氏夹内表面都要稍稍涂上一层油。

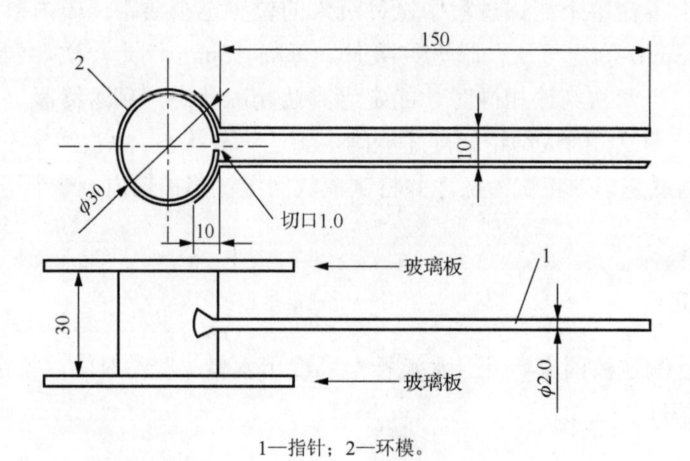

1—指针；2—环模。

试图 1-8 雷氏夹（单位：mm）

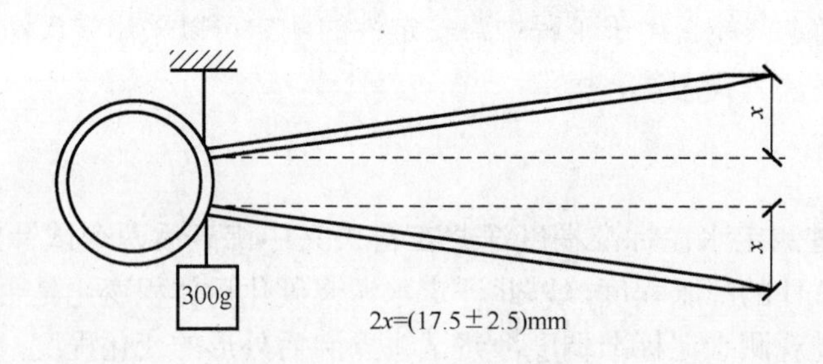

试图 1-9 雷氏夹受力示意图

（4）雷氏夹膨胀值测定仪。如试图 1-10 所示，标尺最小刻度为 0.5mm。

（5）其他设备。量筒或滴定管（精度±0.5mL）、天平（最大称量不小于 1000g，分度值不大于 1g）、湿气养护箱（20±1）℃，相对湿度不低于 90%。

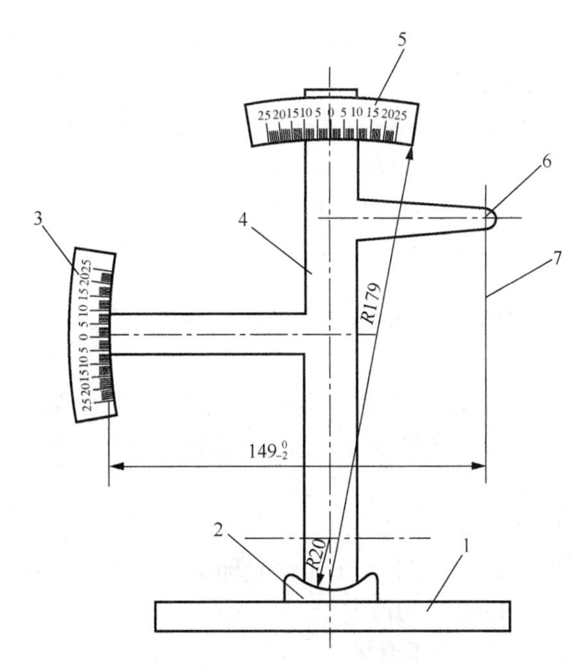

1—底座；2—模子座；3—测弹性标尺；4—立柱；
5—测膨胀值标尺；6—悬臂；7—悬丝。

试图 1-10　雷氏夹膨胀值测定仪（单位：mm）

（四）试样制备

（1）水泥标准稠度净浆的制备。以标准稠度用水量加水，按标准稠度测定方法制成标准稠度的水泥净浆。

（2）试饼的成型。每个样品需准备两块边长约 100mm 的玻璃板，凡与水泥净浆接触的玻璃板都要稍稍涂上一层油。将制好的净浆取出一部分分成两等份，使之呈球形，放在预先准备好的玻璃板上，轻轻振动玻璃板并用湿布擦过的小刀由边缘向中央抹，做成直径 70～80mm、中心厚约 10mm、边缘渐薄、表面光滑的试饼，接着将试饼放入湿气养护箱内养护（24±2）h。

（3）雷氏夹试件成型。将预先准备好的雷氏夹放在已擦油的玻璃板上，并立即将已制好的标准稠度净浆一次装满雷氏夹，装浆时一只手轻轻扶持雷氏夹，另一只手用宽约 25mm 的直边刀在浆体表面轻轻插捣 3 次，然后抹平，盖上稍涂油的玻璃板，接着立刻将试件移至湿气养护箱内养护（24±2）h。

（五）试验步骤

（1）调整好沸煮箱内的水位，使水能保证在整个沸煮过程中都超过试件，不需中途添补试验用水，同时又能保证在（30±5）min 内升至沸腾。

（2）当用雷氏法测量时，脱去玻璃板取下试件，先测量雷氏夹指针尖端间的距离 A，精确至 0.5mm。接着将试件放入沸煮箱水中的试件架上，指针朝上，试件之间互不交叉，然后在（30±5）min 内加热至沸，并恒沸（180±5）min。

（3）当采用试饼法时，应先检查试饼是否完整，如已开裂翘曲，要检查原因，确证无外因时，该试饼已属不合格，不必沸煮。脱去玻璃板取下试饼，在试饼无缺陷的情况下，将试饼放在沸煮箱的水中箅板上，然后在（30±5）min 内加热至沸，并恒沸（180±5）min。

（六）结果评定

沸煮结束后，立即放掉沸煮箱中的热水，打开箱盖，等箱体冷却至室温，取出试件进行判定。

（1）试饼法。目测试饼未发现裂缝，用钢直尺检查也没有弯曲（使钢直尺和试饼底部紧靠，以两者间不透光为不弯曲），则为安定性合格，反之为不合格。当两个试饼的判定结果有矛盾时，该水泥的安定性为不合格。

（2）雷氏夹法。测量雷氏夹指针尖端之间的距离 C，准确至 0.5mm。当两个试件煮后增加距离（$C-A$）的平均值不大于 5.0mm 时，即认为该水泥的体积安定性合格。当两个试件煮后增加距离（$C-A$）的平均值大于 5.0mm 时，应用同一样品立即重做一次试验。再如此，则认为该水泥为安定性不合格。

六、胶砂强度检测

水泥胶砂强度检测按国家标准《水泥胶砂强度检验方法（ISO 法）》（GB/T 17671—1999）进行。

（一）试验目的

通过试验测定水泥的胶砂强度，评定水泥的强度等级或判定水泥的质量。

（二）试验原理

通过测定标准方法制作的胶砂试块的抗压破坏荷载及抗折破坏荷载，确定其抗压强度、抗折强度。

（三）主要仪器设备

（1）试验筛。金属丝网试验筛应符合《试验筛　技术要求和检验》（GB/T 6003—2012）要求，其筛网孔尺寸如试表 1-1 所示。

试表 1-1　试验筛　（单位：mm）

系列	网眼尺寸	系列	网眼尺寸
R20	2.0	R20	0.50
	1.6		0.16
	1.0		0.08

（2）胶砂搅拌机。搅拌机属行星式，应符合《行星式水泥胶砂搅拌机》（JC/T 681—2005）要求，如试图 1-11 所示。用多台搅拌机工作时，搅拌锅与搅拌叶片应保持配对使用。叶片与锅之间的间隙，是指叶片与锅壁最近的距离，应每月检查一次。

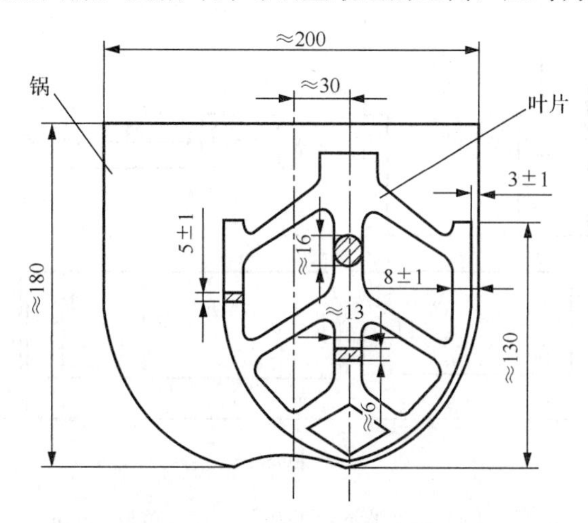

试图 1-11　搅拌机（单位：mm）

（3）试模。试模由三个水平的模槽组成，如试图 1-12 所示，可同时成型三条截面为 40mm×40mm，长 160mm 的棱柱形试体，其材质和制造尺寸应符合《水泥胶砂试模》（JC/T 726—2005）要求。成型操作时，应在试模上面加有一个壁高 20mm 的金属模套。为了控制料层厚度和刮平胶砂，应备有两个播料器和一个刮平直尺，如试图 1-13 所示。

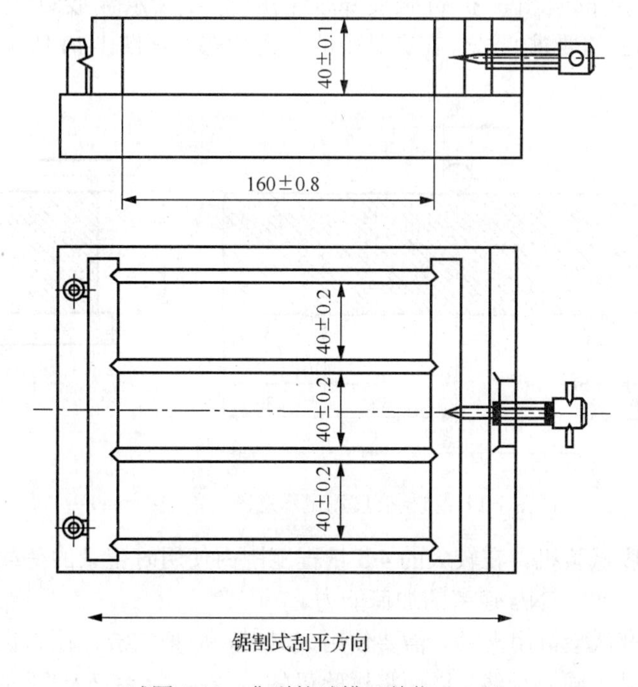

试图 1-12　典型的试模（单位：mm）

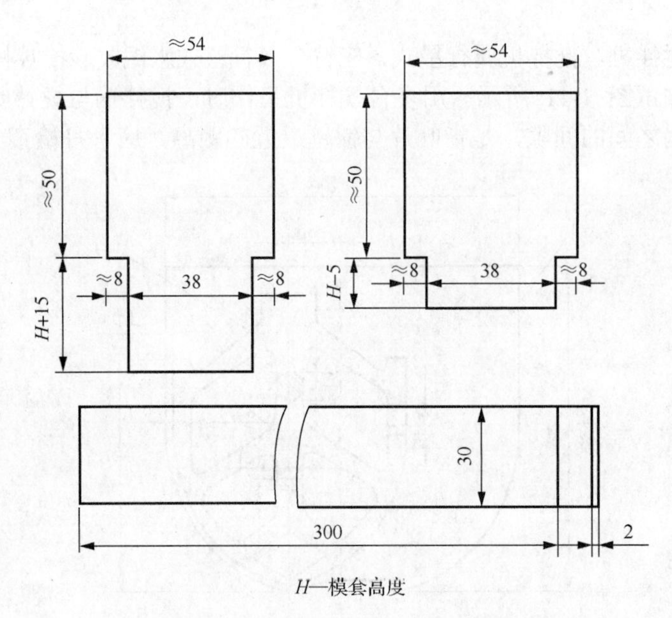

试图 1-13　典型的播料器和刮平尺（单位：mm）

（4）振实台。振实台应符合《水泥胶砂试体成型振实台》（JC/T 682—2005）要求。振实台应安装在高度约 400mm 的混凝土基座上。混凝土体积约为 $0.25m^3$，重约 600kg。将仪器用地脚螺丝固定在基座上，安装后设备成水平状态，仪器底与基座之间要铺一层砂浆以保证它们完全接触。

（5）抗折强度试验机。抗折强度试验机应符合《水泥胶砂电动抗折试验机》（JC/T 724—2005）的要求。试件在夹具中的受力状态如试图 1-14 所示。

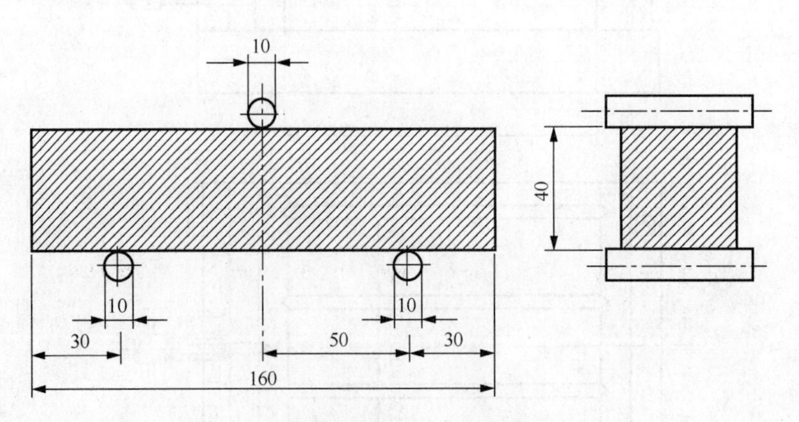

试图 1-14　抗折强度测定示意图（单位：mm）

（6）抗压强度试验机。在较大的 4/5 量程范围内使用时记录的荷载应有±1%精度，并具有按（2400±200）N/s 速率的加荷能力。

（7）抗压强度试验机用夹具。需要使用夹具时，应把它放在压力试验机的上下压板之间并与试验机处于同一轴线，以便将试验机的荷载传递至胶砂试件的表面。夹具应符

合《40mm×40mm 水泥抗压夹具》（JC/T 683—2005）的要求，受压面积为 40mm×40mm。夹具在试验机上的位置如试图 1-15 所示，夹具要保持清洁，球座应能转动以使其上压板能从一开始就适应试体的形状并在试验中保持不变。

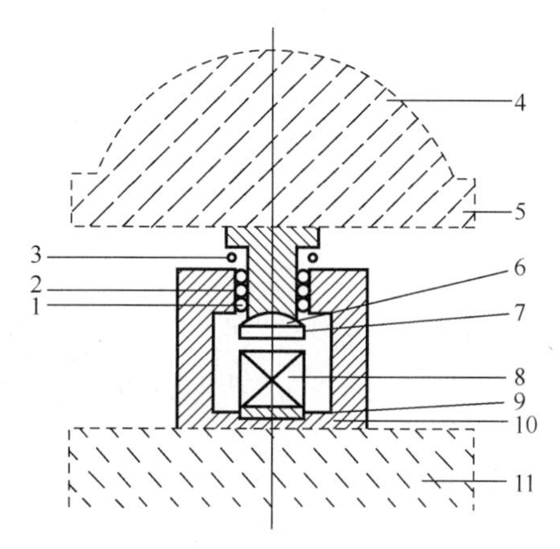

1—滚珠轴承；2—滑块；3—复位弹簧；4—压力机球座；5—压力机上压板；6—夹具球座；7—夹具上压板；8—试体；9—底板；10—夹具下垫板；11—压力机下压板。

试图 1-15　典型的抗压强度试验夹具

（四）试件制备

1. 材料准备

（1）中国 ISO 标准砂。中国 ISO 标准砂应完全符合试表 1-2 规定的颗粒分布范围，砂的湿含量是在 105～110℃下用代表性砂样烘 2h 的质量损失来测定，以干基的质量百分数表示，应小于 0.2%。它可以单级分包装，也可以各级预配合以（1350±5）g 量的塑料袋混合包装，但所用塑料袋材料不得影响试验结果。

试表 1-2　ISO 标准砂颗粒分布

方孔边长/mm	累计筛余/%	方孔边长/mm	累计筛余/%
2.0	0	0.50	67±5
1.6	7±5	0.16	87±5
1.0	33±5	0.08	99±1

（2）水泥。当试验水泥从取样至试验要保持 24h 以上时，应把它贮存在基本装满和气密的容器内，容器不得与水泥起反应。

（3）水。仲裁检验或其他重要试验用蒸馏水，其他试验可用饮用水。

2. 胶砂的制备

（1）配合比。胶砂的质量配合比应为一份水泥、三份标准砂和半份水（水灰比为 0.50）。一锅胶砂成型三条试体，每锅材料需要量如试表 1-3 所示。

试表 1-3 每锅胶砂的材料需要量 （单位：g）

水泥品种	材料需要量		
	水泥	标准砂	水
硅酸盐水泥	450±2	1350±5	225±1
普通硅酸盐水泥			
矿渣硅酸盐水泥			
粉煤灰硅酸盐水泥			
复合硅酸盐水泥			

（2）配料。水泥、标准砂、水和试验仪器及用具的温度应与试验室温度相同，应保持在（20±2）℃，相对湿度应不低于 50%。称量用天平的精度应为±1g。当用自动滴管加 225mL 水时，滴管精度应达到±1mL。

（3）搅拌。每锅胶砂采用胶砂搅拌机进行机械搅拌。先将搅拌机处于待工作状态，然后按以下程序进行操作：把水加入锅里，再加入水泥，把锅放在固定架上，再上升至固定位置，然后立即开动机器，低速搅拌 30s 后，在第二个 30s 开始的同时均匀地将砂加入。当各级砂是分装时，从最粗粒级开始，依次将所需的每级砂量加完。再把机器调至高速搅拌 30s。停拌 90s，在第一个 15s 内用一胶皮刮具将叶片和锅壁上的胶砂刮入锅中间，而后在高速下继续搅拌 60s。各个搅拌阶段，时间误差应在±1s 以内。

3. 试件制作

（1）用振实台成型。胶砂制备后立即进行成型。将空试模和模套固定在振实台上，用一个合适的勺子直接从搅拌锅里将胶砂分两层装入试模，装第一层时，每个槽里约放 300g 胶砂，用大拨料器垂直架在模套顶部沿每个模槽来回一次将料层拨平，接着振实 60 次。再装入第二层胶砂，用小拨料器拨平，再振实 60 次。移走模套，从振实台上取下试模，用一个金属直尺以近似 90° 的角度架在试模模顶的一端，然后沿试模长度方向以横向锯割动作慢慢向另一端移动，一次将超过试模部分的胶砂刮去，并用同一直尺以近似水平的情况下将试体表面抹平。在试模上做标记或加字标明试件编号和试件相对于振实台的位置。

（2）用振动台成型。使用代用振动台时，在搅拌胶砂的同时将试模和下料漏斗卡紧在振动台的中心。将搅拌好的全部胶砂均匀地装入下料漏斗中，开动振动台，胶砂通过漏斗流入试模。振动（120±5）s 后停车。振动完毕，取下试模，用刮尺以规定的刮平手法刮去高出试模的胶砂并抹平。接着在试模上做标记或用字条标明试件编号。

4. 试件养护

（1）脱模前的处理和养护。去掉留在试模四周的胶砂。立即将做好标记的试模放入雾室或湿气养护箱的水平架子上养护，湿气应能与试模各边接触，雾室或湿气养护箱温度应控制在（20±1）℃，相对湿度不低于 90%。养护时不应将试模放在其他试模上。一

直养护到规定的脱模时间取出脱模。脱模前，用防水墨汁或颜料笔对试体进行编号和做其他标记。两个龄期以上的试体，在编号时应将同一试模中的三条试体分在两个以上的龄期内。

（2）脱模。脱模时可用塑料锤或橡皮榔头或专门的脱模器。对于24h龄期的，应在破型试验前20min内脱模。对于24h以上龄期的，应在成型后20～24h之间脱模。已确定作为24h龄期试验（或其他不下水直接做试验）的已脱模试体，应用湿布覆盖至做试验时为止。

（3）水中养护。将做好标记的试件立即水平或竖直放在（20±1）℃水中养护，水平放置时刮平面应朝上。试件放在不易腐烂的箅子上，并彼此保持一定间距，以让水与试件的六个面接触。养护期间试件之间距离或试体上表面的水深不得小于 5mm。每个养护池只养护同类型的水泥试件，不允许在养护期间全部换水。除24h龄期或延迟至48h脱模的试体外，任何到龄期的试体应在试验（破型）前15min从水中取出。揩去试体表面沉积物，并用湿布覆盖至试验为止。

（4）强度试验试体的龄期。试体龄期从水泥加水开始算起。不同龄期强度试验在下列时间里进行：24h±15min；48h±30min；72h±45min；7d+2h；>28d±8h。

（五）试验步骤

1. 总则

用抗折强度试验机以中心加荷法测定抗折强度。在折断后的棱柱体上进行抗压试验，受压面是试体成型时的两个侧面，面积为40mm×40mm。当不需要抗折强度数值时，抗折强度试验可以省去，但抗压强度试验应在不使试件受有害应力情况下折成的两截棱柱体上进行。

2. 抗折强度测定

将试体一个侧面放在试验机支撑圆柱上，试体长轴垂直于支撑圆柱，通过加荷圆柱以（50±10）N/s 的速率均匀地将荷载垂直地加在棱柱体相对侧面上，直至折断，分别记下三个试件的抗折破坏荷载 F_f。保持两个半截棱柱体处于潮湿状态直至抗压试验。

3. 抗压强度测定

抗压强度在试件的侧面进行。半截棱柱体试件中心与压力机压板受压中心差应在±0.5mm内，棱柱体露在压板外的部分约有10mm。在整个加荷过程中以（2400±200）N/s的速率均匀地加荷直到破坏，分别记下抗压破坏荷载 F_t。

（六）结果评定

1. 抗折强度

（1）每个试件的抗折强度 R_f 按下式计算（单位：MPa，精确至0.1MPa）。

$$R_f = \frac{3F_f L}{2b^3}$$

式中：F_f——折断时施加于棱柱体中部的荷载（N）；

L——支撑圆柱体之间的距离（mm）；

b——棱柱体截面正方形的边长（mm）。

（2）以一组三个棱柱体抗折结果的平均值作为试验结果。当三个强度值中有一个超出平均值±10%时，应剔除后再取平均值作为抗折强度试验结果。试验结果精确至 0.1MPa。

2. 抗压强度

（1）每个试件的抗压强度 R_c 按下式计算（单位：MPa，精确至 0.1MPa）。

$$R_c = \frac{F_t}{A}$$

式中：F_t——试件最大破坏荷载（N）；

A——受压部分面积（mm^2），即 $40mm \times 40mm = 1600mm^2$。

（2）以一组三个棱柱体上得到的六个抗压强度测定值的算术平均值作为试验结果。如六个测定值中有一个超出六个平均值的±10%的，就应剔除这个结果，而以剩下五个的平均数为结果。如果五个测定值中再有超过它们的平均数±10%的，则此组结果作废。试验结果精确至 0.1MPa。

观察与思考

（1）测定水泥凝结时间和体积安定性时，为什么必须采用标准稠度的水泥净浆？

（2）测定水泥胶砂强度时，为什么必须采用标准砂？若采用普通砂结果有何影响？

（3）测定水泥体积安定性时，为何要将试饼或试件沸煮 3.5h?

试验二

普通混凝土用砂、石检测试验

试验依据：《普通混凝土用砂、石质量及检验方法标准》（JGJ 52—2006）、《建设用砂》（GB/T 14684—2011）、《建设用卵石、碎石》（GB/T 14685—2011）。

一、砂的筛分析试验

（一）试验目的

测定普通混凝土用砂的颗粒级配，计算砂的细度模数并评定其粗细程度。

（二）试验原理

将砂样通过一套由不同孔径组成的标准套筛，测定砂样中不同粒径砂的颗粒含量，以此判定砂的粗细程度和颗粒级配。

（三）主要仪器

（1）试验筛。试验筛应满足《试验筛　技术要求和检验　第 1 部分：金属丝编织网试验筛》（GB/T 6003.1—2012）和《试验筛　技术要求和检验　第 2 部分：金属穿孔板试验筛》（GB/T 6003.2—2012）中方孔试验筛的规定，孔径为 150μm、300μm、600μm、1.18mm、2.36mm、4.75mm 及 9.50mm 的方孔筛各一只，并附有筛底的底盘和筛盖各一只。筛框直径为 300mm 或 200mm。

（2）天平。称量 1000g，感量 1g。

（3）鼓风烘箱。能使温度控制在 105℃±5℃。

（4）摇筛机、浅盘和硬、软毛刷等。

（四）试样制备

用于筛分析的试样，其颗粒的公称粒径不应大于 9.50mm。试验前应将来样通过公称直径 9.50mm 的方孔筛，并计算筛余。称取经缩分后的样品不少于重量 550g 共两份，分别装入两个浅盘，在（105±5）℃的温度下烘干到恒重。冷却至室温备用。

（五）试验步骤

（1）准确称取烘干试样 500g。将试样倒入从上到下按孔径大小（大孔在上、小孔在下）组合的套筛（附筛底）的最上一只筛（公称直径为 4.75mm 的方孔筛）上，然后进行筛分。

（2）将套筛置于摇筛机上，筛分 10min 后取下套筛，按筛孔由大到小的顺序，在清洁的浅盘上逐一进行手筛，筛至每分钟的筛出量不超过试样总量的 0.1%为止。通过的颗粒并入下一号筛中，并和下一号筛中的试样一起进行手筛。按这样顺序依次进行，直至各号筛全部筛完为止。

（3）称出各号筛的筛余量，精确至 1g。试样在各号筛上的筛余量不得超过按下式计算出的剩留量，否则应将该筛的筛余试样分成两份或数份，再次进行筛分，并以其筛余量之和作为该筛的筛余量。

$$G = \frac{A\sqrt{d}}{200}$$

式中：G——某一个筛上的筛余量（g）；

A——筛的面积（mm^2）；

d——筛孔边长（mm）。

（六）试验结果

（1）计算分计筛余百分率。分计筛余百分率为各号筛的筛余量与试样总量之比，计算精确至 0.1%。

（2）计算累计筛余百分率。累计筛余百分率为该号筛的分计筛余百分率加上筛孔大于该号筛的各分计筛余百分率之和，计算精确至 0.1%。

（3）筛分后，如果每号筛的筛余量和底盘中的剩余量之和与筛分前的原试样总量之差超过 1%，则需重新试验。

（4）根据各筛的累计筛余百分率，评定颗粒级配。

（5）砂的细度模数 M_x 按下式计算，精确至 0.01：

$$M_x = \frac{(A_2 + A_3 + A_4 + A_5 + A_6) - 5A_1}{100 - A_1}$$

式中：M_x——砂的细度模数；

A_1、A_2、A_3、A_4、A_5、A_6——分别为 4.75mm、2.36mm、1.18mm、600μm、300μm、150μm 方孔筛的累计筛余百分率。

（6）细度模数取两次试验结果的算术平均值，精确至 0.1；如果两次试验的细度模数之差超过 0.20 时，则需重新试验。

二、砂的表观密度试验

（一）试验目的

用标准法测定砂的表观密度，为计算砂的空隙率和混凝土配合比设计提供依据。

（二）试验原理

用天平测出砂的质量，通过排液体体积法测定砂的表观体积，按砂表观密度的计算公式即可得出。

（三）主要仪器

（1）天平。称量1000g，感量1g。
（2）容量瓶。容量500mL。
（3）鼓风烘箱。能使温度控制在105℃±5℃。
（4）干燥器、搪瓷盘、铝质料勺、温度计、滴管、毛刷等。

（四）试样制备

经缩分后不少于660g的试样装入搪瓷盘，在烘箱中于105℃±5℃下烘干至恒重，放在干燥器中冷却至室温后，分为大致相等的两份备用。

（五）试验步骤

（1）称取试样300g（m_0），将试样装入容量瓶中，注入冷开水至接近500mL的刻度处。
（2）用手旋转摇动容量瓶，使砂样充分摇动，排除气泡，塞紧瓶盖，静置24h；然后用滴管小心加水至容量瓶500mL刻度（瓶颈刻度线）处，塞紧瓶塞，擦干瓶外水分，称出其质量m_1，精确至1g。
（3）倒出瓶内水和试样，洗净容量瓶内外壁，再向容量瓶内注水至500mL刻度处，水温与上次水温相差不超过2℃，并在15～25℃范围内，塞紧瓶塞，擦干瓶外水分，称出其质量m_2，精确至1g。

（六）试验结果

砂的表观密度ρ_0按下式计算（精确至10kg/m^3）。

$$\rho_0=\left(\frac{m_0}{m_0+m_2-m_1}-\alpha_t\right)\times 1000$$

式中：ρ——表观密度（kg/m^3）；
　　m_0——试样的烘干质量（g）；
　　m_1——试样、水及容量瓶的总质量（g）；
　　m_2——水及容量瓶的总质量（g）；

α_t——水温对表观密度影响的修正系数。当温度为15℃、16℃、17℃、18℃、19℃、20℃、21℃、22℃、23℃、24℃、25℃时，对应的修正系数分别为0.002、0.003、0.003、0.004、0.004、0.005、0.005、0.006、0.006、0.007、0.008。

表观密度取两次试验结果的算术平均值，精确至10kg/m³；如两次试验结果之差大于20kg/m³，须重新试验。

三、砂的堆积密度试验和紧密密度试验

（一）试验目的

测定砂的堆积密度及空隙率，为计算砂的空隙率和混凝土配合比设计提供依据。

（二）试验原理

通过测定装满规定容量筒的砂的质量和体积（自然堆积状态下）计算堆积密度及空隙率。

（三）主要仪器

（1）鼓风烘箱。能使温度控制在（105±5）℃。

（2）天平。称量10kg，感量1g。

（3）容量筒。圆柱形金属筒，内径108mm，净高109mm，壁厚2mm，筒底厚约5mm，容积为1L。

（4）直尺、漏斗或料勺、搪瓷盘、毛刷、垫棒等。

（5）方孔筛。孔径为4.75mm的筛一只。

（四）试样制备

先用公称直径4.75mm的筛子过筛，然后取经缩分后的样品不少于3L，装入搪瓷盘，放在烘箱中于105℃±5℃下烘干至恒重，取出待冷却至室温后，分为大致相等的两份备用。试样烘干后若有结块，应在试验前先予捏碎。

（五）试验步骤

1. 松散堆积密度试验

取试样一份，用漏斗或料勺，将它徐徐装入容量筒（漏斗出料口或料勺距容量筒中心上方50mm），让试样以自由落体落下，直至试样装满并超出容量筒筒口。然后用直尺将多余的试样沿筒口中心线向相反方向刮平，称其质量（m_2）。

2. 紧密密度试验

取试样一份，分两层装入容量筒。装完一层后，在筒底垫放一根直径为10mm的钢筋，将筒按住，左右交替颠击地面各25下，然后装入第二层；第二层装满后用同样方法颠实（但筒底所垫钢筋的方向应与第一层放置方向垂直）；二层装完并颠实后，加料

直至试样超出容量筒筒口，然后用直尺将多余的试样沿筒口中心线向两个相反方向刮平，称其质量（m_2）。

（六）试验结果

（1）堆积密度（ρ_L）及紧密密度（ρ_c）按下式计算（精确至 $10kg/m^3$）。

$$\rho_L(\rho_c)=\frac{m_2-m_1}{V}\times 1\,000$$

式中：$\rho_L(\rho_c)$——堆积密度（紧密密度）（kg/m^3）；

m_1——容量筒的质量（kg）；

m_2——容量筒和砂总质量（kg）；

V——容量筒容积（L）。

以两次试验结果的算术平均值作为测定值。

（2）堆积密度的空隙率（v_L）和紧密密度的空隙率（v_c）按下式计算，精确至 1%。

$$v_L=\left(1-\frac{\rho_L}{\rho}\right)\times 100\%$$

$$v_c=\left(1-\frac{\rho_c}{\rho}\right)\times 100\%$$

式中：v_L——堆积密度的空隙率（%）；

v_c——紧密密度的空隙率（%）；

ρ_L——砂的堆积密度（kg/m^3）；

ρ_c——砂的紧密密度（kg/m^3）；

ρ——砂的表观密度（kg/m^3）。

以两次试验结果的算术平均值作为测定值。

四、砂的含水率试验

（一）试验目的

测定砂的含水率，为混凝土配合比设计提供依据。

（二）试验原理

通过测定湿砂和干砂的质量，计算出砂的含水率。

（三）主要仪器

（1）烘箱。能使温度控制在（105±5）℃。

（2）天平。称量 1000g，感量 0.1g。

（3）浅盘、烧杯等。

（4）电炉（或火炉）、炒盘（铁质或铝质）（快速法所用仪器）。

（5）油灰铲、毛刷等。

（四）试验步骤

1. 标准法

由密封的样品中取重 500g 的试样两份，分别放入已知质量的干燥容器（m_1）中称重，记下每盘试样与容器的总重（m_2）。将容器连同试样放入温度为（105±5）℃的烘箱中烘干至恒重，称量烘干后的试样与容器的总质量（m_3）。

2. 快速法

由密封的样品中取 500g 试样放入干净的炒盘（m_1）中，称取试样与炒盘的总质量（m_2）；置炒盘于电炉（或火炉）上，用小铲不断地翻拌试样，到试样表面全部干燥后，切断电源（或移出火外），再继续翻拌 1min，稍予冷却（以免损坏天平）后，称干样与炒盘的总质量（m_3）。

（五）试验结果

砂的含水率（标准法/快速法）ω_{wc} 按下式计算，精确至 0.1%：

$$\omega_{wc}=\frac{m_2-m_3}{m_3-m_1}\times 100$$

式中：ω_{wc} ——砂的含水率（%）；

m_1——容器质量（快速法中炒盘质量）（g）；

m_2——未烘干的试样与容器的总质量（快速法中未烘干的试样与炒盘的总质量）（g）；

m_3——烘干后的试样与容器的总质量（快速法中烘干后的试样与炒盘的总质量）（g）。

以两次试验结果的算术平均值作为测定值。两次试验结果之差大于 0.2%时，应重新试验。

五、碎石或卵石的筛分析试验

（一）试验目的

测定碎石或卵石的颗粒级配。

（二）试验原理

称取规定的试样，经标准的石子套筛进行筛分，称取筛余量，计算各筛的分计筛余百分数和累计筛余百分数，与国家标准规定的各筛孔尺寸的累计筛余百分数进行比较，满足相应指标者即为级配合格。

（三）主要仪器

（1）试验筛。筛孔公称直径分别为 2.36mm、4.75mm、9.50mm、16.0mm、19.0mm、26.5mm、31.5mm、37.5mm、53.0mm、63.0mm、75.0mm、90.0mm 的方孔筛各一只，并附有筛的底盘和盖各一只。其规格和质量要求应满足《试验筛　技术要求和检验　第 1 部分：金属丝编织网试验筛》（GB/T 6003.1—2012）、《试验筛　技术要求和检验　第 2 部分：金属穿孔板试验筛》（GB/T 6003.2—2012）的要求，筛框内径为 300mm。

（2）天平。天平的称量 10kg，感量 1g。

（3）烘箱。温度控制在 105℃±5℃。

（4）浅盘、毛刷。

（5）摇筛机。

（四）试样制备

按缩分法将试样缩分至略大于试表 2-1 所规定的试样最少质量，并烘干或风干后备用。

试表 2-1　筛分析试验所需试样的最少质量

最大粒径/mm	9.50	16.0	19.0	26.5	31.5	37.5	63.0	75.0
试样最少质量/kg	1.9	3.2	3.8	5.0	6.3	7.5	12.6	16.0

（五）试验步骤

（1）称取按试表 2-1 规定数量的试样一份，精确到 1g。将试样倒入按孔径大小从上到下组合的套筛（附筛底）上，然后进行筛分。

（2）将套筛置于摇筛机上，摇 10min，取下套筛，按筛孔大小顺序再逐个用手筛，筛至每分钟通过量小于试样总量 0.1%为止。通过的颗粒并入下一号筛中，并和下一号筛中的试样一起过筛，这样顺序进行，直至各号筛全都筛完为止。当筛余试样的颗粒粒径大于 19mm 时，在筛分过程中，允许用手拨动颗粒。

（3）称取各筛筛余的质量，精确至 1g。各筛的分计筛余量和筛底剩余量的总和与筛分前测定的试样总量相比，其相差不得超过 1%。

（六）试验结果

（1）计算分计筛余百分率。分计筛余百分率为各号筛的筛余量与试样总质量之比，计算精确至 0.1%。

（2）计算累计筛余百分率。累计筛余百分率为该号筛的分计筛余百分率与筛孔大于该筛的各分计筛余百分率之和，计算精确至 1%。

（3）根据各号筛的累计筛余百分率，评定该试样的颗粒级配。

六、碎石或卵石的表观密度试验

（一）试验目的

用标准法（液体比重天平法）测定碎石或卵石的表观密度，为计算石子的空隙率和混凝土配合比设计提供依据。

（二）试验原理

利用排液体体积法测定石子的表观体积，计算石子的表观密度。

（三）主要仪器

（1）液体天平。称量5kg，感量5g，其型号及尺寸应能允许在臂上悬挂盛试样的吊篮，并能将吊篮放在水中称量，如试图2-1所示。

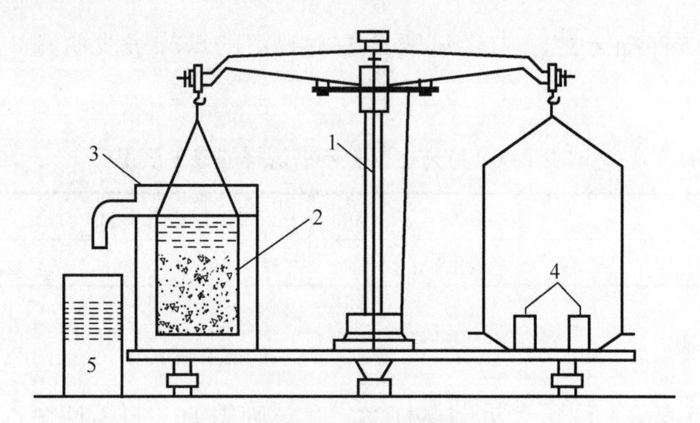

1—5kg天平；2—吊篮；3—带有溢流孔的金属容器；4—砝码；5—容器。

试图2-1　液体天平

（2）吊篮。直径和高度均为150mm，由孔径为1～2mm的筛网或钻有2～3mm孔洞的耐锈蚀金属板制成。

（3）盛水容器。需带有溢流孔。

（4）烘箱。温度控制范围为105℃±5℃。

（5）试验筛。筛孔径为4.75mm的方孔筛一只。

（6）温度计。0～100℃。

（7）带盖容器、浅盘、刷子、毛巾等。

（四）试样制备

试验前，将样品风干后筛除公称粒径4.75mm以下颗粒，并缩分至略大于试表2-2所规定的最少数量，冲洗干净后分成两份备用。

试表 2-2　表观密度试验所需的试样最少数量

最大粒径/mm	9.50	16.0	19.0	26.5	31.5	37.5	63.0	75.0
试样最少质量/kg	2.0	2.0	2.0	2.0	3.0	4.0	6.0	6.0

（五）试验步骤

（1）按试表 2-2 的规定称取试样。

（2）取试样一份装入吊篮，并浸入盛水的容器中，水面至少高出试样 50mm。

（3）浸水 24h 后，将吊篮移放到称量用的盛水容器中，并用上下升降吊篮的方法排除气泡（试样不得露出水面），吊篮每升降一次约为 1s，升降高度为 30～50mm。

（4）测定水温（此时吊篮应全浸在水中），用天平称取吊篮及试样在水中的质量（m_2），称量时盛水容器中水面的高度由容器的溢流孔控制。

（5）提起吊篮，将试样置于浅盘中，放入 105℃±5℃的烘箱中烘干至恒重（恒重是指相邻两次称量间隔时间不小于 3h 的情况下，其前后两次称量之差小于该项试验所要求的称量精度）；取出来放在带盖的容器中冷却至室温后称重（m_0）。

（6）称取吊篮在同样温度的水中的质量（m_1），称量时盛水容器的水面高度仍应由溢流口控制。

试验的各项称重可以在 15～25℃的温度范围内进行，但从试样加水静置的最后 2h 起直至试验结束，其温度相差不应超过 2℃。

（六）试验结果

（1）表观密度 ρ 应按下式计算（精确至 10kg/m^3）。

$$\rho=\left(\frac{m_0}{m_0+m_1-m_2}-\alpha_t\right)\times 1000$$

式中：ρ——表观密度（kg/m^3）；

m_0——试样的烘干质量（g）；

m_1——吊篮在水中的质量（g）；

m_2——吊篮及试样在水中的质量（g）；

α_t——水温对表观密度影响的修正系数。当温度是 15℃、16℃、17℃、18℃、19℃、20℃、21℃、22℃、23℃、24℃、25℃时，对应的修正系数分别是 0.002、0.003、0.003、0.004、0.004、0.005、0.005、0.006、0.006、0.007、0.008。

（2）表观密度取两次试验结果的算术平均值，精确至 10kg/m^3；如两次试验结果之差大于 20kg/m^3，须重新试验。对颗粒材质不均匀的试样，如两次试验结果之差超过 20kg/m^3，可取四次测定结果的算术平均值作为测定值。

七、碎石或卵石的表观密度试验

（一）试验目的

用简易法（广口瓶法）测定碎石或卵石的表观密度，为计算石子的空隙率和混凝土配合比设计提供依据。

（二）试验原理

利用排液体体积法测定石子的表观体积，计算石子的表观密度。本方法不宜用于测定最大公称粒径大于 40mm 的碎石或卵石的表观密度。

（三）主要仪器

（1）鼓风烘箱。能使温度控制在 105℃±5℃。
（2）秤。称量 20kg，感量 20g。
（3）广口瓶。1000mL，磨口，带玻璃片。
（4）试验筛。筛孔公称直径为 4.75mm 的方孔筛一只。
（5）温度计、搪瓷盘、毛巾、刷子等。

（四）试样制备

同标准法（液体比重天平法）的试样制备方法。

（五）试验步骤

（1）按试表 2-2 规定的数量称取试样。
（2）将试样浸水饱和，然后装入广口瓶中。装试样时，广口瓶应倾斜放置，注入饮用水，用玻璃片覆盖瓶口，以上下左右摇晃的方法排除气泡。
（3）气泡排尽后，向瓶中添加饮用水直至水面凸出瓶口边缘。然后用玻璃片沿瓶口迅速滑行，使其紧贴瓶口水面。擦干瓶外水分后，称取试样、水、瓶和玻璃片总质量（m_1）。
（4）将瓶中的试样倒入浅盘中，放在 105℃±5℃的烘箱中烘干至恒重；取出，放在带盖的容器中冷却至室温后称取质量（m_0）。
（5）将瓶洗净，重新注入饮用水，用玻璃片紧贴瓶口水面，擦干瓶外水分后称取质量（m_2）。

试验时各项称重可以在 15～25℃的温度范围内进行，但从试样加水静置的最后 2h 起直至试验结束，其温度相差不应超过 2℃。

（六）试验结果

（1）表观密度 ρ 应按下式计算（精确至 10kg/m^3）。

$$\rho=\left(\frac{m_0}{m_0+m_2-m_1}-\alpha_t\right)\times 1000$$

式中：ρ——表观密度（kg/m^3）。

m_0——试样的烘干质量（g）。

m_1——试样、水、瓶和玻璃片的总质量（g）。

m_2——水、瓶和玻璃片的总质量（g）。

α_t——水温对表观密度影响的修正系数。当温度是 15℃、16℃、17℃、18℃、19℃、20℃、21℃、22℃、23℃、24℃、25℃时，对应的修正系数分别是 0.002、0.003、0.003、0.004、0.004、0.005、0.005、0.006、0.006、0.007、0.008。

（2）表观密度取两次试验结果的算术平均值，精确至 $10kg/m^3$；如两次试验结果之差大于 $20kg/m^3$，须重新试验。对颗粒材质不均匀的试样，如两次试验结果之差超过 $20kg/m^3$，可取四次测定结果的算术平均值作为测定值。

八、碎石或卵石的堆积密度和紧密密度试验

（一）试验目的

测定碎石或卵石的堆积密度、紧密密度，为计算石子的空隙率和混凝土配合比设计提供依据。

（二）试验原理

测定碎石或卵石在自然堆积状态下的堆积体积、紧密体积，计算石子的堆积密度、紧密密度。

（三）主要仪器

（1）秤。称量 10kg，感量 10g。

（2）容量筒。金属制，其规格见试表 2-3。

（3）垫棒。直径 16mm、长 600mm 的圆钢。

（4）平头铁锹。

（5）烘箱：温度控制范围为 105℃±5℃。

（6）直尺、小铲等。

试表 2-3　容量筒的规格要求

碎石或卵石的最大公称粒径/mm	容量筒容积/L	容量筒规格		
		内径/mm	净高/mm	壁厚/mm
9.5、16.0、19.0、26.5	10	208	294	2
31.5、37.5	20	294	294	3
53.0、63.0、75.0	30	360	294	4

（四）试样制备

按规定的取样方法取样，放入浅盘，在 105℃±5℃的烘箱中烘干，也可摊在清洁的地面上风干，拌匀后分成两份备用。

（五）试验步骤

1. 堆积密度

取试样一份，置于平整干净的地板（或铁板）上，用平头铁锹铲起试样，使石子自由落入容量筒内。此时，从铁锹的齐口至容量筒上口的距离应保持为 50mm 左右。当容量筒上部试样呈锥体，且容量筒四周溢满时，即停止加料。除去凸出筒口表面的颗粒，并以合适的颗粒填入凹陷部分，使表面稍凸起部分和凹陷部分的体积大致相等，称取试样和容量筒总质量（m_2）。

2. 紧密密度

取试样一份，分三层装入容量筒。装完一层后，在筒底垫放一根直径为 25mm 的钢筋，将筒按住并左右交替颠击地面各 25 下，然后装入第二层，第二层装满后，用同样方法颠实（但筒底所垫钢筋的方向应与第一层放置方向垂直），然后装入第三层，用同样的方法颠实。待三层试样装填完毕后，加料直到试样超出容量筒筒口，用钢筋沿筒口边缘滚转，刮下高出筒口的颗粒，用合适的颗粒填平凹处，使表面稍凸起部分和凹陷部分的体积大致相等。称取试样和容量筒总质量（m_2）。

（六）试验结果

（1）堆积密度（ρ_L）及紧密密度（ρ_c）按下式计算（精确至 10kg/m³）。

$$\rho_L(\rho_c)=\frac{m_2-m_1}{V}\times 1000$$

式中：$\rho_L(\rho_c)$——堆积密度（紧密密度）（kg/m³）；

m_1——容量筒的质量（kg）；

m_2——容量筒和试样总质量（kg）；

V——容量筒容积（L）。

以两次试验结果的算术平均值作为测定值。

（2）堆积密度的空隙率（v_L）和紧密密度的空隙率（v_c）按下式计算（精确至 1%）。

$$v_L=\left(1-\frac{\rho_L}{\rho}\right)\times 100$$

$$v_c=\left(1-\frac{\rho_c}{\rho}\right)\times 100$$

式中：v_L ——堆积密度的空隙率（%）；

v_c ——紧密密度的空隙率（%）；

ρ_L ——碎石或卵石的堆积密度（kg/m^3）；

ρ_c ——碎石或卵石的紧密密度（kg/m^3）；

ρ ——碎石或卵石的表观密度（kg/m^3）。

以两次试验结果的算术平均值作为测定值。

九、碎石或卵石中针状和片状颗粒的总含量试验

（一）试验目的

测定碎石或卵石中针、片状颗粒的总含量。

（二）试验原理

粗集料中针、片状颗粒应采用针状规准仪及片状规准仪逐粒测定，凡颗粒长度大于针状规准仪上相应间距者为针状颗粒；颗粒厚度小于片状规准仪上相应孔宽者，为片状颗粒。

（三）主要仪器

（1）针状规准仪与片状规准仪。针状规准仪与片状规准仪如试图 2-2 所示。

试图 2-2　针状规准仪与片状规准仪

（2）天平。天平的称量 10kg，感量 1g。

（3）试验筛。筛孔公称直径分别为 4.75mm、9.50mm、16.0mm、19.0mm、26.5mm、31.5mm 及 37.5mm 的方孔筛各一个，根据需要选用。

（4）游标卡尺。

（四）试样制备

将样品在室内风干至表面干燥，并缩分至试表 2-4 规定的量，称量（m_0），然后筛分成试表 2-5 所规定的粒级备用。

试表 2-4　针状和片状颗粒的总含量试验所需试样最少质量

最大公称粒径/mm	9.5	16.0	19.0	26.5	31.5	≥37.5
最少试样质量/kg	0.3	1.0	2.0	3.0	5.0	10.0

试表 2-5　针状和片状颗粒的总含量试验的粒级划分及其相应的规准仪孔宽或间距　（单位：mm）

石子粒级	4.75～9.50	9.50～16.0	16.0～19.0	19.0～26.5	26.5～31.5	31.5～37.5
片状规准仪相对应孔宽	2.8	5.1	7.0	9.1	11.6	13.8
针状规准仪相对应间距	17.1	30.6	42.0	54.6	69.6	82.8

（五）试验步骤

（1）按试表2-5所规定的粒级分别用规准仪逐粒对试样进行鉴定，凡颗粒长度大于针状规准仪上相对应的间距的，为针状颗粒。厚度小于片状规准仪上相应孔宽的，为片状颗粒。

（2）公称粒径大于37.5mm的可用卡尺鉴定其针、片状颗粒，卡尺卡口的设定宽度应符合试表2-6的规定。

试表2-6 公称粒径大于37.5mm颗粒用卡尺卡口的设定宽度 （单位：mm）

石子粒级	37.5～53.0	53.0～63.0	63.0～75.0	75.0～90
检验片状颗粒的卡口宽度	18.1	23.2	27.6	33.0
检验针状颗粒的卡口宽度	108.6	139.2	165.6	198.0

（3）称取由各粒级挑出的针状和片状颗粒的总质量（m_1）。

（六）试验结果

碎石或卵石中针状和片状颗粒的总含量ω_p按下式计算（精确到1%）。

$$\omega_p = \frac{m_1}{m_0} \times 100$$

式中：ω_p——针、片状颗粒总含量（%）；

m_1——试样中所含针状和片状颗粒的总质量（g）；

m_0——试样总质量（g）。

观察与思考

（1）什么是颗粒级配？采用什么方法检测？

（2）砂的粗细程度采用什么指标表示？如何计算？

试验三

普通混凝土拌合物性能检测试验

试验依据：《普通混凝土拌合物性能试验方法标准》（GB/T 50080—2016）。

一、混凝土拌合物试样制备

（一）主要仪器

（1）搅拌机。容量 75～100L，转速为 18～22r/min。
（2）磅秤。称量 50kg，感量 50g。
（3）拌板、拌铲、量筒、天平、盛器等。

（二）材料备置

（1）在试验室制备混凝土拌合物时，拌和时试验室的相对湿度不宜小于 50%，温度应保持在 20℃±5℃，所用材料的温度应与试验室温度保持一致。

注：需要模拟施工条件下所用的混凝土时，所用原材料的温度宜与施工现场保持一致。

（2）拌和混凝土的材料用量应以质量计。集料的称量精度应为±0.5%，水、水泥、掺合料、外加剂的称量精度均为±0.2%。

（三）拌和方法

1. 人工拌和法

（1）按所定配合比备料，以全干状态为准。

（2）将拌板和拌铲用湿布润湿后，将砂倒在拌板上，然后加入水泥，用拌铲自拌板一端翻拌至另一端，然后翻拌回来，如此反复，直至颜色混合均匀，再加上石子，翻拌至混合均匀为止。

（3）将干混合料堆成堆，在中间做一凹槽，将已称量好的水一半左右倒入凹槽中（勿使水流出），然后仔细翻拌，并徐徐加入剩余的水，继续翻拌，每翻拌一次，用铲在混合料上铲切一次，直至拌和均匀为止。

（4）拌和时力求动作敏捷，拌和时间从加水时算起，应大致符合下列规定：

拌合物体积为 30L 以下时 4～5min；

拌合物体积为 30～50L 时 5～9min；

拌合物体积为 51～75L 时 9～12min。

（5）从试样制备完毕到开始做混凝土拌合物各项性能试验（不包括成型试件）不宜超过 5min。

2. 机械搅拌法

（1）按所定配合比备料，以全干状态为准。

（2）预拌一次，即用按配合比的水泥、砂和水组成的砂浆及少量石子，在搅拌机中进行涮膛，然后倒出并刮去多余的砂浆，其目的是使水泥砂浆先黏附满搅拌机的筒壁，以免正式拌和时影响拌合物的配合比。

（3）开动搅拌机，向搅拌机内依次加入石子、砂和水泥，先干拌均匀，再将水徐徐加入，全部加料时间不超过 2min，水全部加入后，继续拌和 2min。

（4）将拌合物自搅拌机中卸出，倾倒在拌板上，再经人工拌和 1～2min，即可做混凝土拌合物各项性能试验。从试样制备完毕到开始做各项性能试验（不包括成型试件）不宜超过 5min。

二、混凝土拌合物和易性试验

（一）试验目的

检验所设计的混凝土配合比是否符合施工和易性要求，以作为调整混凝土配合比的依据。

（二）坍落度试验及扩展度试验

坍落度试验（见试图 3-1）及扩展度试验适用于集料最大粒径不大于 40mm、坍落度值不小于 10mm 的混凝土拌合物的和易性测定。

扩展度试验宜用于集料最大粒径不大于 40mm、坍落度值不小于 160mm 混凝土扩展度的测定。

1. 试验原理

通过测定混凝土拌合物在自重作用下自由坍落的程度及外观现象（泌水、离析等），评定混凝土拌合物的和易性。

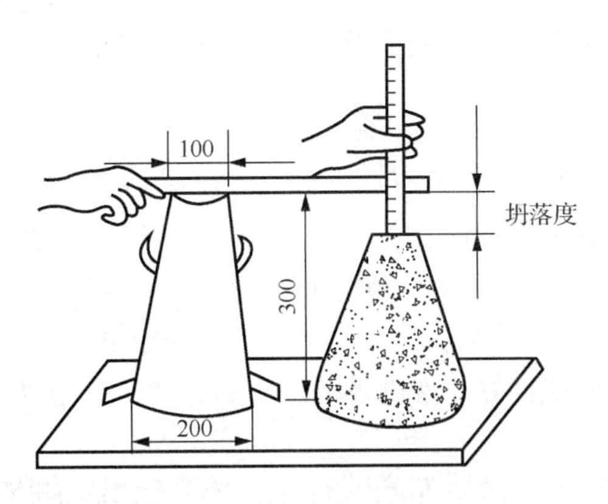

试图 3-1　坍落度试验（单位：mm）

2. 主要仪器

（1）坍落度筒。由薄钢板或其他金属制成，两侧焊把手，近下端两侧焊脚踏板。

（2）捣棒。

（3）底板（平面尺寸不小于 1500mm×1500mm，厚度不小于 3mm 的钢板，最大挠度不应大于 3mm）、钢尺 2 把（量程不应小于 300mm，分度值不应大于 1mm）、小铲等。

3. 试验步骤

（1）湿润坍落度筒及底板，在坍落度筒内壁和底板上应无明水。底板应放置在坚实的水平面上，并把筒放在底板中心。用脚踩住两边的脚踏板，使坍落度筒在装料时保持固定的位置。

（2）把按要求取得或制备的混凝土试样用小铲分三层均匀地装入筒内，使捣实后每层高度为筒高的 1/3 左右。每装一层用捣棒由边缘到中心按螺旋形均匀插捣 25 次，各次插捣应在截面上均匀分布。插捣筒边混凝土时，捣棒可以稍稍倾斜。插捣底层时，捣棒应贯穿整个深度，插捣第二层和顶层时，捣棒应插透本层至下一层的表面。浇灌顶层时，混凝土拌合物装料应高出筒口，插捣过程中，如混凝土沉落到低于筒口，则应随时添加。顶层插捣完后，刮去多余的混凝土，并用抹刀沿筒口抹平。

（3）清除筒边底板上的混凝土后，垂直平稳地提起坍落度筒。坍落度筒的提离过程应在 3～7s 内完成。当试样不再继续坍落或坍落时间达 30s 时，用钢尺测量出筒高与坍落后混凝土试体最高点之间的高度差，作为该混凝土拌合物的坍落度值。

从开始装料到提坍落度筒的整个过程应不间断地进行，并应在 150s 内完成。

（4）坍落度筒提离后，如混凝土发生一边崩坍或剪坏现象，则应重新取样另行测定。如第二次试验仍出现上述现象，则表示该混凝土和易性不好，应予记录备查。

（5）当混凝土拌合物的坍落度大于 220mm 时，当混凝土拌合物不再扩散，或扩散持续时间已达 50s 时，用钢尺测量混凝土扩展后最终的最大直径和最小直径，在这两个直径之差小于 50mm 的条件下，用其算术平均值作为坍落扩展度值；否则，此次试验无效。

4. 试验结果评定

（1）坍落度小于或等于 220mm 时，混凝土拌合物和易性的评定。

① 稠度。稠度以坍落度值表示，测量精确至 1mm，结果表达修约至 5mm。

② 黏聚性。测定坍落度值后，用捣棒在已坍落的混凝土锥体侧面轻轻敲打，若锥体逐渐下沉，则表示黏聚性良好；若锥体倒塌、部分崩裂或出现离析现象，则表示黏聚性不好。

③ 保水性。提起坍落度筒后如底部有较多稀浆析出，锥体部分的混凝土也因失浆而集料外露，表明保水性不好；若无稀浆或仅有少量稀浆自底部析出，则表明保水性良好。

（2）坍落度大于 220mm 时，混凝土拌合物和易性的评定。

① 稠度：以坍落扩展度值表示，测量精确至 1mm，结果表达修约至 5mm。

② 抗离析性：提起坍落度筒后，如果混凝土拌合物在扩展的过程中，始终保持其匀质性，不论是扩展的中心还是边缘，粗集料的分布都是均匀的，也无浆体从边缘析出，表明混凝土拌合物抗离析性良好；如果发现粗集料在中央集堆或边缘有水泥浆析出，则表明混凝土拌合物抗离析性不好。

（三）维勃稠度试验

本方法适用于集料最大粒径不大于 40mm，维勃稠度在 5～30s 之间的混凝土拌合物维勃稠度测定。

1. 试验原理

通过测定混凝土拌合物在振动作用下浆体布满圆盘所需要的时间，评定干硬性混凝土的流动性。

2. 主要仪器

（1）维勃稠度仪，如试图 3-2 所示，其主要组成部分如下。

① 振动台。台面长 380mm，宽 260mm，支承在四个减振器上。台面底部安有频率为 50Hz±3Hz 的振动器。装有空容器时台面的振幅应为 0.5mm±0.1mm。

② 容器。由钢板制成，内径为 240mm±5mm，高为 200mm±2mm，筒壁厚 3mm，筒底厚 7.5mm。

③ 坍落度筒。如试图 3-2 所示，但应去掉两侧的脚踏板。

④ 透明圆盘。直径为 230mm±2mm，厚度为 10mm±2mm。荷重块直接固定在圆盘上。由测杆、圆盘及荷重块组成的滑动部分总质量应为 2750g±50g。

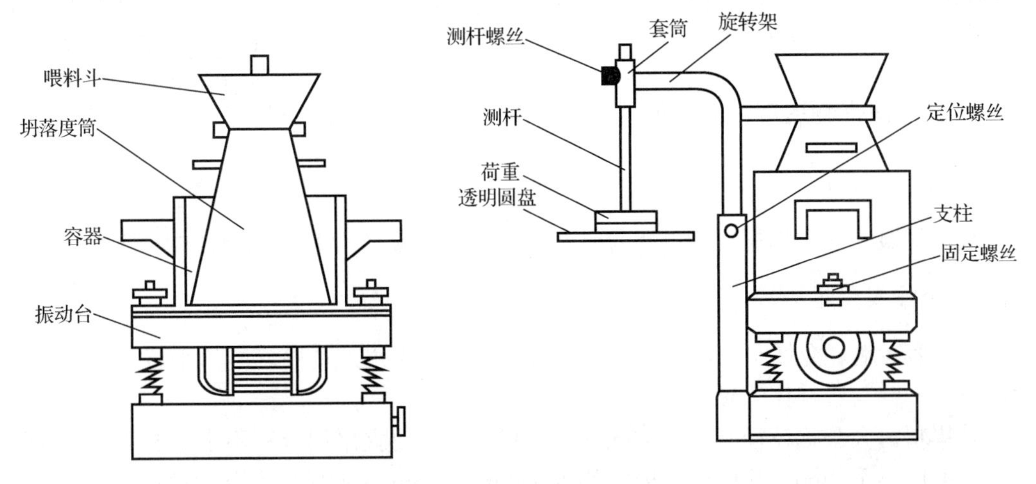

试图 3-2　维勃稠度仪

⑤ 旋转架。与测杆及喂料斗相连。测杆下部安装有透明且水平的圆盘，并用测杆螺丝把测杆固定在套筒中。旋转架安装在支柱上，通过十字凹槽来固定方向，并用定位螺丝来固定其位置。就位后，测杆或喂料斗的轴线应与容器的轴线重合。

（2）捣棒、小铲、秒表（精度不应低于 0.1s）等。

3. 试验步骤

（1）把维勃稠度仪放置在坚实的水平面上，用湿布把容器、坍落度筒、喂料斗内壁及其他用具润湿无明水。

（2）将喂料斗提到坍落度筒上方扣紧，校正容器位置，使其中心与喂料斗中心重合，然后拧紧固定螺丝。

（3）将混凝土拌合物试样用小铲经喂料斗分三层均匀地装入坍落度筒内，装料及插捣的方法同坍落度与坍落扩展度试验。

（4）顶层插捣完应将喂料斗转离，沿坍落度筒口刮平顶面，垂直地提起坍落度筒，此时应注意不使混凝土拌合物试样产生横向的扭动。

（5）把透明圆盘转到混凝土圆台体顶面，放松测杆螺丝，应使透明圆盘转至混凝土锥体上部，并下降至与混凝土顶面接触。拧紧定位螺丝，并检查测杆螺丝是否已完全放松。

（6）开启振动台，同时用秒表计时，当振动到透明圆盘的整个底面被水泥浆布满的瞬间停止计时，并关闭振动台。

4. 试验结果

由秒表读出的时间即为该混凝土拌合物的维勃稠度值，精确至 1s。如维勃稠度值小于 5s 或大于 30s，则此种混凝土所具有的稠度已超出本仪器的适用范围。坍落度不大于

50mm 或干硬性混凝土和维勃稠度大于 30s 的特干硬性混凝土拌合物的稠度可采用《普通混凝土拌合物性能试验方法标准》（GB/T 50080—2016）附录 A 增实因数法来测定。

三、混凝土拌合物表观密度试验

（一）试验目的

测定混凝土拌合物捣实后的单位体积质量，作为调整混凝土配合比的依据。

（二）主要仪器

（1）容量筒。金属制成的圆筒，两旁装有提手。上沿及内壁应光滑平整，顶面与底面应平行，并与圆柱体的轴垂直。

对集料最大公称粒径不大于 40mm 的混凝土拌合物宜采用容积不小于 5L 的容量筒，筒壁厚不应小于 3mm，其内径与内高均为 186mm±2mm；集料最大公称粒径大于 40mm 时，容量筒的内径与内高均应大于集料最大公称粒径的 4 倍。

（2）电子天平。最大量程应为 50kg，感量不应大于 10g。

（3）振动台、捣棒。

（三）试验步骤

（1）用湿布把容量筒内外擦干净，称出干净容量筒与玻璃板的质量；将容量筒装满水，缓慢将玻璃板从筒口一侧推到另一侧，容量筒应满水并且不应存在气泡，擦干容量筒外壁，再次称重；两次称重结果之差除以该温度下水的密度应为容量筒容积 V。常温下水的密度可取 1kg/L。

（2）容量筒内外壁擦干净，称出容量筒质量 m_1，精确至 10g。

（3）混凝土拌合物的装料及捣实方法应根据拌合物的稠度而定。坍落度不大于 90mm 的混凝土，用振动台振实为宜；坍落度大于 90mm 的混凝土用振捣棒捣实为宜。

采用振动台振实时，应一次将混凝土拌合物灌到高出容量筒口。装料时可用振捣棒稍加插捣，振动过程中如混凝土沉落到低于筒口，则应随时添加混凝土，振动直至表面出浆为止。

采用振捣棒捣实时，应根据容量筒的大小决定分层与插捣次数。用 5L 容量筒时，混凝土拌合物应分两层装入，每层插捣 25 次；用大于 5L 的容量筒时，每层混凝土的高度不应大于 100mm，每层插捣次数应按每 10 000mm^2 截面不小于 12 次计算。各次插捣应由边缘向中心均匀地插捣，插捣底层时捣棒应贯穿整个深度，以后插捣每层时，捣棒应插透本层至下一层的表面。每一层插捣完后用橡皮锤轻轻沿容器外壁敲打 5～10 次，进行振实，直至拌合物表面插捣孔消失并不见大气泡为止。

自密实混凝土应一次性填满，且不应进行振动和插捣。

（4）用刮尺将筒口多余的混凝土拌合物刮去，表面如有凹陷应予填平。将容量筒外壁擦净，称出混凝土试样与容量筒总质量 m_2，精确至 10g。

（四）试验结果

混凝土拌合物的表观密度ρ按下式计算（精确至10kg/m^3）。

$$\rho=\frac{m_2-m_1}{V}\times1000$$

式中：ρ——混凝土拌合物表观密度（kg/m^3）；

m_1——容量筒质量（kg）；

m_2——容量筒及试样总质量（kg）；

V——容量筒容积（L）。

观察与思考

影响混凝土拌合物和易性的主要因素有哪些？采用哪些措施可以改善和易性？

试验四

普通混凝土力学性能检测试验

试验依据：《混凝土物理力学性能试验方法标准》（GB/T 50081—2019）。

一、混凝土的取样及试件的制作与养护

（一）混凝土的取样

（1）混凝土的取样或试验室试样制备应符合《普通混凝土拌合物性能试验方法标准》（GB/T 50080—2016）中的有关规定。

（2）普通混凝土力学性能试验应以三个试件为一组，每组试件所用的拌合物应从同一盘混凝土（或同一车混凝土）中取样或在试验室制备。

（二）混凝土试件的制作与养护

1. 混凝土试件的尺寸和形状

混凝土试件的最小横截面尺寸应根据混凝土中集料的最大粒径按试表 4-1 选定。

试表 4-1　试件的最小横截面尺寸

试件的最小横截面尺寸	集料最大粒径/mm	
	劈裂抗拉强度试验	其他试验
100mm×100mm	19.0	31.5
150mm×150mm	37.5	37.5
200mm×200mm	—	63.0

边长为 150mm 的立方体试件是标准试件，边长为 100mm 和 200mm 的立方体试件是非标准试件；在特殊情况下，当施工涉外工程或必须用圆柱体试件来确定混凝土力学性能

时，可采用ϕ150mm×300mm 的圆柱体标准试件或ϕ100mm×200mm 和ϕ200mm×400mm 的圆柱体非标准试件。

2. 混凝土试件的制作

成型前，应检查试模尺寸，试模应符合《混凝土试模》（JG 237—2008）中技术要求的规定；试模内表面应涂一薄层矿物油或其他不与混凝土发生反应的脱模剂。

取样或试验室拌制的混凝土应在拌制后尽量短的时间内成型，一般不宜超过 15min。取样或拌制好的混凝土拌合物应至少用铁锹再来回拌和三次。

试件成型方法根据混凝土拌合物的稠度而定。坍落度不大于 90mm 的混凝土宜采用振动台振实成型；坍落度大于 90mm 的混凝土宜采用捣棒人工捣实成型；检验现浇混凝土或预制构件的混凝土，试件成型方法宜与实际采用的方法相同。

采用振动台成型时，将混凝土拌合物一次装入试模，装料时应用抹刀沿各试模壁插捣，并使混凝土拌合物高出试模口；宜用直径为ϕ25mm 的插入式振捣棒插入试模，振捣时振捣棒距试模底板宜为 10～20mm 且不得触及试模底板，振动应持续到混凝土表面出浆且无明显大气泡溢出为止，不得过振；振捣时间宜为 20s；振捣棒拔出时应缓慢，拔出后不得留有孔洞。

人工插捣成型时，将混凝土拌合物分两层装入试模，每层的装料厚度大致相等。每层插捣次数在每 10 000mm^2 截面积内不得少于 12 次。插捣应按螺旋方向从边缘向中心均匀进行。在插捣底层混凝土时，捣棒应到达试模底部；插捣上层时，捣棒应贯穿上层后插入下层 20～30mm；插捣时捣棒应保持垂直，不得倾斜，插捣后应用抹刀沿试模内壁插拔数次。插捣后应用橡皮锤轻轻敲击试模四周，直至插捣棒留下的空洞消失为止。

刮除试模上口多余的混凝土，待混凝土临近初凝时，用抹刀抹平。

3. 混凝土试件的养护

（1）试件成型后应立即用不透水的薄膜覆盖表面，以防止水分蒸发。

（2）根据试验目的不同，试件可采用标准养护或与构件同条件养护。确定混凝土特征值、强度等级或进行材料性能研究时应采用标准养护；检验现浇混凝土工程或预制构件中混凝土强度时应采用同条件养护。

（3）采用标准养护的试件，应在温度为 20℃±5℃，相对湿度大于 50%的环境中静置一昼夜至两昼夜，然后编号、拆模。拆模后应立即放入温度为 20℃±2℃，相对湿度为 95%以上的标准养护室中养护，或在温度为 20℃±2℃的不流动的 $Ca(OH)_2$ 饱和溶液中养护。标准养护室内的试件应放在支架上，彼此间隔 10～20mm，试件表面应保持潮湿，并不得被水直接冲淋。

（4）同条件养护试件的拆模时间可与实际构件的拆模时间相同，拆模后，试件仍需保持同条件养护。

（5）试件的养护龄期可分为 1d、3d、7d、28d、56d 或 60d、84d 或 90d、180d 等，也可根据设计龄期或需要进行确定，龄期从搅拌加水开始计时。

二、混凝土立方体抗压强度试验

（一）试验目的

测定混凝土立方体抗压强度，作为评定混凝土质量的主要依据。

（二）试验原理

将混凝土制成标准的立方体试件，经28d标准养护后，测其抗压破坏荷载，计算抗压强度。

（三）主要仪器

（1）压力试验机。压力试验机应符合《液压式万能试验机》（GB/T 3159—2008）的规定。测量精度为±1%，试件破坏荷载宜大于压力机全量程的20%且小于全量程的80%。试验机应具有加荷速度指示装置或加荷速度控制装置，并应能均匀、连续地加荷；试验机上、下压板之间可各垫以钢垫板，钢垫板的承压面均应机械加工。

（2）振动台。频率为50Hz±3Hz，空载振幅约为0.5mm。

（3）试模。由铸铁或钢制成，应具有足够的刚度并拆装方便。

（4）捣棒、小铁铲、金属直尺、抹刀等。

（四）试验步骤

（1）试件到达试验龄期时，试件自养护地点取出后应及时进行试验，以免试件内部的温度发生显著变化。将试件表面与上、下承压板面擦拭干净，检查其外观。

（2）将试件安放在试验机的下压板或钢垫板上，试件的承压面应与成型时的顶面垂直。试件的中心应与试验机下压板中心对准，开动试验机，当上压板与试件或钢垫板接近时，调整球座，使接触均衡。

（3）加荷应连续而均匀，加荷速度应取0.3～1.0MPa/s。当混凝土强度等级小于C30时，宜取0.3～0.5MPa/s；当混凝土强度等级不小于C30且小于C60时，宜取0.5～0.8MPa/s；当混凝土强度等级不小于C60时，宜取0.8～1.0MPa/s。手动控制压力机加荷速度时，当试件接近破坏而开始迅速变形时，应停止调整试验机油门，直至试件破坏，然后记录破坏荷载F（N）。

（五）试验结果

混凝土立方体抗压强度f_{cu}按下式计算（精确至0.1MPa）。

$$f_{cu}=\frac{F}{A}$$

式中：f_{cu}——混凝土立方体试件抗压强度（MPa）；

F——试件破坏荷载（N）；

A——试件承压面积（mm^2）。

以三个试件抗压强度测定值的算术平均值作为该组试件的抗压强度值，精确至0.1MPa。三个测定值中的最大值或最小值中若有一个与中间值的差值超过中间值的15%，则取中间值作为该组试件的抗压强度值；若最大值和最小值与中间值的差值均超过中间值的15%，则该组试件的试验结果无效。

混凝土抗压强度以150mm×150mm×150mm立方体试件的抗压强度为标准值。混凝土强度等级小于C60时，用非标准试件测得的强度值均应乘以尺寸换算系数，其值为：对200mm×200mm×200mm试件为1.05；对100mm×100mm×100mm试件为0.95。当混凝土强度等级不小于C60时，宜采用标准试件；采用非标准试件时，尺寸换算系数应由试验确定。

三、混凝土劈裂抗拉强度试验

（一）试验目的

测定混凝土的劈裂抗拉强度，为确定混凝土的力学性能提供依据。

（二）试验原理

在试件的两个相对的表面中线上施加均匀分布的压力，则在外力作用的竖向平面内，产生均匀分布的拉应力，根据弹性理论计算得出该应力，即为劈裂抗拉强度。

（三）主要仪器

（1）压力试验机。要求同立方体抗压强度试验用压力试验机。

（2）垫块。半径为75mm的钢制弧形垫块，其横截面尺寸如试图4-1所示，垫块的长度与试件相同。

（3）垫条。垫条应由普通胶合板或硬质纤维板制成，宽度为20mm，厚度为3～4mm，长度不小于试件长度，垫条不得重复使用。

（4）钢支架。如试图4-2所示。

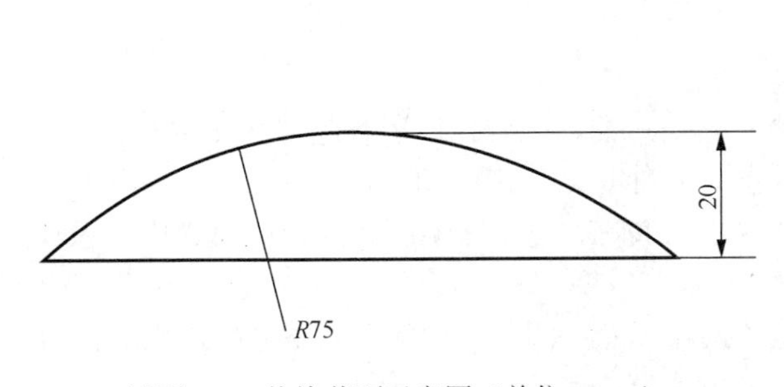

试图4-1　垫块截面示意图（单位：mm）

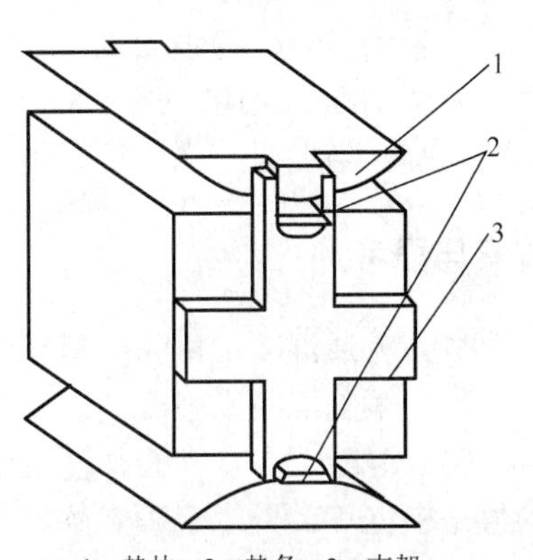

试图4-2　钢支架示意图

（四）试验步骤

（1）试件达到试验龄期时，从养护地点取出后应及时进行试验，将试件表面与上、下承压板面擦干净。

（2）在试件上画线定出劈裂面的位置，劈裂面应与试件的成型面垂直。测量劈裂面的边长（精确至1mm），计算出劈裂面面积 A（mm^2）。

（3）将试件放在试验机下压板的中心位置，劈裂承压面和劈裂面应与试件成型时的顶面垂直；在上、下压板与试件之间垫以圆弧形垫块及垫条各一条，垫块与垫条应与试件上、下面的中心线对准并与成型时的顶面垂直。宜把垫条及试件安装在定位架上使用，如试图 4-2 所示。

（4）开动试验机，当上压板与圆弧形垫块接近时，调整球座，使接触均衡。加荷应连续均匀，当混凝土强度等级小于 C30 时，加荷速度取 0.02～0.05MPa/s；当混凝土强度等级不小于 C30 且小于 C60 时，取 0.05～0.08MPa/s；当混凝土强度等级不小于 C60 时，取 0.08～0.10MPa/s。采用手动控制压力机加荷速度时，至试件接近破坏时，应停止调整试验机油门，直至试件破坏，然后记录破坏荷载 F（N）。

（五）试验结果

混凝土劈裂抗拉强度 f_{ts} 按下式计算（精确至 0.01MPa）。

$$f_{ts}=\frac{2F}{\pi A}=0.637\frac{F}{A}$$

式中：f_{ts} ——混凝土劈裂抗拉强度（MPa）；

F ——试件破坏荷载（N）；

A ——试件劈裂面面积（mm^2）。

以三个试件测定值的算术平均值作为该组试件的劈裂抗拉强度值，精确至 0.01MPa。三个测定值中的最大值或最小值中若有一个与中间值的差值超过中间值的 15%，则取中间值作为该组试件的劈裂抗拉强度值；若最大值和最小值与中间值的差值均超过中间值的 15%，则该组试件的试验结果无效。

混凝土劈裂抗拉强度以 150mm×150mm×150mm 立方体试件的劈裂抗拉强度为标准值。采用 100mm×100mm×100mm 非标准试件测得的劈裂抗拉强度值，应乘以尺寸换算系数 0.85；当混凝土强度等级不小于 C60 时，应采用标准试件。

观察与思考

（1）普通混凝土由哪些材料组成？它们在混凝土硬化前后各起什么作用？

（2）影响混凝土强度的因素有哪些？具体是如何影响的？

（3）混凝土拌合物的强度主要取决于水胶比，那么在混凝土配合比设计中，水胶比的值是根据什么要求来确定的？

（4）现场浇筑混凝土时，严禁施工人员随意向混凝土中加水。试分析加水对混凝土性能的影响。这与混凝土硬化成型后的洒水养护是否矛盾，为什么？

试验五

建筑砂浆检测试验

试验依据：《建筑砂浆基本性能试验方法标准》（JGJ/T 70－2009）。

一、砂浆拌合物取样及试样制备

（一）砂浆拌合物取样方法

（1）建筑砂浆试验用料根据不同要求，应从同一盘砂浆或同一车运送的砂浆中取样。

（2）施工中取样进行砂浆试验时，其取样方法和原则按相应的施工验收规范执行。宜在现场搅拌点或预拌砂浆卸料点的至少三个不同部位及时取样。所取试样的数量应不少于试验用料的 4 倍。

（3）从取样完毕到开始进行各项性能试验不宜超过 15min。试验前应经人工再翻拌，以保证其质量均匀。

（二）砂浆拌合物试验室制备方法

1. 主要仪器

（1）砂浆搅拌机。

（2）磅秤。称量 50kg，感量 50g。

（3）台秤。称量 10kg，感量 5g。

（4）拌和铁板、拌铲、抹刀、量筒等。

2. 一般要求

（1）试验室拌制砂浆进行试验时，拌和用的材料要求提前 24h 运入室内，拌和时试验室的温度应保持在 20℃±5℃。需要模拟施工条件所用的砂浆时，试验室原材料的温度宜保持与施工现场一致。

（2）试验用原材料应与现场使用材料一致。砂应通过 4.75mm 筛过筛。

（3）试验室拌制砂浆时，材料用量应以质量计。称量精度：水泥、外加剂、掺合料等为±0.5%；细集料为±1%。

（4）试验室用搅拌机搅拌砂浆时，搅拌的用量宜为搅拌机容量的 30%~70%，搅拌时间不应少于 120s。掺有掺合料和外加剂的砂浆，其搅拌时间不应少于 180s。

3. 机械搅拌法

（1）先拌适量砂浆（应与试验用砂浆配合比相同），使搅拌机内壁黏附一层砂浆，以保证正式拌和时的砂浆配合比准确。

（2）称出各材料用量，将砂、水泥装入搅拌机内。

（3）开动搅拌机，将水缓缓加入（混合砂浆需将石灰膏等用水稀释成浆状加入），搅拌约 3min。

（4）将砂浆拌合物倒在拌和铁板上，用拌铲翻拌约两次，使之均匀。

4. 人工搅拌法

（1）将称量好的砂倒在拌和板上，然后加入水泥，用拌铲拌和至混合物颜色均匀为止。

（2）将混合物堆成堆，在中间作一凹坑，将称好的石灰膏倒入凹坑（若为水泥砂浆，将称量好的水的一半倒入坑中），再倒入适量的水将石灰膏等调稀，然后与水泥、砂共同拌和，逐次加水，仔细拌和均匀。每翻拌一次，需用铁铲将全部砂浆压切一次。一般需拌和 3～5min（从加水完毕时算起），直至拌合物颜色均匀。

二、砂浆稠度试验

（一）试验目的

本方法适用于确定砂浆配合比或施工过程中控制砂浆的稠度以达到控制用水量的目的。

（二）主要仪器

（1）砂浆稠度测定仪。砂浆稠度测定仪由试锥、容器和支座三部分组成，如试图 5-1 所示。试锥由钢材或铜材制成，其高度为 145mm，锥底直径为 75mm，试锥连同滑杆的质量应为 300g±2g；圆锥筒由钢板制成，筒高为 180mm，锥底内径为 150mm；支座分底座、支架及刻度盘三个部分，由铸铁、钢或其他金属制成。

（2）钢制捣棒、拌铲、抹刀、秒表等。

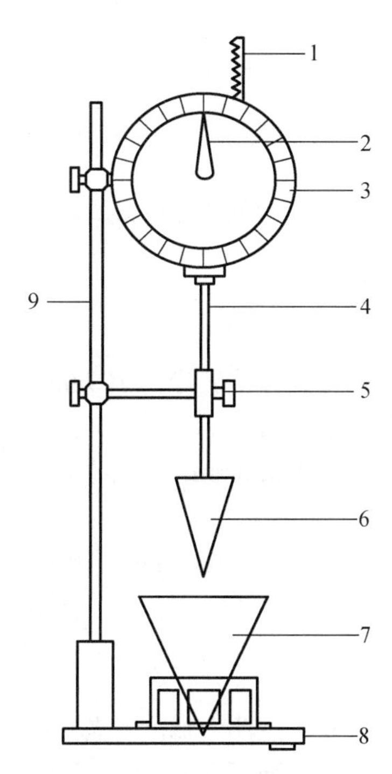

1—齿条测杆；2—指针；3—刻度盘；4—滑杆；5—固定螺丝；
6—试锥；7—圆锥筒；8—底座；9—支架。

试图 5-1　砂浆稠度测定仪

（三）试验步骤

（1）将圆锥筒和试锥表面用湿布擦干净，并用少量润滑油轻擦滑杆，然后将滑杆上多余的油用吸油纸擦净，使滑杆能自由滑动。

（2）将砂浆拌合物一次装入圆锥筒，使砂浆表面低于容器口约 10mm 左右，用捣棒自容器中心向边缘插捣 25 次，然后轻轻地将容器摇动或敲击 5～6 下，使砂浆表面平整，随后将圆锥筒置于稠度测定仪的底座上。

（3）拧开试锥滑杆的制动螺丝，向下移动滑杆，当试锥尖端与砂浆表面刚接触时，拧紧制动螺丝，使齿条测杆下端刚接触滑杆上端，并将指针对准零点。

（4）拧开制动螺丝，同时计时间，待 10s 立即固定螺丝，将齿条测杆下端接触滑杆上端，从刻度盘上读出下沉深度，精确至 1mm，即为砂浆的稠度值。

（5）圆锥筒内的砂浆，只允许测定一次稠度，重复测定时，应重新取样测定。

（四）试验结果

（1）砂浆稠度值取两次试验结果的算术平均值，计算精确至 1mm。

（2）两次试验值之差如大于 10mm，则应另取砂浆搅拌后重新测定。

三、表观密度试验

（一）试验目的

本方法用于测定砂浆拌合物捣实后的质量密度，以确定每立方米砂浆拌合物中各组成材料的实际用量

（二）主要仪器

（1）容量筒。金属制成，内径 108mm，净高 109mm，筒壁厚 2～5mm，容积为 1L。
（2）托盘天平。称量 5kg，感量 5g。
（3）钢制捣棒。直径 10mm，长 350mm，端部磨圆。
（4）砂浆密度测定仪。
（5）水泥胶砂振动台。振幅 0.5mm±0.05mm，频率 50Hz±3Hz。
（6）秒表。

（三）试验步骤

（1）将拌好的砂浆按稠度试验方法测定稠度，当砂浆稠度大于 50mm 时，应采用插捣法；当砂浆稠度不大于 50mm 时，宜采用振动法。

（2）试验前称出容量筒重，精确至 5g，然后将容量筒的漏斗套上（见试图 5-2），将砂浆拌合物装满容量筒并略有富余，根据稠度选择试验方法。

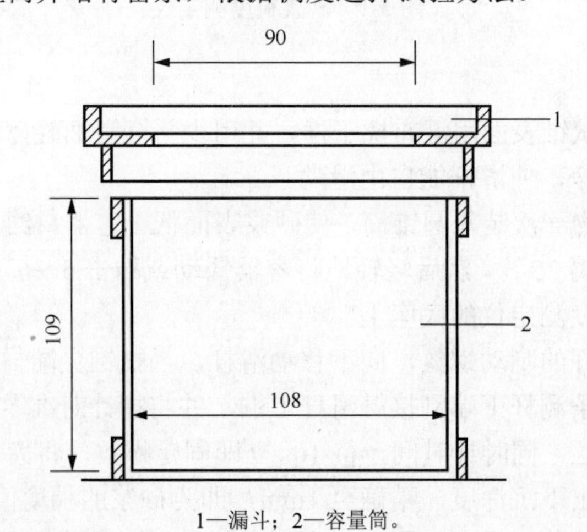

1—漏斗；2—容量筒。

试图 5-2 砂浆密度测定仪（单位：mm）

采用插捣法时，将砂浆拌合物一次装满容量筒，使稍有富余，用捣棒均匀插捣 25 次，插捣过程中如砂浆沉落到低于筒口，则应随时添加砂浆再敲击 5～6 下。

采用振动法时，将砂浆拌合物一次装满容量筒连同漏斗在振动台上振动 10s，振动过程中如砂浆沉落到低于筒口则应随时添加砂浆。

（3）捣实或振动后，将筒口多余的砂浆拌合物刮去，使表面平整，然后将容量筒外壁擦净，称出砂浆与容量筒总重，精确至5g。

（四）试验结果

（1）砂浆拌合物的质量密度按下式计算。

$$\rho=\frac{m_2-m_1}{V}\times1000$$

式中：ρ——砂浆拌合物的质量密度（kg/m^3）；

m_1——容量筒质量（kg）；

m_2——容量筒及试样质量（kg）；

V——容量筒容积（L）。

（2）质量密度由两次试验结果的算术平均值确定，计算结果精确至$10kg/m^3$。

四、砂浆分层度试验

（一）试验目的

本方法适用于测定砂浆拌合物的分层度，以确定砂浆拌合物在运输及停放时的稳定性。

（二）主要仪器

（1）砂浆分层度筒。如试图5-3所示，内径为150mm，无底圆筒高度为200mm，有底圆筒净高为100mm，用金属板制成，上、下层连接处需加宽3～5mm，并设有橡胶垫圈。

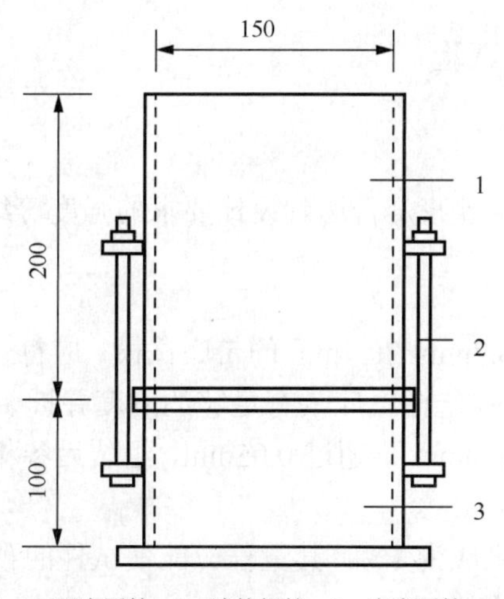

1—无底圆筒；2—连接螺栓；3—有底圆筒。

试图5-3　砂浆分层度筒（单位：mm）

（2）水泥胶砂振动台。振幅 0.5mm±0.05mm，频率 50Hz±3Hz。

（3）砂浆稠度测定仪。

（4）捣棒、拌铲、抹刀、木锤等。

（三）试验步骤

1. 标准法

（1）将砂浆拌合物按稠度试验方法测定稠度。

（2）将砂浆拌合物一次装入分层度筒内，待装满后，用木锤在容器周围距离大致相等的四个不同地方轻轻敲击 1～2 下，如砂浆沉落到低于筒口，则应随时添加，然后刮去多余的砂浆并用抹刀抹平。

（3）静置 30min 后，去掉上节 200mm 砂浆，剩余的 100mm 砂浆倒出放在拌和锅内拌 2min，再按稠度试验方法测其稠度。前后测得的稠度之差即为该砂浆的分层度值。

2. 快速测定法

（1）将砂浆拌合物按稠度试验方法测定稠度。

（2）将分层度筒预先固定在振动台上，砂浆一次装入分层度筒内，振动 20s。

（3）去掉上节 200mm 砂浆，剩余 100mm 砂浆倒出放在拌和锅内拌 2min，再按稠度试验方法测其稠度，前后测得的稠度之差即为该砂浆的分层度值。

（四）试验结果

（1）取两次试验结果的算术平均值作为该砂浆的分层度值，精确至 1mm。

（2）两次试验分层度值之差如大于 10mm，应重做试验。

五、砂浆立方体抗压强度试验

（一）试验目的

测定砂浆的强度，确定砂浆是否达到设计要求的强度等级。

（二）主要仪器

（1）试模。70.7mm×70.7mm×70.7mm 的带底试模，应符合现行行业标准《混凝土试模》（JG 237—2008）的规定选择，应具有足够的刚度并拆装方便。试模的内表面应机械加工，其不平度应为每 100mm 不超过 0.05mm，组装后各相邻面的不垂直度不应超过±0.5°。

（2）压力试验机。精度应为 1%，其量程应能使试件的预期破坏荷载值不小于全量程的 20%，也不大于全量程的 80%。

（3）垫板。试验机上、下压板及试件之间可垫以钢垫板，垫板的尺寸应大于试件的承压面，其不平度为每 100mm 不超过 0.02mm。

（4）振动台：空载中台面的垂直振幅应为0.5mm±0.05mm，空载频率应为50Hz±3Hz，空载台面振幅均匀度不应大于10%；一次试验应至少能固定3台试模。

（5）钢质捣棒、刮刀等。

（三）试件制作及养护

（1）每组立方体试件应为3个。

（2）采用黄油等密封材料涂抹试模的外接缝，试模内应涂刷薄层机油或隔离剂。将拌制好的砂浆一次性装满砂浆试模，成型方法应根据稠度而确定。当稠度大于50mm时，宜采用人工插捣成型；当稠度不大于50mm时，宜采用振动台振实成型。

① 人工插捣方法。采用捣棒均匀地由边缘向中心按螺旋方式插捣25次，插捣过程中当砂浆沉落低于试模口时，应随时添加砂浆，可用油灰刀插捣数次，并用手将试模一边抬高5～10mm各振动5次，砂浆应高出试模顶面6178mm。

② 机械振动方法。将砂浆一次装满试模，放置到振动台上，振动时试模不得跳动，振动5～10s或持续到表面泛浆为止，不得过振。

（3）当砂浆表面水分稍干后，将高出试模部分的砂浆沿试模顶面刮去抹平。

（4）试件制作后应在20℃±5℃环境下静置24h±2h，当气温较低时，或凝结时间大于24h的砂浆，可适当延长时间，但不应超过两昼夜，然后对试件进行编号并拆模。试件拆模后，应在标准条件下继续养护至28d（从搅拌加水开始计时，标准养护龄期应为28d，也可根据相关标准要求增加7d或14d。），然后进行试压试验。

（5）标准养护条件是温度20℃±2℃，相对湿度90%以上。养护期间，试件彼此间隔不少于10mm。混合砂浆、湿拌砂浆试件上面应予覆盖，防止有水滴在试件上。

（四）试验步骤

（1）试件从养护地点取出后，应尽快进行试验。试验前先将试件擦拭干净，测量尺寸，并检查其外观。尺寸测量精确至1mm，并据此计算试件的承压面积A。如实测尺寸与公称尺寸之差不超过1mm，可按公称尺寸进行计算。

（2）将试件安放在试验机的下压板（或下垫板）上，其承压面应与成型时的顶面垂直，试件中心应与试验机下压板（或下垫板）中心对准。

（3）开动试验机，当上压板与试件接近时，调整球座，使接触面均衡受压。承压试验应连续而均匀地加荷，加荷速度应为0.25～1.5kN/s（砂浆强度不大于2.5MPa时，取下限为宜）。

（4）当试件接近破坏而开始迅速变形时，停止调整试验机油门，直至试件破坏，记录破坏荷载N_u。

（五）试验结果

（1）砂浆立方体抗压强度$f_{m,cu}$按下式计算（精确至0.1MPa）。

$$f_{m,cu} = K\frac{N_u}{A}$$

式中：$f_{m,cu}$——砂浆立方体抗压强度（MPa）；

N_u——试件极限破坏荷载（N）；

A——试件受压面积（mm^2）。

K——换管系数，取1.35。

（2）以三个试件测定值的算术平均值作为该组试件的抗压强度值，计算精确至0.1MPa。当三个测值的最大值或最小值中有一个与中间值之差超过中间值的15%时，应把最大值及最小值一并舍去，取中间值作为该组试件的抗压强度值；当最大值和最小值与中间值的差值均超过中间值的15%时，该组试验结果无效。

观察与思考

（1）砂浆分层度太大或太小分别说明什么？是不是越小越好？

（2）对新拌水泥砂浆的技术要求与对混凝土混合料的技术要求有何不同？

（3）砂浆混合物的流动性如何表示和确定？保水性不良对其质量有何影响？如何提高砂浆的保水性？

试验六

钢材力学性能和工艺性能检测试验

一、拉伸试验

试验依据：《金属材料　拉伸试验　第 1 部分：室温试验方法》（GB/T 228.1—2010）。

（一）试验目的

测定钢筋的屈服强度、抗拉强度及伸长率，注意观察拉力与变形之间的关系，为检验和评定钢材的力学性能提供依据。

（二）试验原理

试验系用拉力拉伸试样，一般拉至断裂，测定钢筋的一项或几项力学性能。试验一般在室温 10～35℃范围内进行，对温度有特殊要求的试验，试验温度应为 23℃±5℃。

（三）试验仪器

（1）试验机。试验机应为 1 级或优于 1 级准确度。
（2）游标卡尺、千分尺等。

（四）试样制备

（1）通常试样进行机加工。平行长度和夹持头部之间应以过渡弧连接，过渡弧半径应不小于 0.75d。平行长度（L_c）的直径（d）一般不应小于 3mm。平行长度应不小于（$L_0+d/2$）。机加工试样形状和尺寸如试图 6-1 所示。

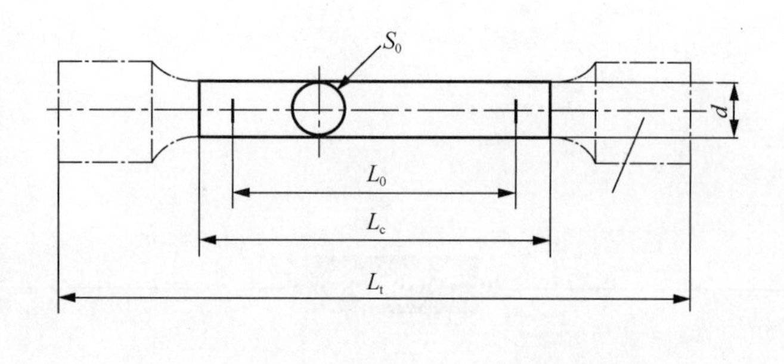

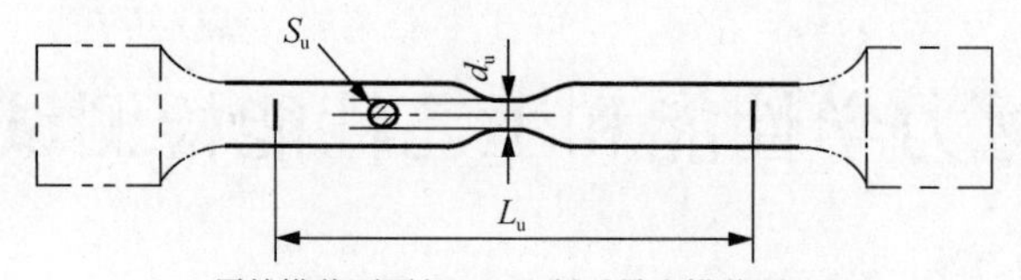

S_0—原始横截面面积；S_u—断后最小横截面面积；
d—平行长度的直径；d_u—断裂后缩颈处最小直径；
L_0—原始标距；L_c—平行长度；L_t—试样总长度；L_u—断后标距。

试图 6-1　圆形横截面机加工试样

（2）直径 $d \geqslant 4$mm 的钢筋试样可不进行机加工，根据钢筋直径（d）确定试样的原始标距（L_0），一般取 $L_0=5d$ 或 $L_0=10d$。试样原始标距（L_0）的标记与最接近夹头间的距离不小于 1.5d。可在平行长度方向标记一系列套叠的原始标距 S_0。不经机加工试样形状与尺寸如试图 6-2 所示。

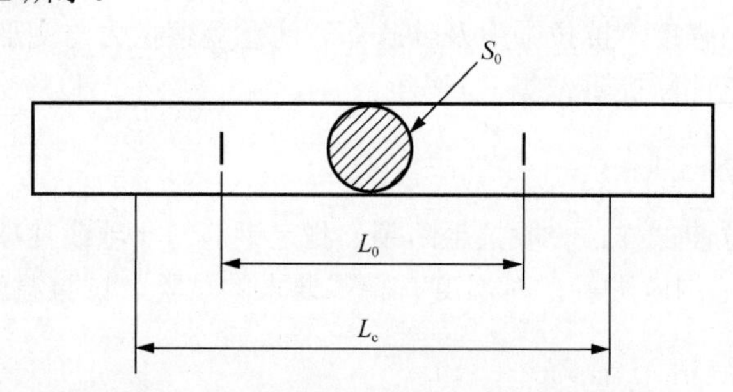

试图 6-2　不经机加工试样形状与尺寸

（3）测量原始标距长度（L_0），准确到±0.5%。

（4）测定原始横截面面积 S_0。应在标距的两端及中间三个相互垂直的方向测量直径（d），取其算术平均值，用三处测得的最小横截面面积，按下式计算。

$$S_0 = \frac{1}{4}\pi d^2$$

计算结果至少保留四位有效数字，所需位数以后的数字按“四舍六入五单双法”处理。

注：四舍六入五单双法：四舍六入五考虑，五后非零应进一，五后皆零视奇偶，五前为偶应舍去，五前为奇则进一。

（五）试验步骤

（1）调整试验机测力度盘的指针，使其对准零点，并拨动副指针，使其与主指针重叠。

（2）将试样固定在试验机夹头内，开动试验机加荷，应变速率不应超过 0.008/s。

（3）加荷拉伸时，当试样发生屈服，首次下降前的最高应力就是上屈服强度（R_{eH}），当试验机刻度盘指针停止转动时的恒定荷载，就是下屈服强度（R_{eL}）。

（4）继续加荷至试样拉断，记录刻度盘指针的最大力（F_m）或抗拉强度（R_m）。

（5）将拉断试样在断裂处对齐，并保持在同一轴线上，使用分辨力优于 0.1mm 的游标卡尺、千分尺等量具测定断后标距（L_u），精确到±0.25%。

（六）试验结果

1. 钢筋上屈服强度（R_{eH}）、下屈服强度（R_{eL}）与抗拉强度（R_m）

（1）直接读数方法。使用自动装置测定钢筋上屈服强度（R_{eH}）、下屈服强度（R_{eL}）和抗拉强度（R_m），单位为 MPa。

（2）指针方法。试验时，读取测力盘指针首次回转前指示的最大力和不计初始瞬时效应时屈服阶段中指示的最小力或首次停止转动指示的恒定力。将其分别除以试样原始横截面面积（S_0）得到上屈服强度（R_{eH}）和下屈服强度（R_{eL}）。

读取测力盘上的最大力（F_m），按下式计算抗拉强度（R_m）。

$$R_m = \frac{F_m}{S_0}$$

式中：F_m——最大力（N）；

S_0——试样原始横截面面积（mm^2）。

计算结果至少保留四位有效数字，所需位数以后的数字按“四舍六入五单双法”处理。

2. 断后伸长率（A）

（1）若试样断裂处与最接近的标距标记的距离不小于 $L_0/3$ 时，或断后测得的伸长率大于或等于规定值时，按下式计算。

$$A = \frac{L_u - L_0}{L_u} \times 100\%$$

式中：L_0——试样原始标距（mm）；

L_u——试样断后标距（mm）。

（2）若试样断裂处与最接近的标距标记的距离小于 $L_0/3$ 时，应按移位法测定断后伸长率（A），方法如下。

试验前将原始标距（L_0）细分为 N 等份。试验后，以符号 X 表示断裂后试样短段的标距标记，以符号 Y 表示断裂试样长段的等分标记，此标记与断裂处的距离最接近于断裂处至标距标记 X 的距离。

如 X 与 Y 之间的分格数为 n，按如下方法测定断后伸长率。

① 若 $N-n$ 为偶数，如试图 6-3（a）所示，测量 X 与 Y 之间的距离和测量从 Y 至距离为 $\frac{N-n}{2}$ 个分格的 Z 标记之间的距离。断后伸长率（A）按下式计算。

$$A=\frac{XY+2YZ-L_0}{L_0}\times 100\%$$

② 若 $N-n$ 为奇数，如试图 6-3（b）所示，测量 X 与 Y 之间的距离和测量从 Y 至距离分别为 $\frac{N-n-1}{2}$ 和 $\frac{N-n+1}{2}$ 个分格的 Z' 和 Z'' 标记之间的距离。断后伸长率（A）按下式计算。

$$A=\frac{XY+YZ'+YZ''-L_0}{L_0}\times 100\%$$

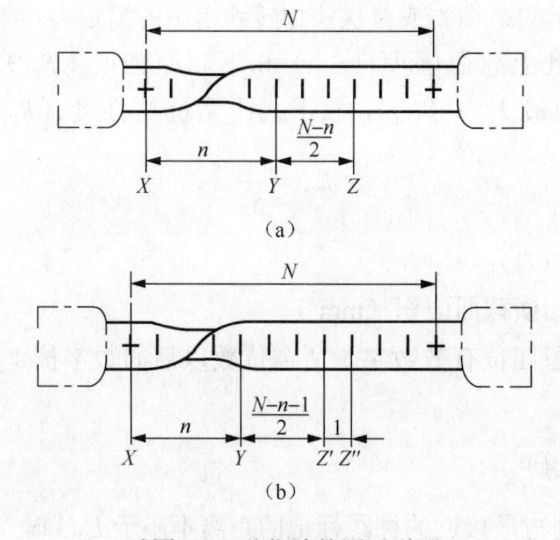

试图 6-3 移位法的图示说明

（3）试验出现下列情况之一，其试验结果无效，应重做同样数量试样的试验。

① 试样断在标距外或断在机械刻画的标距标记上，而且断后伸长率小于规定最小值。

② 试验期间设备发生故障，影响了试验结果。

（4）试验后试样出现两个或两个以上的缩颈以及显示出肉眼可见的冶金缺陷（如分层、气泡、夹渣、缩孔等），应在试验记录和报告中注明。

二、冷弯试验

试验依据：《金属材料　弯曲试验方法》（GB/T 232—2010）。

（一）试验目的

检验钢筋承受规定弯曲程度的弯曲塑性变形能力，从而评定其工艺性能。

（二）试验原理

钢筋在弯曲装置上经受弯曲塑性变形，不改变加力方向，直至达到规定的弯曲角度。试验时，试样两臂的轴线保持在垂直于弯曲轴的平面内，如为弯曲 180° 角的弯曲试验。按照相关产品标准的要求，将试样弯曲至两臂相距规定距离且相互平行或两臂直接接触。

试验一般在室温 10～35℃范围内进行，如有特殊要求，试验温度应为 23℃±5℃。

（三）试验设备

（1）试验机或压力机。

（2）弯曲装置。

（3）游标卡尺等。

（四）试样制备

（1）试样应尽可能是平直的，必要时应对试样进行矫直。

（2）同时试样应通过机加工去除由于剪切或火焰切割等影响了材料性能的部分。

（3）试样长度（L）按下式确定。

$$L=0.5\pi(d+\alpha)+140$$

式中：π——圆周率，其值取 3.1。

d——弯心直径（mm）。

α——试样直径（mm）。

（五）试验步骤

（1）根据钢材等级选择弯心直径（d）和弯曲角度（α）。

（2）试样弯曲至规定角度的试验。

① 根据试样直径选择压头和调整支辊间距，将试样放在试验机上，试样轴线应与弯曲压头轴线垂直，如试图 6-4（a）所示。

② 开动试验机加荷，弯曲压头在两个支座之间的中点处对试样连续施加力使其弯曲，直至达到规定的弯曲角度，如试图 6-4（b）所示。

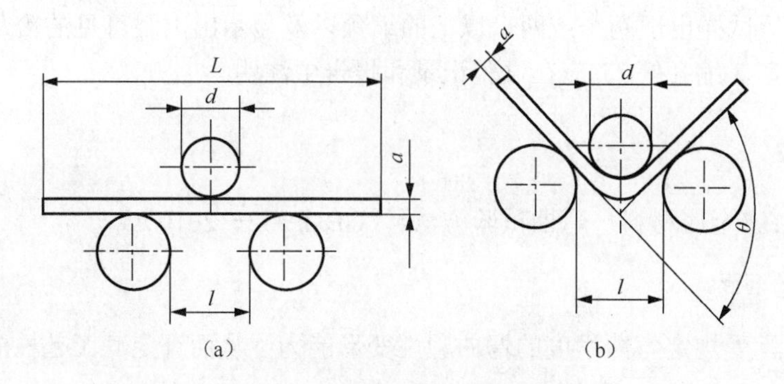

试图 6-4　试样弯曲至规定角度

（3）试样弯曲至 180° 时两臂相距规定距离且相互平行的试验。

① 对试样进行初步弯曲（弯曲角度应尽可能大），然后将试样置于两平行压板之间，如试图 6-5（a）所示。

② 将试样置于两个平行压板之间，对其两端连续施加压力使进一步弯曲，直至两臂平行，如试图 6-5（b）、试图 6-5（c）所示。试验时可以加或不加垫块，除非产品标准中另有规定，垫块厚度等于规定的弯曲压头直径。

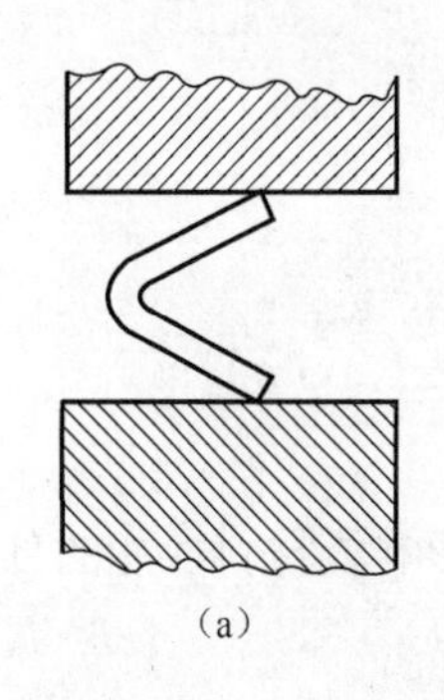
（a）

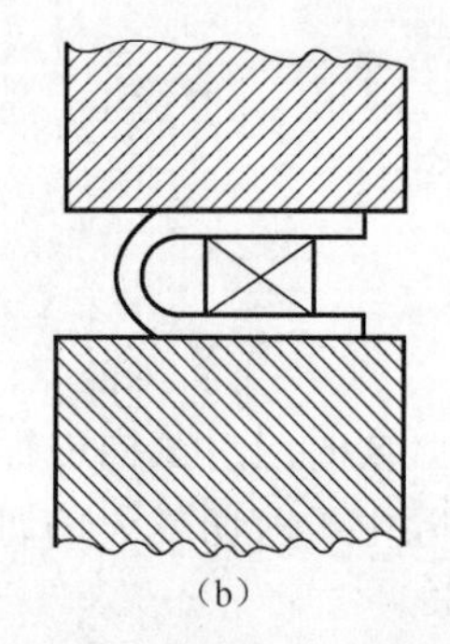
（b）

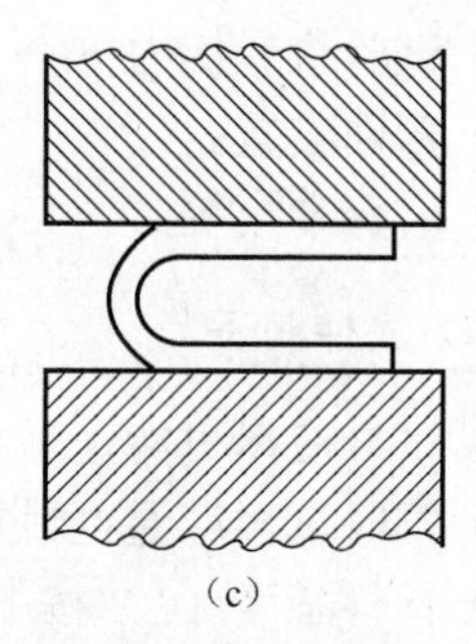
（c）

试图 6-5　试样弯曲至两臂平行

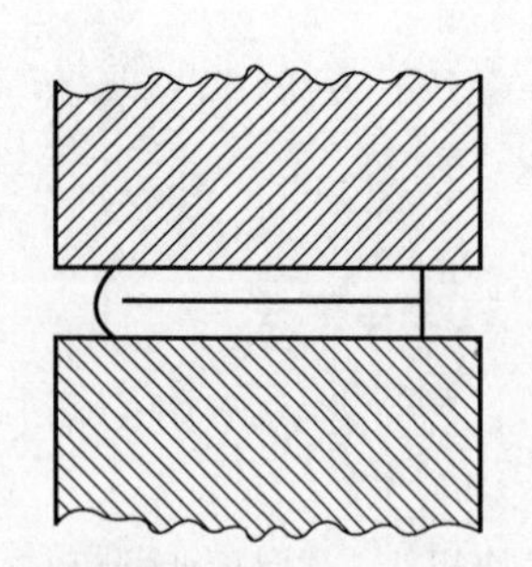

试图 6-6　试样弯曲至两臂直接接触

（4）试样弯曲至两臂直接接触的试验。

① 将试样进行初步弯曲（弯曲角度应尽可能大），如试图 6-5（a）所示。

② 将试样置于两个平行压板之间，对其两端连续施加压力使进一步弯曲，直至两臂直接接触，如试图 6-6 所示。

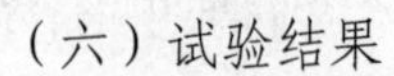

（六）试验结果

（1）应按照相关产品标准规定的要求评定弯曲试验结果。如未规定具体要求，弯曲试验后试样弯曲外表面无肉眼可见裂纹应评定为冷弯合格。

（2）以相关产品标准规定的弯曲角度作为最小值；若规定弯曲压头直径，则以规定的弯曲压头直径作为最大值。

三、反复弯曲试验

试验依据：《金属材料　线材　反复弯曲试验方法》（GB/T 238—2013）。

（一）试验目的

检验钢筋反复弯曲中承受塑性变形能力，从而评定其工艺性能。

（二）试验原理

反复弯曲试验是将试样一端固定，绕规定半径的圆柱支辊弯曲 90°，再沿相反方向弯曲的重复弯曲试验，如试图 6-7 所示。

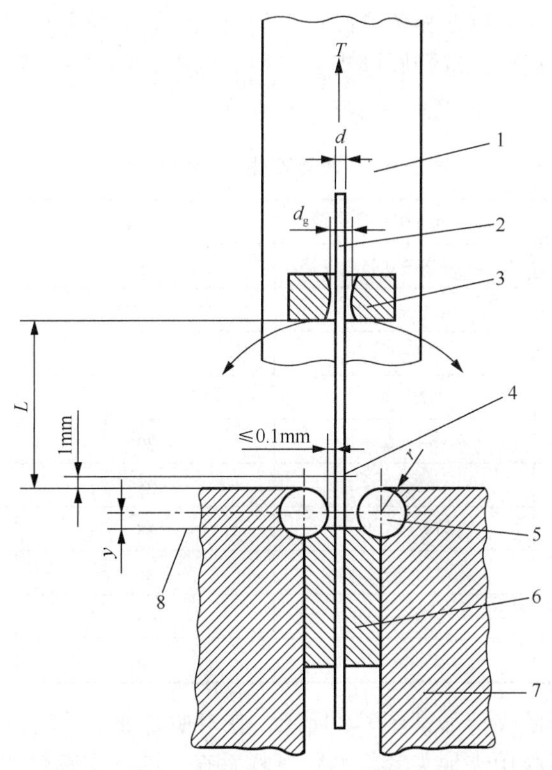

1—弯曲臂；2—试样；3—拨杆；4—弯曲臂转动中心轴；
5—圆柱；6—夹块；7—支座；8—夹块的顶面。

试图 6-7　反复弯曲试验原理图

（三）试验设备

（1）圆柱支辊和夹块。

（2）弯曲臂及拨杆。

（四）试样制备

（1）线材试样应尽可能平直。但试验时，在其弯曲平面内允许有轻微的弯曲。

（2）必要时试样可以用手矫直。在试样用手不能矫直时，可在木材、塑料等硬度低于试验材料的平面上用相同材料的锤头矫直。

（3）在矫直过程中，试样不得产生任何扭曲，也不得有影响试验结果的表面损伤。

（4）沿着试样纵向中性轴线存在局部硬弯的试样不得矫直，试验部位存在硬弯的试样不得用于试验。

（五）试验步骤

（1）试验一般应在室温10～35℃内进行，对温度要求严格的试验，试验温度应为23℃±5℃。

（2）圆柱支辊半径应符合相关产品标准的要求。如未规定具体要求，圆形试样可根据试表6-1所列线材直径，选择圆柱支辊半径 r、圆柱支辊顶部至拨杆底部距离 L 以及拨杆孔直径 d_g。

试表6-1　反复弯曲试验参数　（单位：mm）

圆形金属线材公称直径 d	圆柱支辊半径 r	距离 L	拨杆孔直径 d_g
$0.3 \leqslant d < 0.5$	1.25±0.05	15	2.0
$0.5 \leqslant d < 0.7$	1.75±0.05	15	2.0
$0.7 \leqslant d < 1.0$	2.5±0.1	15	2.0
$1.0 \leqslant d < 1.5$	3.75±0.1	20	2.0
$1.5 \leqslant d < 2.0$	5.0±0.1	20	2.0和2.5
$2.0 \leqslant d < 3.0$	7.5±0.1	25	2.5和3.5
$3.0 \leqslant d < 4.0$	10.0±0.1	35	3.5和4.5
$4.0 \leqslant d < 6.0$	15.0±0.1	50	4.5和7.0
$6.0 \leqslant d < 8.0$	20.0±0.1	75	7.0和9.0
$8.0 \leqslant d \leqslant 10.0$	25.0±0.1	100	9.0和11.0

（3）非圆形试样的夹持如试图6-8所示，在弯曲臂处于垂直位置状态下，将试样由拨杆孔插入，试样下端用夹块夹紧，并使试样垂直于圆柱支辊轴线。

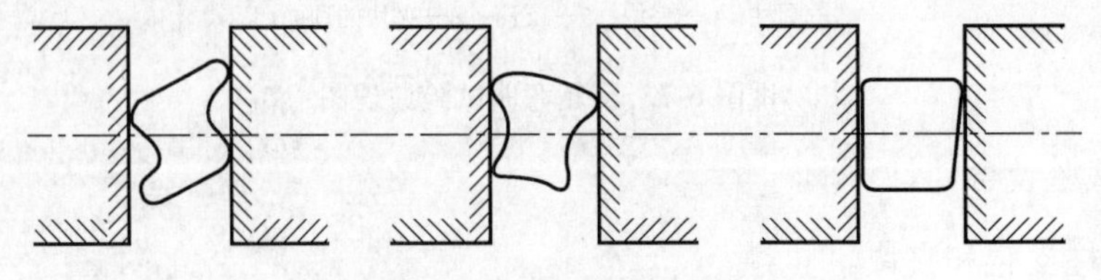

试图6-8　非圆形试样的夹持

（4）弯曲试验是将试样弯曲 90°，再向相反方向连续交替进行；将试样自由端弯曲 90°，再返回至起始位置作为第一次弯曲。然后，如试图 6-9 所示，依次向相反方向进行连续而不间断地反复弯曲。

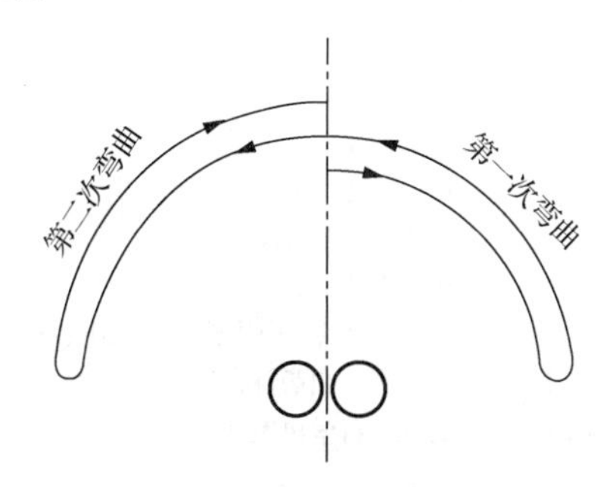

试图 6-9　反复弯曲的计数方法

（5）弯曲操作应以每秒不超过一次的均匀速率平稳无冲击地进行，必要时，应降低弯曲速率以确保试样产生的热不至影响试验结果。

（6）试验中为确保试样与圆柱支辊圆弧面的连续接触，可对试样施加某种形式的张紧力。除非相关产品标准中另有规定，施加的张紧力 T 不得超过试样公称抗拉强度相对力值的 2%。当出现争议时，张紧力 T 应等于试样公称抗拉强度相对力值的 2%。使用上述方法如果仍无法确保试样与圆柱支辊圆弧面的连续接触，经供需双方协商，可采用更大的张紧力。

（7）连续试验至相关产品标准中规定的弯曲次数，或者连续试验至试样完全断裂为止。如果某些产品有特殊要求，则可以根据规定连续试验至出现肉眼可见的裂纹为止。

（8）试样断裂的最后一次弯曲不计入弯曲次数 N_b。

观察与思考

钢材的伸长率与标距是否有关？

参 考 文 献

纪士斌，纪婕，2012．建筑材料[M]．北京：清华大学出版社．

柯国军，2012．建筑材料质量控制监理[M]．2版．北京：中国建筑工业出版社．

刘祥顺，2015．建筑材料[M]．4版．北京：中国建筑工业出版社．

刘新佳，2010．建筑工程材料手册[M]．北京：化学工业出版社．

宋岩丽，周仲景，2015．建筑材料与检测[M]．2版．北京：人民交通出版社．

苏达根，2015．土木工程材料[M]．3版．北京：高等教育出版社．

王秀花，张晨霞，2020．建筑材料[M]．北京：机械工业出版社．

魏鸿汉，2017．建筑材料：土建类专业适用[M]．5版．北京：中国建筑工业出版社．

杨晓东，2018．建筑材料与检测[M]．北京：中国建材工业出版社．

周仲景，袁捷，2011．道路工程材料与检测[M]．北京：科学出版社．